变尺度共振理论
及其在故障诊断中的应用

杨建华　周登极　著

科 学 出 版 社

北 京

内 容 简 介

共振是系统的特性，本书研究非线性系统的变尺度共振，反映该领域的最新研究成果。本书在重视理论研究的基础上，侧重于工程应用介绍，以旋转机械设备故障诊断为背景，将共振理论应用于滚动轴承故障诊断中。全书共分 14 章，主要涉及变尺度随机共振、变尺度振动共振、变尺度系统共振等基础理论，以及基于以上理论的滚动轴承故障诊断问题。本书既有新的理论方法介绍，也有与经典方法的对比研究，便于读者掌握各种不同方法的优缺点，在科研与应用中灵活选择。本书还给出一些关键程序的 MATLAB 代码，便于初学者尽快掌握相关知识。

本书可作为高校、研究院所、企业单位等科研人员的参考用书，对机械、力学、物理、通信、应用数学等领域的相关研究人员均有参考价值。

图书在版编目（CIP）数据

变尺度共振理论及其在故障诊断中的应用 / 杨建华，周登极著. —北京：科学出版社，2020.3

ISBN 978-7-03-064458-9

Ⅰ. ①变… Ⅱ. ①杨… ②周… Ⅲ. ①非线性系统（自动化）—共振—研究 Ⅳ. ①TP271

中国版本图书馆 CIP 数据核字（2020）第 028428 号

责任编辑：惠 雪 高慧元 / 责任校对：杨聪敏
责任印制：赵 博 / 封面设计：许 瑞

科学出版社 出版
北京东黄城根北街 16 号
邮政编码：100717
http://www.sciencep.com
北京厚诚则铭印刷科技有限公司印刷
科学出版社发行 各地新华书店经销
*
2020 年 3 月第 一 版 开本：720 × 1000 1/16
2025 年 1 月第三次印刷 印张：20 3/4
字数：415 000
定价：159.00 元
（如有印装质量问题，我社负责调换）

前　言

　　复杂的激励以及系统本身参数的变化会引起非线性系统丰富的共振模式。非线性系统共振是机械、土木、通信等工程领域重点关注的问题。在科学研究和工程实践过程中,信号处理往往是第一步,也是最重要的一步。对于淹没在强噪声背景下的微弱高频特征信号,信号的增强和提取一直以来都是难题。然而这一类信号常蕴含着至关重要的特征信息,因此科研人员一直致力于解决这一领域的难题。本书基于变尺度共振理论,重点介绍基于非线性系统变尺度共振的微弱高频特征信号处理方法。本书内容主要取材于本课题组近几年的研究成果,采取理论研究和工程应用介绍相结合的方法,论述非线性系统的复杂共振现象以及在滚动轴承故障诊断领域的应用。事实上,本书论述的各种共振方法,不是仅局限于在滚动轴承故障诊断中应用,而是可在其他多种类型的旋转机械故障诊断中应用,如齿轮故障诊断、转子故障诊断等。滚动轴承故障具有代表性,又是当前的热点话题,轴承是《工业强基工程实施指南(2016—2020年)》重点领域"一揽子"突破行动中明确列出的核心基础零部件。同时考虑到内容的连贯性,本书在故障诊断方面仅对多种噪声背景下的滚动轴承故障诊断进行详细论述,基于不同共振方法的其他类型旋转机械故障诊断,读者可参阅相关文献,做进一步的扩展研究。

　　高速旋转机械的振动故障诊断主要涉及高频特征信号的提取问题,非线性系统共振方法是进行振动特征信息提取的重要方法,然而目前基于变尺度共振方法进行相关问题系统研究的专著较少。鉴于此,本书内容专注于非线性系统的变尺度共振研究,包括随机共振、振动共振、系统共振3个热门话题,侧重于研究高频信号激励下系统的共振问题,并基于变尺度共振方法提取滚动轴承故障特征信息。考虑到噪声的普遍存在性,本书详细论述随机共振的理论和应用研究。

　　本书共分为14章。第1章介绍随机共振的基础知识,包括经典随机共振、自适应随机共振、归一化变尺度随机共振、普通变尺度随机共振和二次采样随机共振。该章的基础知识是全书的理论基础,后续章节内容大都是基于该章介绍的随机共振方法展开论述的。第2章介绍几种常用的、较新的群智能优化算法,包括人工鱼群优化算法、随机权重粒子群优化算法、自适应权重粒子群优化算法、量子粒子群优化算法、云自适应遗传算法。优化算法是实现自适应随机共振的基本工具,使得系统输出实时最优成为可能,是在线运算不可缺少的工具。为帮助读者尽快掌握这些优化算法，给出相关的 MATLAB 代码。第 3 章介绍滚动轴承常见的故障振动信号以及预处理方法，为后续章节的信号分析奠定基础。第 4 章基于普通变尺度方法介绍双稳态系统的变尺度随机共振理论及应用。第 5 章介绍级联分段线性系统变尺度随机共振理论及应用，并将随机共振和经验模态分解相结合，解决较为复杂的特征信息提取问题。第 6 章介绍周期势系统变尺度随机共振理论及应用，说明周期势系统在信号处理方面要比双稳态系统更优越。第 7 章介绍分数次幂系统变尺度随机共振理论及应用，说明势函数的幂次在系统处理效果方面的作用。第 8 章介绍基于变尺度随机共振进行完全未知的特征信息提取研究，以及在强噪声背景下的滚动轴承故障诊断应用。第 9 章研究泊松白噪声背景下的变尺度随机共振以及滚动轴承故障诊断应用。通过理论推导，实现泊松白噪声下的变尺度分析，并成功提取了泊松白噪声背景下的故障特征信息。第 10 章研究在有界噪声背景下，采用二次采样随机共振理论实现较低转速下的轴承故障特征信息提取。第 11 章研究非周期二进制信号激励下的变尺度随机共振问题。第 12 章研究调频信号激励下的变尺度随机共振，通过引入分段变尺度处理思想，成功实现调频信号的变尺度随机共振。第 13 章研究变尺度振动共振理论以及在滚动轴承故障诊断中的应用。第 14 章研究变尺度系统共振理论以及在滚动轴承故障诊断中的应用，包括常规形式的非线性系统共振和分数阶形式的非线性系统共振。需要指出的是，为了突出每个章节的独立性，相关的信号处理图形可能会在不同的章节重复出现。例如，对于滚动轴承的振动故障仿真信号，为了便于读者了解信号处理前后的图形对比，更好地理解信号处理的方法和效果，这类图形会在不同的章节重复出现。本书的相关研究内容以及本书的出版得到国家自然科学基金项目（非线性系统的变尺度随机共振与振动共振及其相互作用机理研究，项目编号：11672325；燃气轮机气路故障多学科影响及其平行诊断方法研究，项目编号：51706132）、江苏高校优势学科建设工程资助项目、江苏高校品牌专业建设工程资助项目以及中央高校基本科研业务费项目等多个项目的资助，同时也得到了中国矿业大学机电工程学院领导的大力支持，在此表示诚挚的感谢。

在撰写书稿方面，杨建华和周登极负责全书的统筹、编撰和校稿。此外，课题组的部分研究生负责文字和图形的整理工作，在初稿撰写方面，黄大文负责第 1 章、2.1 节、2.5 节、3.4 节、第 4 章、7.1 节部分内容、7.2 节、第 8 章、第 9 章；张帅负责 2.2 节、3.1～3.3 节、7.1 节部分内容、14.1 节；张景玲负责 2.3 节、第 5 章、第 6 章、第 10 章；高俊喜负责第 13 章；吴呈锦负责 2.4 节、第 11 章、12.1 节、14.2 节。在此对辛劳付出的研究生们表示感谢。

本书内容主要取材于以上参编人员近几年的科研成果，以及课题组已毕业的研究生刘晓乐、韩帅等的科研成果。本书自正式规划撰写至完成初稿校核耗时一年有余，由于参编人员较多，故而统筹难度较大，加之我们水平有限，疏漏之处在所难免，诚请阅读本书的读者批评指正。本书的内容以随机共振为主，兼顾振动共振和系统共振。随机共振虽然已有大量的文献发表，但真正在实际工程中的应用还不多。从近几年发表的文献以及我们在多年研究过程中对随机共振的理解来看，随机共振未来还具有很大的潜力，尤其是在工程应用领域。希望本书的出版能起到抛砖引玉的作用，将来在该领域能够出现更有影响力的成果。同时也欢迎广大读者朋友就本书的问题以及其他相关学术问题与我们进一步交流，邮箱为 jianhuayang@cumt.edu.cn。

杨建华

2019 年 8 月于中国矿业大学

目　　录

第1章 变尺度随机共振理论

随机共振是基于非线性动力学和统计物理理论发展起来的一种借助噪声能量增强微弱特征信息的方法。本章介绍经典随机共振、自适应随机共振、归一化变尺度随机共振（normalized scale transformation stochastic resonance，NSTSR）、普通变尺度随机共振（general scale transformation stochastic resonance，GSTSR）、二次采样随机共振，通过各种方法的解释和对比，使读者理解各种方法的优缺点及其应用范围。

1.1 经典随机共振

微弱特征信息检测是从强噪声背景中提取有用信息的技术，传统的噪声背景下微弱特征信息检测方法立足于噪声抑制和信号分解，如小波变换[1]、经验模态分解[2]、局部均值分解[3]等，这些方法在抑制噪声的同时也在一定程度上削弱了有用的特征信息。随机共振（stochastic resonance）不采取直接降噪方式，而是通过信号、非线性系统、噪声三者之间的最佳匹配使系统输出达到最优，实现噪声能量向信号能量的转化，从而增强或识别噪声背景下的微弱特征信息[4]。非线性系统输出的信噪比（signal-to-noise ratio，SNR）和噪声强度之间呈现倒 U 形曲线关系，在合适噪声作用下获得最大输出信噪比时出现随机共振现象。经典随机共振模型由非线性系统、微弱信号和噪声共同构成[5]，如图 1.1 所示。事实上，除非线性系统外，研究者还在线性系统中发现了随机共振现象[6-8]。对随机共振的研究，早已渗透到物理、数学、化学、医学、材料学、图像处理、信号处理等不同的领域[9-19]。

图 1.1　经典随机共振模型

经典随机共振理论最早基于绝热近似理论解释，绝热近似理论要求系统输入信号为慢变的弱信号。所谓慢变信号，指的是信号的周期或时间尺度远大于1，慢变信号既可为周期信号，也可为非周期信号。所谓弱信号，是指输入信号的幅值和噪声强度均远小于 1。随机共振现象可基于统计力学模型进一步进行解释，单位质量布朗粒子在一个双稳态势场中的随机运动方程可以表述为[20]

$$\begin{cases} \ddot{x} + k\dot{x} = -U'(x) + s(t) + N(t) \\ \langle N(t) \rangle = 0, \quad \langle N(t), N(0) \rangle = 2D\delta(t) \end{cases} \tag{1.1}$$

式中，k 为阻尼系数；$U(x)$ 为非线性的势函数；$s(t)$ 为微弱特征信号；$N(t)$ 为高斯白噪声；$\delta(t)$ 表示狄拉克 δ 函数；D 为噪声强度。

势函数有多种形式，且势函数对随机共振的信噪比有直接影响关系[21]。典型的双稳态势函数为

$$U(x) = -\frac{a}{2}x^2 + \frac{b}{4}x^4 \tag{1.2}$$

式中，$a>0$，$b>0$ 为系统参数。

势函数 $U(x)$ 存在 3 个平衡点，即稳定的平衡点 $\pm x_m$ 和不稳定的平衡点 x_b，在 $\pm x_m = \pm\sqrt{a/b}$ 处取极小值，在 $x_b = 0$ 处取极大值，形成由势垒分隔开的对称双势阱，势垒高为 $\Delta U = a^2/(4b)$，如图 1.2 所示。

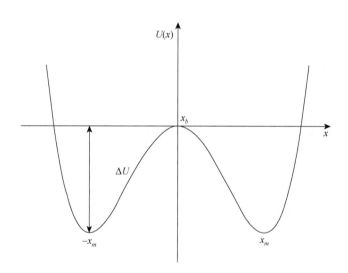

图 1.2　典型双稳态势函数

式（1.1）为二阶 Duffing 振子随机共振模型，该模型中 $\ddot{x}$ 为惯性项，$k\dot{x}$ 为阻尼项。若惯性力远小于阻尼力，式（1.1）左端起主要作用的是阻尼项，则惯性项可忽略，方程经变形后使阻尼系数 $k=1$，则式（1.1）转化为

$$\begin{cases} \dot{x} = -U'(x) + s(t) + N(t) \\ \langle N(t) \rangle = 0, \quad \langle N(t), N(0) \rangle = 2D\delta(t) \end{cases} \quad (1.3)$$

式（1.3）即为受高斯白噪声和微弱信号共同作用的经典双稳态系统随机共振模型。

在随机共振理论的发展历程中，对式（1.3）进行了大量研究。x 为系统输出，实质上，式（1.3）描述的是单位质量布朗粒子同时受高斯白噪声和特征信号作用时的过阻尼运动，即随机共振系统响应为单位质量布朗粒子在双稳态势阱中的运动轨迹。当外部激励信号为简谐函数 $s(t) = A\cos(\omega t + \varphi)$ 时，双稳态势阱在激励驱动下按照角频率 ω 发生周期性变化，形成周期性切换，如图 1.3 所示。此时系统存在临界幅值 A_c，该幅值 A_c 可由式（1.4）解出

$$\begin{cases} U'(x) = -ax + bx^3 - A = 0 \\ U''(x) = -a + 3bx^2 = 0 \end{cases} \quad (1.4)$$

解得临界幅值为

$$A_c = \sqrt{\frac{4a^3}{27b}} \quad (1.5)$$

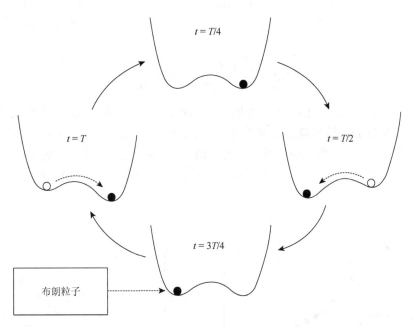

图 1.3　布朗粒子在双稳态势阱间跃迁示意图（T 为信号周期）

对于不考虑噪声的情况，当信号幅值 $A < A_c$ 时，布朗粒子基本不能跃过势垒，只能在某一侧势阱内以信号频率进行局部拟周期性振荡，具体在左侧势阱还是右

侧势阱中振荡一般和初始条件有关。当信号幅值 $A > A_c$ 时，布朗粒子能够顺利跃过势垒并且在势阱间做有规律的跃迁运动。

当式（1.3）中只有噪声 $N(t)$ 作用时，即不考虑特征信号的情况，布朗粒子在两个势阱间按 Kramers 逃逸速率进行跃迁运动，Kramers 逃逸速率表达式为[22]

$$r_K = \frac{a}{\sqrt{2}\pi} \exp\left(-\frac{a^2}{4Db}\right) \tag{1.6}$$

当式（1.3）中同时含有微弱外部周期信号和噪声激励且信号幅值 $A < A_c$ 时，周期信号诱导系统势阱做周期性切换。在噪声作用协助下，布朗粒子有可能跃过势垒逃逸到另一势阱中。噪声强度太小时布朗粒子跃迁概率低，噪声强度太大时布朗粒子跃迁过于频繁。只有当噪声强度、信号和非线性系统达到协同作用时，才能发生周期性较强的跃迁从而转化噪声能量为信号能量。若布朗粒子在某一势阱中的平均驻留周期等于势函数 $U(x)$ 势阱变化周期的一半，即

$$r_K = \frac{\omega}{\pi} \tag{1.7}$$

此时容易发生最优随机共振，系统输出信噪比达到最大值。

上述理论基于绝热近似假设和线性响应理论进行推导，因此只适用于小参数信号（慢变弱信号）情形。在小参数信号输入作用下，随机共振系统输出信噪比可近似表示为

$$\text{SNR} = \frac{\sqrt{2}a^2}{4b}\left(\frac{A}{D}\right)^2 \exp\left(-\frac{a^2}{4bD}\right) \tag{1.8}$$

以周期信号 $s(t) = A\cos(2\pi ft)$ 为例，根据式（1.8）绘制随机共振系统输出信噪比与噪声强度 D，信号幅值 A 和系统参数 a、b 的关系曲线，如图 1.4 所示。

由图 1.4 可知，当其他参数一定时，调节噪声强度 D 和系统参数 a、b 均能使信噪比曲线达到最大值，实现最优随机共振输出。较大的信号幅值 A 更容易激发

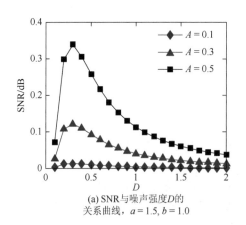

(a) SNR 与噪声强度 D 的
关系曲线，$a = 1.5$, $b = 1.0$

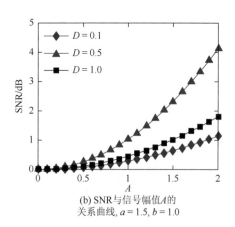

(b) SNR 与信号幅值 A 的
关系曲线，$a = 1.5$, $b = 1.0$

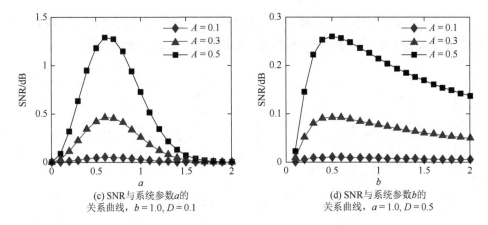

(c) SNR 与系统参数 a 的
关系曲线，$b = 1.0, D = 0.1$

(d) SNR 与系统参数 b 的
关系曲线，$a = 1.0, D = 0.5$

图 1.4　不同参数对输出 SNR 的影响

双稳态系统出现随机共振现象。但是，相同噪声强度下，调节信号幅值 A 并不能使非线性系统产生随机共振现象。再者，过大的 A 值将不再满足绝热近似的前提条件。

1.2　自适应随机共振

由 1.1 节的分析可知，调节参数可实现最优随机共振输出。然而，对于强噪声背景下的微弱信号，信号特征完全被噪声淹没，很难选择合适的参数实现最优增强效果。对于不同的含噪信号，需要寻求不同的随机共振参数，这既限制了微弱信号特征的检测效果，又不利于处理复杂的工程问题。因此，研究自适应随机共振具有重要意义。自适应随机共振概念由 Mitaim 等提出，其目的是解决最佳噪声强度、信号及系统参数匹配的问题[23]。本节基于群智能优化算法简要介绍自适应随机共振的实现，即通过优化算法和合适的适应度函数自适应寻找到最优噪声强度和最优系统参数。

根据图 1.4（a）的结果，以简谐信号 $s(t) = 0.5\cos(0.02\pi t)$ 为例，取系统参数 $a = 1.5$，$b = 1.0$，图 1.5（a）给出了随机共振系统输出信噪比与噪声强度 D 的关系曲线。这里的信噪比定义为：系统输出信号功率谱中信号频率处的幅值与同频背景噪声幅值均值之比的对数。对于离散信号序列，SNR 表示如下[24-26]：

$$
\begin{cases}
\text{SNR} = 10\lg \dfrac{P_{\text{S}}(f)}{P_{\text{N}}(f)} \\[2mm]
P_{\text{S}}(f) = 2\,|X(f)|^2 \\[2mm]
P_{\text{N}}(f) = \dfrac{2}{n}\left(\displaystyle\sum_{k=1}^{n/2} |X(f_k)|^2 - P_{\text{S}}(f)\right)
\end{cases}
\tag{1.9}
$$

式中，$X(f_k)$ 表示对应信号序列 $x(n)$ 的离散傅里叶变换；$P_S(f)$ 表示信号频率 f 处的能量；$P_N(f)$ 表示信号频率 f 周围噪声平均能量；n 表示采样点数。

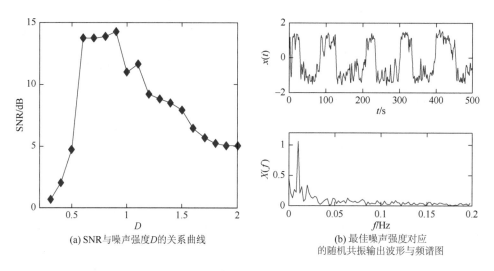

(a) SNR与噪声强度D的关系曲线　　　　　　(b) 最佳噪声强度对应的随机共振输出波形与频谱图

图 1.5　参数调节随机共振输出

除式（1.9）形式的信噪比公式，还有其他常见形式的信噪比公式，例如[27-29]：

$$\begin{cases} SNR=10\lg\dfrac{P_S(f)}{P_N(f)} \\ P_S(f)=|X(f)|^2 \\ P_N(f)=\dfrac{1}{2M}\displaystyle\sum_{j=1}^{M}(|X(k-j)|^2+|X(k+j)|^2) \end{cases} \quad (1.10)$$

式中，$P_S(f)$ 是输入信号频率的功率；$P_N(f)$ 是输入信号频率的噪声平均功率，表示信号频率 f 周围噪声平均能量；k 是输入信号频率对应的序列号；$X(k)$ 是输入频率的幅值；M 根据采样点数和采样频率确定。

另一种常见形式的信噪比公式为[30]

$$\begin{cases} SNR=10\lg\dfrac{P_S(f)}{P_N(f)} \\ P_S(f)=|X(k)|^2 \\ P_N(f)=\displaystyle\sum_{i=k-M}^{k+M}|X(i)|^2-P_S(f) \end{cases} \quad (1.11)$$

式（1.11）中各符号的含义与式（1.9）和式（1.10）中的符号含义相似。值得一提的是，式（1.9）～式（1.11）在各种参考资料中都得到了广泛的应用。信噪比计算公式虽然略有不同，也对其数值造成一定影响，但反映的本质特性不会随信噪比公式的改变而变化。本书将式（1.9）~式（1.11）称为传统定义的信噪比，后续章节将会根据解决问题的需要，对传统定义的信噪比进行改进，详见式（2.1）和式（8.2）。

系统参数固定的随机共振系统在 $D = 0.9$ 时输出信噪比达到最大值 14.2dB，说明调节噪声强度可以使微弱信号、噪声和双稳态系统参数达到最佳匹配。图 1.5（b）展示了最佳噪声强度下的随机共振输出时域波形和频谱，可以看出输出信号得到明显增强，且特征频率突出，调节参数可以实现微弱信号增强和检测。

为了实现自适应随机共振，本节采用量子粒子群优化（quantum particle swarm optimization，QPSO）算法作为寻优工具，以 SNR 作为适应度函数量化随机共振输出，通过 QPSO 算法得到最佳随机共振参数从而实现最优系统响应。QPSO 算法将在第 2 章详细介绍。

（1）目标信号与图 1.5 中信号相同，噪声强度 $D = 0.9$，通过 QPSO 算法优化系统参数 a 和 b，最优随机共振输出如图 1.6 所示，最优参数 $a = 1.0$ 和 $b = 0.69$。比较图 1.6 与图 1.5，微弱信号进一步得到增强，信号频率幅值进一步放大，信噪比峰值由 14.2dB 提高到 17.43dB。图 1.5 中通过循环计算得到的最佳噪声强度并未实现最优随机共振输出，自适应随机共振能够实现进一步优化的系统响应。

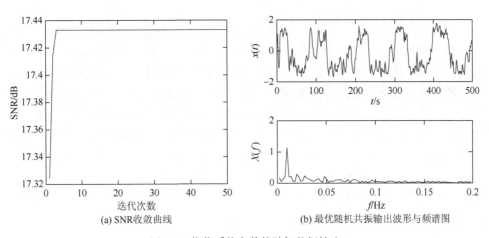

（a）SNR收敛曲线　　　　　（b）最优随机共振输出波形与频谱图

图 1.6　优化系统参数的随机共振输出

（2）目标信号与图 1.5 中相同，系统参数 $a = 1.5$，$b = 1.0$，通过 QPSO 算法优化噪声强度 D，最优随机共振输出如图 1.7 所示，最佳噪声强度 $D = 0.96$。比较图 1.7 与图 1.5，微弱信号得到进一步增强，输出在信号频率处的幅值进一步放大，信噪比峰值由 14.2dB 提高到 15.1dB，这说明优化算法寻找的噪声强度能够更好地实现随机共振输出，提高输出信噪比。

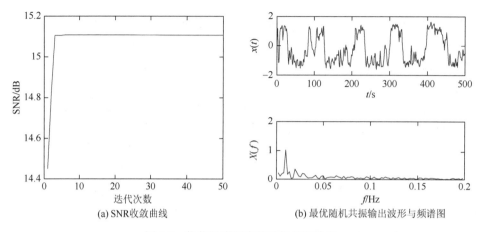

(a) SNR收敛曲线   (b) 最优随机共振输出波形与频谱图

图 1.7 优化噪声强度的随机共振输出

自适应随机共振相对于某些参数固定的非线性系统具有明显的优越性，能够显著提高系统输出的信噪比，得到更加优化的随机共振输出，进一步增强微弱信号，提高检测效果。

1.3 归一化变尺度随机共振

经典随机共振理论只适用于处理弱噪声背景下的慢变特征信息。然而，大量工程问题需要处理强噪声背景下的快变特征信息，如表征机械设备运行状态的时间序列通常都是伴随强噪声的高频振动信号。为了扩展随机共振的使用范围，能够利用随机共振方法检测微弱快变特征信息，众多学者逐渐提出了移频变尺度[31]、多尺度噪声调节[32]、二次采样[33]、多尺度双稳阵列[34]、归一化变尺度[35]等方法。上述方法主要通过压缩目标信号频率，或分解目标信号实现尺度变换。信号分解往往会削弱微弱特征信息，尤其是当目标信号的频率未知时，上述变尺度方法很难寻找到最佳的尺度因子，从而难以达到所需的检测效果。

将高频简谐信号 $s(t) = A\cos(2\pi ft + \varphi)$ 代入式（1.3），频率 $f \gg 1\text{Hz}$，则受高频信号激励的随机共振系统模型为

$$\begin{cases} \dfrac{\mathrm{d}x}{\mathrm{d}t} = ax - bx^3 + A\cos(2\pi ft + \varphi) + N(t) \\ \langle N(t) \rangle = 0, \quad \langle N(t), N(0) \rangle = 2D\delta(t) \end{cases} \quad (1.12)$$

引入替换变量：

$$z = x\sqrt{\dfrac{b}{a}}, \quad \tau = at \quad (1.13)$$

则

$$\frac{\mathrm{d}z}{\mathrm{d}\tau} = \frac{\mathrm{d}z}{\mathrm{d}x}\frac{\mathrm{d}x}{\mathrm{d}t}\frac{\mathrm{d}t}{\mathrm{d}\tau} = \sqrt{\frac{b}{a}}\frac{1}{a}\frac{\mathrm{d}x}{\mathrm{d}t} = \sqrt{\frac{b}{a^3}}\frac{\mathrm{d}x}{\mathrm{d}t} \tag{1.14}$$

将式（1.13）、式（1.14）代入式（1.12）得

$$\frac{\mathrm{d}z}{\mathrm{d}\tau} = z - z^3 + \sqrt{\frac{b}{a^3}}A\cos\left(2\pi\frac{f}{a}\tau + \varphi\right) + \sqrt{\frac{b}{a^3}}N\left(\frac{\tau}{a}\right) \tag{1.15}$$

由式（1.12）中高斯白噪声的统计特性可知

$$\left\langle N\left(\frac{\tau}{a}\right), N(0)\right\rangle = 2Da\delta(\tau) \tag{1.16}$$

则

$$\begin{cases} N\left(\dfrac{\tau}{a}\right) = \sqrt{2Da}\xi(\tau) \\ \langle\xi(\tau)\rangle = 0, \quad \langle\xi(\tau), \xi(0)\rangle = \delta(\tau) \end{cases} \tag{1.17}$$

将式（1.17）代入式（1.15），整理得

$$\frac{\mathrm{d}z}{\mathrm{d}\tau} = z - z^3 + \sqrt{\frac{b}{a^3}}A\cos\left(2\pi\frac{f}{a}\tau + \varphi\right) + \sqrt{\frac{2Db}{a^2}}\xi(\tau) \tag{1.18}$$

式（1.18）是式（1.12）的归一化标准形式，式（1.12）为高频激励信号对应的大参数随机共振系统，式（1.18）为高频信号转化为低频信号后对应的小参数系统，式（1.18）与式（1.12）在时间尺度上等价。因此，较大的参数 a 可以将高频信号转化为低频信号，从而满足经典随机共振理论。然而，考虑到变尺度前后激励幅值的等价性，归一化变尺度以后需将信号和噪声同时乘上比例因子 $\sqrt{a^3/b}$。则式（1.18）转化为

$$\frac{\mathrm{d}z}{\mathrm{d}\tau} = z - z^3 + A\cos\left(2\pi\frac{f}{a}\tau + \varphi\right) + \sqrt{2Da}\xi(\tau) \tag{1.19}$$

式（1.19）为经典随机共振模型，其由式（1.12）中的系统参数 a 和 b 归一化得到，归一化后较小的系统参数与微弱低频信号相匹配，式（1.12）中较大的系统参数与微弱高频信号相匹配。对于一个高频信号，需要利用式（1.12）中的大参数系统进行随机共振处理；如果系统参数 $a = m$，m 取值足够大，则高频信号对应的低频信号就可利用式（1.19）中的小参数系统进行随机共振处理。根据式（1.19）中的低频信号及系统参数，可反推高频信号对应的系统参数 $a = b = m$，此时即可实现高频信号随机共振。

若低频简谐信号激励的随机共振相关参数为 $f = 0.1\mathrm{Hz}$，$a = b = 1$，$A = 0.5$，$D = 0.5$，采样点数 $n = 2000$，采样频率 $f_s = 20\mathrm{Hz}$，则随机共振结果如图 1.8（a）所示，在频谱 $f = 0.1\mathrm{Hz}$ 处可以看到一条明显的谱线。假设上述分析中的 $m = 1000$，则低频简谐信号对应的高频简谐信号的频率 $f = 100\mathrm{Hz}$，根据上述分析可知高频信

号对应的系统参数 $a=b=1000$，其他参数为 $A=0.5$，$D=0.5$，$n=2000$，$f_s=20000\text{Hz}$，随机共振结果如图 1.8（b）所示，在频谱 $f=100\text{Hz}$ 处也可以看到一条明显的谱线。归一化变换前后的结果完全一致，只要选取合适的参数 a（或 m），归一化变尺度随机共振方法能够增强并检测任意高频信号。

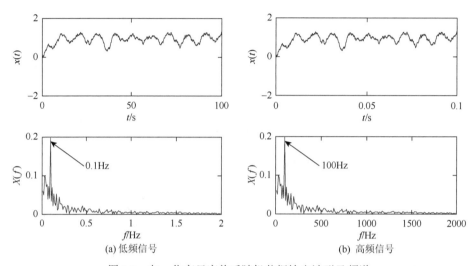

图 1.8　归一化变尺度前后随机共振输出波形及频谱

1.4　普通变尺度随机共振

归一化变尺度虽然能够实现大参数随机共振，检测微弱高频信号，但是系统参数取值相同造成了固定的势垒高度，进而归一化变尺度随机共振不能以最佳的势垒高度匹配不同的输入信号达到最优随机共振输出，限制了微弱信号的增强和检测效果。而且，对于未知频率的目标信号，难以选择合适的参数 a 实现大参数随机共振。为此，本书作者提出一种能够自适应匹配不同输入信号的普通变尺度随机共振方法，该方法能以最优的势垒高度匹配不同的高频输入信号，进一步提高输出信噪比，增强微弱信号。

经典双稳态随机共振模型可表示为

$$\frac{\mathrm{d}x}{\mathrm{d}t} = a_0 x - b_0 x^3 + A_0 \cos(2\pi f_0 t) + \sqrt{2D_0}\,\xi(t) \qquad (1.20)$$

式中，a_0 和 b_0 为较小的系统参数，按经验通常设置在[0,2]内；A_0 为微弱信号的幅值，信号频率 f_0 远小于 1；$\xi(t)$ 为均值为 0、方差为 1 的标准高斯白噪声。

由高频信号 $S(t)=A\cos(2\pi f t)$ 激励的随机共振模型可表示为

$$\frac{\mathrm{d}x}{\mathrm{d}t} = ax - bx^3 + A\cos(2\pi f t) + \sqrt{2D}\,\xi(t) \qquad (1.21)$$

式中，a 和 b 大于 0 且远大于 a_0 和 b_0；A 为信号幅值；f 为远大于 1 的信号频率。

为介绍普通变尺度方法的实现机制，引入替换变量：

$$x(t) = z(\tau), \quad \tau = mt \tag{1.22}$$

式中，m 为尺度系数。将式（1.22）代入式（1.11），并整理得

$$\frac{\mathrm{d}z}{\mathrm{d}\tau} = \frac{a}{m}z - \frac{b}{m}z^3 + \frac{A}{m}\cos\left(2\pi\frac{f}{m}\tau\right) + \sqrt{\frac{2D}{m}}\xi(\tau) \tag{1.23}$$

引入替代变量：

$$\frac{a}{m} = a_1, \quad \frac{b}{m} = b_1, \quad \frac{f}{m} = f_1 \tag{1.24}$$

将式（1.24）代入式（1.23），整理得

$$\frac{\mathrm{d}z}{\mathrm{d}\tau} = a_1 z - b_1 z^3 + \frac{A}{m}\cos(2\pi f_1\tau) + \sqrt{\frac{2D}{m}}\xi(\tau) \tag{1.25}$$

当 m 为一个足够大的常数时，a_1、b_1 和 f_1 均为较小的参数，且与参数 a_0、b_0 和 f_0 含义相同。比较式（1.25）与式（1.20）易知，式（1.25）中的信号幅值和噪声强度均缩小了 $1/m$。为使式（1.25）与式（1.20）在动力学性质上等价，将式（1.25）中的信号幅值和噪声强度放大 m 倍，得到

$$\frac{\mathrm{d}z}{\mathrm{d}\tau} = a_1 z - b_1 z^3 + A\cos(2\pi f_1\tau) + \sqrt{2D}\xi(\tau) \tag{1.26}$$

式（1.26）等价于式（1.20）且满足经典随机共振理论的小参数条件。在式（1.21）中，系统参数 a、b 和 f 均为大参数，微弱的信号幅值 A 和噪声强度 D 与大参数系统不能实现最优匹配。因此，将式（1.21）中的信号幅值 A 和噪声强度 D 放大 m 倍，则式（1.21）可改写为

$$\frac{\mathrm{d}x}{\mathrm{d}t} = ax - bx^3 + mA\cos(2\pi ft) + \sqrt{2Dm}\xi(t) \tag{1.27}$$

式中，a、b、mA 和 f 均为大参数。式（1.27）构成了一个大参数随机共振模型。式（1.27）与式（1.26）动力学性质在本质上相同。式（1.27）即为普通变尺度随机共振模型，根据该式可以检测任意大频率的微弱信号。在数值计算中，不需要预先知道含噪信号的具体特征频率值。若以信噪比为指标，只需要知道其量级，若以非信噪比参数为指标，不需要知道任何信息，只需将含噪信号放大 m 倍后激励式（1.26）中的大参数系统。大参数 $a = ma_1$ 和 $b = mb_1$，a_1 和 b_1 值不相等且可以通过智能优化算法寻优得到。因此，普通变尺度随机共振模型总能以最优的势垒匹配不同的含噪输入信号，提高输出信噪比。相比于归一化变尺度随机共振方法，普通变尺度随机共振方法在提高信噪比方面具有明显的优越性。尤其对于信号幅值和频率完全未知的目标信号，普通变尺度随机共振方法能够进一步提高增强和检测微弱信号的能力。

上述的方程推导和理论分析均是在连续时间系统框架下进行的，实际问题需要在离散系统中进行计算。本节基于经典四阶龙格-库塔数值离散算法实现普通变尺度随机共振[27]。根据式（1.27），普通变尺度随机共振输出的离散时间序列 x_i 可由式（1.27）计算得到，即

$$\begin{cases} x_{i+1} = x_i + \dfrac{1}{6}(k_1 + 2k_2 + 2k_3 + k_4) \\[2mm] k_1 = h(ma_1 x_i - mb_1 x_i)^3 + ms_i + mN_i) \\[2mm] k_2 = h\left[ma_1\left(x_i + \dfrac{1}{2}k_1\right) - mb_1\left(x_i + \dfrac{1}{2}k_1\right)^3 + ms_i + mN_i \right] \\[2mm] k_3 = h\left[ma_1\left(x_i + \dfrac{1}{2}k_2\right) - mb_1\left(x_i + \dfrac{1}{2}k_2\right)^3 + ms_{i+1} + mN_{i+1} \right] \\[2mm] k_4 = h[ma_1(x_i + k_3) - mb_1(x_i + k_3)^3 + ms_{i+1} + mN_{i+1}] \end{cases} \quad (1.28)$$

式中，s_i 表示输入信号放大前的离散时间序列；N_i 表示噪声放大前的离散时间序列；x_i 表示普通变尺度随机共振的输出信号序列；h 表示计算步长。

下面以高频简谐信号 $s(t) = 0.5\cos(200\pi t)$ 激励普通变尺度随机共振系统，分析普通变尺度随机共振方法的噪声利用和自适应匹配能力，以归一化变尺度随机共振作为对比，其实现流程如图 1.9 所示。

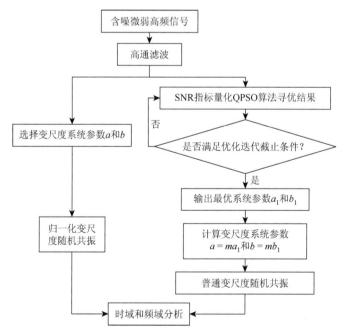

图 1.9　归一化变尺度随机共振和普通变尺度随机共振对比分析流程图

随机共振后的输出能够转化噪声能量增强微弱信号特征，根据输出时间序列的洛伦兹功率谱可知，噪声能量主要集中在低频区域。低频区域大量的边频成分严重干扰了强噪声背景下微弱信号特征频率的识别。因此，采用高通滤波器消除低频干扰成分。在普通变尺度随机共振中使用 QPSO 算法优化较小的参数 a_1 和 b_1，在归一化变尺度随机共振中较小的系统参数固定为 1。不同噪声强度下输入信号的频谱如图 1.10 所示，在图中简谐信号被强噪声完全淹没，无法识别。

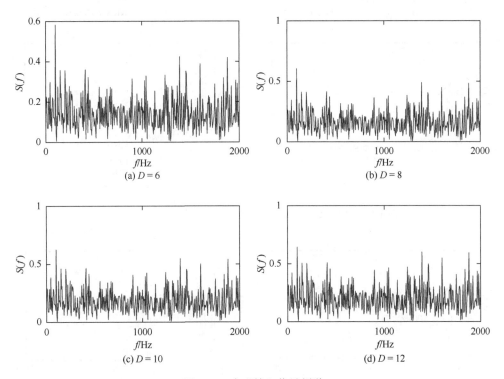

图 1.10 含噪输入信号频谱

当尺度系数 $m = 1000$ 时，滤波信号经归一化变尺度和普通变尺度方法分别处理后的输出频谱如图 1.11 和图 1.12 所示。高通滤波器相关参数分别设置为通带频率 85Hz、阻带频率 80Hz、阻带衰减 80dB、通带扰动 1dB。

图 1.11 中所有的系统参数为 $a = b = 1000$，归一化变尺度随机共振方法中固定的势垒高度严重限制了系统输出信噪比达到最优。图 1.12 中的系统参数 $a = [222.1，326.9，302，237.7]$，$b = [52.5，68.7，49.3，34.3]$。随着噪声强度增加，输出信噪比减小，噪声强度对信噪比有重要影响。相比于归一化变尺度随机共振方法，本节提出的普通变尺度随机共振方法具有较好的噪声利用能力，信噪比分别提高了 2.32dB、2.65dB、2.73dB 和 2.63dB。在强噪声背景下提高输出信噪

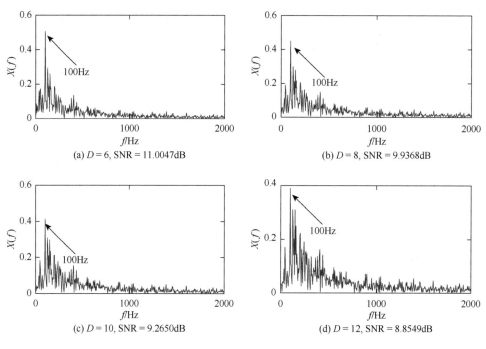

图 1.11　不同噪声强度下归一化变尺度随机共振输出频谱

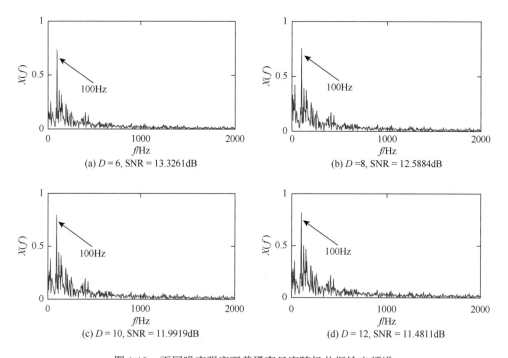

图 1.12　不同噪声强度下普通变尺度随机共振输出频谱

比，增强微弱信号特征具有重要意义。普通变尺度随机共振方法明显放大了特征频率处的幅值，噪声能量得到了充分利用。由以上分析可见，普通变尺度随机共振方法在提高信噪比方面优于归一化变尺度随机共振方法。

在普通变尺度随机共振方法中，尺度系数 m 决定了变尺度后信号频率的大小，进而直接影响随机共振系统的输出效果。较小的尺度系数不能满足经典随机共振的小参数要求，不能诱导非线性系统出现随机共振现象；较大的尺度系数容易导致随机共振系统发散，不能成功提取微弱特征频率。当 $D = 7$ 时，图 1.13 和图 1.14 中分析了尺度系数 m 对归一化变尺度随机共振和普通变尺度随机共振的影响。

在图 1.13 中，系统参数为 $a = [800，1000，1500，2000]$，$b = [800，1000，1500，2000]$。在图 1.14 中，系统参数为 $a = [222.1，326.9，302，237.7]$，$b = [52.5，68.7，49.3，34.3]$。比较图 1.14 与图 1.13 可知，在普通变尺度随机共振方法中信噪比分别提高了 1.99dB、2.53dB、2.64dB 和 1.55dB，特征频率幅值也得到了明显增强。尺度系数 m 对归一化变尺度随机共振输出信噪比有一定影响；当普通变尺度满足经典随机共振小参数要求后，尺度系数 m 对输出信噪比几乎没有影响。对于不同的尺度系数，普通变尺度随机共振方法总能以最优的势垒高度匹配不同的输入信号，实现最优输出。然而，在归一化变尺度随机共振方法执行过程中双稳

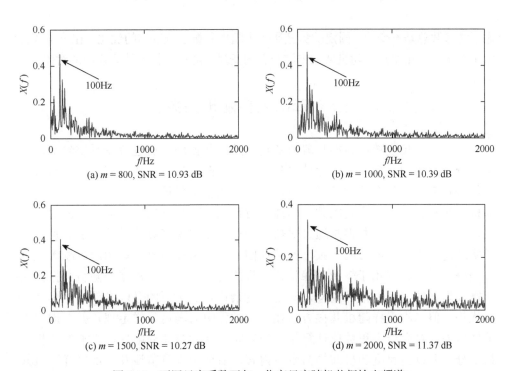

(a) $m = 800$, SNR = 10.93 dB　　　　(b) $m = 1000$, SNR = 10.39 dB

(c) $m = 1500$, SNR = 10.27 dB　　　　(d) $m = 2000$, SNR = 11.37 dB

图 1.13　不同尺度系数下归一化变尺度随机共振输出频谱

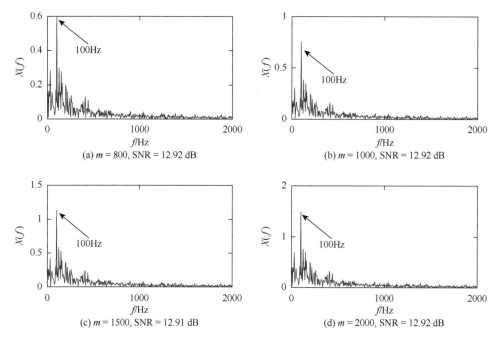

图 1.14   不同尺度系数下普通变尺度随机共振输出频谱

态系统参数总是不变的，固定的势垒影响了随机共振系统输出的优化。在第 4 章将给出关于归一化变尺度随机共振方法与普通变尺度随机共振方法更详细的对比。

1.5   二次采样随机共振

归一化变尺度随机共振与普通变尺度随机共振均是通过改变系统参数，实现系统与信号的匹配关系。除此之外，还可以改变信号参数，即通过二次采样将信号频率减小到合适的范围，再与小参数系统实现最优匹配。归一化变尺度随机共振与普通变尺度随机共振是通过对系统的变尺度实现高频信号的随机共振，而二次采样随机共振是通过对信号的变尺度实现高频信号的随机共振。二者实现途径不同，但目的一致，殊途同归。二次采样随机共振由冷永刚教授等最先提出[33, 36]，并用于轴承故障特征信号的提取[37, 38]。二次采样随机共振方法不需要烦琐的变尺度推导过程，对处理复杂背景噪声下的微弱高频信号具有一定优势，但二次采样随机共振方法在使用过程中需满足采样定理，并考虑二次采样压缩比对微分方程数值计算精度的影响，因此有其局限性。本书的随机共振部分主要以变尺度随机共振为重点内容，后续少许章节涉及二次采样随机共振时，再对其进行详细介绍。

1.6　本 章 小 结

本章主要对经典随机共振、自适应随机共振、归一化变尺度随机共振、普通变尺度随机共振、二次采样随机共振进行了介绍，其中前三种随机共振以及二次采样随机共振均有较多的文献进行介绍，普通变尺度随机共振理论是本书作者最近提出的。在进行变尺度随机共振学习时，建议读者结合胡茑庆教授关于随机共振理论的专著进行本章的学习[35]，以便加深对几种随机共振的理解。胡茑庆教授的专著中详细讲解了最优随机共振设计，给出了几种不同的方法，并从统计意义上给出了系统输出最优时系统参数以及噪声的选择情况。本章所提出的普通变尺度随机共振，也是为了达到最优随机共振输出，并且可以对单一的随机噪声路径实现最优随机共振输出。统计意义上的最优输出所确定的参数，对于单一噪声路径，未必是最优输出。在工程问题上，往往需要处理的是一段信号，用统计意义上得到的最优参数未必合适。此外，结合优化算法，能够达到更佳的输出结果。任何方法都有其利弊，随机共振优化设计容易确定参数的范围，而普通变尺度随机共振方法在确定参数范围上主要依靠经验。综合考虑随机共振优化设计、普通变尺度随机共振以及二次采样随机共振方法，或许能够达到更佳的效果。

参 考 文 献

[1]　Daubechies I. The wavelet transform，time frequency localization and signal analysis. IEEE Transactions on Information Theory，1990，36（5）：961-1005.

[2]　Huang N E，Shen Z，Long S R，et al. The empirical mode decomposition and the Hilbert spectrum for nonlinear and non-stationary time series analysis. Proceedings of the Royal Society of London A：Mathematical，Physical and Engineering Sciences，1998，454（1971）：903-995.

[3]　Smith J S. The local mean decomposition and its application to EEG perception data. Journal of the Royal Society Interface，2005，2（5）：443-454.

[4]　Benzi R，Sutera A，Vulpiani A. The mechanism of stochastic resonance. Journal of Physics A：Mathematical and General，1981，14（11）：453-457.

[5]　McNamara B，Wiesenfeld K. Theory of stochastic resonance. Physical Review A，1989，39（9）：4854-4869.

[6]　Berdichevsky V，Gitterman M. Multiplicative stochastic resonance in linear systems：Analytical solution. Europhysics Letters，1996，36（3）：161-166.

[7]　Berdichevsky V，Gitterman M. Stochastic resonance in linear systems subject to multiplicative and additive noise. Physical Review E，1999，60（2）：1494-1499.

[8]　Cao L，Wu D J. Stochastic resonance in a linear system with signal-modulated noise. Europhysics Letters，2003，61（5）：593-598.

[9]　Guderian A，Dechert G，Zeyer K P，et al. Stochastic resonance in chemistry-1. The Belousov-Zhabotinsky reaction. The Journal of Physical Chemistry，1996，100（11）：4437-4441.

[10] Förster A，Merget M，Schneider F W. Stochastic resonance in chemistry-2. The Peroxidase-Oxidase Reaction. The Journal of Physical Chemistry，1996，100（11）：4442-4447.

[11] Hohmann W，Müller J，Schneider F W. Stochastic resonance in chemistry-3. The minimal-bromate reaction. The Journal of Physical Chemistry，1996，100（13）：5388-5392.

[12] Peng R，Chen H，Varshney P K，et al. Stochastic resonance: An approach for enhanced medical image processing. 2007 IEEE/NIH Life Science Systems and Applications Workshop，Bethesda，2007：253-256.

[13] Mompo E，Ruiz-Garcia M，Carretero M，et al. Coherence resonance and stochastic resonance in an excitable semiconductor superlattice. Physical Review Letters，2018，121（8）：086805.

[14] Shao Z，Yin Z，Song H，et al. Fast detection of a weak signal by a stochastic resonance induced by a coherence resonance in an excitable GaAs/Al 0.45 Ga 0.55 as superlattice. Physical Review Letters，2018，121（8）：086806.

[15] Rallabandi V P S，Roy P K. Magnetic resonance image enhancement using stochastic resonance in Fourier domain. Magnetic Resonance Imaging，2010，28（9）：1361-1373.

[16] Rallabandi V P S. Enhancement of ultrasound images using stochastic resonance-based wavelet transform. Computerized Medical Imaging and Graphics，2008，32（4）：316-320.

[17] Chouhan R，Jha R K，Biswas P K. Enhancement of dark and low-contrast images using dynamic stochastic resonance. IET Image Processing，2013，7（2）：174-184.

[18] Xu B，Duan F，Bao R，et al. Stochastic resonance with tuning system parameters：The application of bistable systems in signal processing. Chaos，Solitons & Fractals，2002，13（4）：633-644.

[19] Moss F，Ward L M，Sannita W G . Stochastic resonance and sensory information processing：A tutorial and review of application. Clinical Neurophysiology，2004，115（2）：267-281.

[20] 李一博，张博林，刘自鑫，等. 基于量子粒子群算法的自适应随机共振方法研究. 物理学报，2014，63（16）：36-43.

[21] Lu S，He Q，Wang J. A review of stochastic resonance in rotating machine fault detection. Mechanical Systems and Signal Processing，2019，116：230-260.

[22] Gammaitoni L，Hänggi P，Jung P，et al. Stochastic resonance. Reviews of Modern Physics，1998，70（1）：223-287.

[23] Mitaim S，Kosko B. Adaptive stochastic resonance. Proceedings of the IEEE，1999，86（11）：2152-2183.

[24] Liu X，Liu H，Yang J，et al. Improving the bearing fault diagnosis efficiency by the adaptive stochastic resonance in a new nonlinear system. Mechanical Systems and Signal Processing，2017，96：58-76.

[25] Gandhimathi V M，Murali K，Rajasekar S. Stochastic resonance in overdamped two coupled anharmonic oscillators. Physica A，2005，347：99-116.

[26] Ichiki A，Tadokoro Y. Signal-to-noise ratio improvement by stochastic resonance in moments in non-dynamical systems with multiple states. Physics Letters A，2013，377（3/4）：185-188.

[27] Lu S，He Q，Kong F. Effects of underdamped step-varying second-order stochastic resonance for weak signal detection. Digital Signal Processing，2015，36：93-103.

[28] Huang D，Yang J，Zhang J，et al. An improved adaptive stochastic resonance method for improving the efficiency of bearing faults diagnosis. Proceedings of the Institution of Mechanical Engineers，Part C：Journal of Mechanical Engineering Science，2018，232（13）：2352-2368.

[29] Huang D，Yang J，Zhou D，et al. Influence of Poisson white noise on the response statistics of nonlinear system and its applications to bearing fault diagnosis. Journal of Computational and Nonlinear Dynamics，2019，14（3）：031010.

[30] Zhang J，Yang J，Liu H，et al. Improved SNR to detect the unknown characteristic frequency by SR. IET Science，

Measurement & Technology，2018，12（6）：795-801.

[31]　Tan J，Chen X，Wang J，et al. Study of frequency shifted and rescaling stochastic resonance and its application to fault diagnosis. Mechanical Systems and Signal Processing，2009，23（3）：811-822.

[32]　Lu S，He Q，Hu F，et al. Sequential multiscale noise tuning stochastic resonance for train bearing fault diagnosis in an embedded system. IEEE Transactions on Instrumentation and Measurement，2014，63（1）：106-116.

[33]　冷永刚，王太勇. 二次采样用于随机共振从强噪声中提取弱信号的数值研究. 物理学报，2003，52（10）：2432-2437.

[34]　Zhang X F，Hu N Q，Hu L，et al. Multi-scale bistable stochastic resonance array：A novel weak signal detection method and application in machine fault diagnosis. Science China Technological Sciences，2013，56（9）：2115-2123.

[35]　胡茑庆. 随机共振微弱特征信号检测理论与方法. 北京：国防工业出版社，2012.

[36]　冷永刚，王太勇，秦旭达，等. 二次采样随机共振频谱研究与应用初探. 物理学报，2004，53（3）：717-723.

[37]　Leng Y G，Wang T Y，Guo Y，et al. Engineering signal processing based on bistable stochastic resonance. Mechanical Systems and Signal Processing，2007，21（1）：138-150.

[38]　He H L，Wang T Y，Leng Y G，et al. Study on non-linear filter characteristic and engineering application of cascaded bistable stochastic resonance system. Mechanical Systems and Signal Processing，2007，21（7）：2740-2749.

第 2 章　群智能优化算法

智能优化算法作为一个重要的学科分支，一直受到广泛关注，并在诸多工程领域得到应用，如系统控制、状态监测、信号处理、模式识别、生产调度以及人工智能的诸多领域。近年来，随着计算机技术的快速发展，为了更好地解决大空间、非线性、全局寻优、组合优化等复杂问题，受生物群体社会性或自然现象规律的启发，涌现出一批群智能优化算法，主要包括：人工鱼群优化算法[1]、随机权重粒子群优化算法[2]、自适应权重粒子群优化算法[3]、量子粒子群优化算法[4]、云自适应遗传算法[5, 6]等。本章介绍以上几种较新的智能优化算法的基本原理，并将智能优化算法应用于自适应随机共振以及滚动轴承故障特征信息提取的研究中。

2.1　人工鱼群优化算法

人工鱼群优化算法是近几年发展的一种基于鱼群行为的群体智能优化算法，是行为主义人工智能的典型应用，该算法源于鱼群的觅食行为。人工鱼群优化算法是一种仿生算法，模仿鱼群的行为特征，鱼类通常有觅食行为、集群行为、繁殖行为、逃逸行为、洄游行为、追逐行为、随机行为和离开行为等。鱼群能够准确地实现这些行为依靠的是鱼群之间的信息共享，鱼群通过对外界信息进行综合分析，从而实现觅食、逃逸、洄游和追逐。

2.1.1　人工鱼群优化算法的思想

在一片水域里，鱼通常能够自行或者尾随其他鱼找到食物源，因而鱼数目最多的地方一般就是本水域中食物源最丰富的区域。人工鱼群算法根据鱼和鱼群觅食特点，构造人工鱼来模拟鱼群行为，从而得到问题最优解。

鱼类活动中，觅食行为、集群行为、追逐行为与待寻优问题密切相关，构造简单有效的方式来实现这些行为是人工鱼群算法的重点。觅食行为是一种鱼群向食物源丰富的方向游动的行为，在寻优过程中则代表着向较优方向前进；集群行为则是为了躲避危害和保证生存，自然而然聚集的行为；追逐行为则是一种向邻近的最活跃者追逐的行为，在优化算法中可以理解为向附近的最优解前进的过程。

2.1.2　人工鱼群优化算法的流程

人工鱼群优化算法作为一种仿生算法具有很多特点。

（1）并行性：多个人工鱼并行搜索。

（2）简单性：算法中仅以目标问题的函数值作为寻优目标。

（3）全局性：算法具有很强的跳出局部最优值的能力。

（4）快速性：算法能够快速向最优值逼近。

（5）跟踪性：随着其他因素的影响能够快速跟踪变化。

人工鱼群优化算法的具体流程如下。

（1）确定种群规模 fishnum，在变量可行域内随机生成 fishnum 个人工鱼，算法迭代次数为 gen，假设人工鱼的可视域为 visual，半径为 r_{ij}，步长为 step，拥挤度因子为 δ，尝试次数为 try_number。

（2）计算初始鱼群中各个人工鱼的适应度值，取最优人工鱼的状态及其适应度值为优化问题的当前最优解。

（3）各个人工鱼通过觅食行为、集群行为和追逐行为更新自己的状态，构成新的鱼群。

（4）计算新鱼群中各个人工鱼的适应度值，取最优人工鱼的状态及其适应度值，与更新之前的最优结果进行对比，更新最优人工鱼的状态和适应度值，即更新优化问题的最优解。

（5）判断最优适应度值是否达到满意误差界限或者是否达到预设寻优迭代次数，如果达到预设截止条件，则寻优结束；否则，返回步骤（3）继续寻优。

2.1.3　人工鱼群优化算法的实现

1. 人工鱼群的状态初始化

```
function X=AF_init(Nfish,lb_ub)
row=size(lb_ub,1);
X=[];
for i=1:row
    lb=lb_ub(i,1);
    ub=lb_ub(i,2);
    nr=lb_ub(i,3);
    for j=1:nr
        X(end+1,:)=lb+(ub-lb)*rand(1,Nfish);
    end
```

```
end
```

2. 人工鱼群优化算法中的适应度函数

适应度函数在人工鱼群算法中表示食物浓度。本节采用人工鱼群优化算法对式（1.24）中的参数 a_1 和 b_1 进行寻优，以改进的信噪比（ISNR）指标作为适应度函数，ISNR 定义如下：

$$\begin{cases} \mathrm{ISNR} = 10\log_{10}\left(\dfrac{P_{\mathrm{S}}(f)}{P_{\mathrm{T}}(f) - P_{\mathrm{S}}(f)}\right) \\ P_{\mathrm{S}}(f) = |X(k)|^2 \\ P_{\mathrm{T}}(f) = \sum_{i}^{j}(|X(i)|^2), \quad 1 \leqslant i < k; k < j \end{cases} \tag{2.1}$$

式中，f 为故障特征频率；$P_{\mathrm{S}}(f)$ 表示频率 f 处的功率；$P_{\mathrm{T}}(f)$ 表示局部总功率；k 表示频率 f 在功率谱中的位置；$X(k)$ 表示时间序列的离散傅里叶变换；j 为计算局部功率 P_{T} 所选取的信号长度。

适应度函数 MATLAB 程序如下：

```matlab
function [ISNR]=AF_foodconsistence(X)
fishnum=size(X,2);
for i=1:fishnum
    fs=12000;
    N=12000;
    t=0:1/fs:(N-1)/fs;             %采样时刻
    f0=100;                        %信号频率
    T=1/f0;                        %重复周期
    NT=round(fs*T);                %单周期采样点数
    t0=0:1/fs:(NT-1)/fs;           %单周期采样时刻
    k=ceil(N/NT);                  %重复次数
    d=10*fs;                       %冲击信号衰减指数
    f=2000;                        %固有频率(载波频率)
    A=1;                           %信号幅值
    y=[];
    for i=1:k
        y=[y,A*exp(-d*t0.^2).*sin(2*pi*f.*t0)]; %外圈故障
模拟信号
    end
```

```
    D=0.2;                              %噪声强度
    sjs=randn(size(t));                 %随机数
    sz=sqrt(2*D)*sjs;                   %高斯白噪声
    y=y(1:N)+sz;                        %含噪信号
    Fstop=90;
    Fpass=95;
    Astop=90;
    Apass=1;
    match='both';
    h=fdesign.highpass(Fstop,Fpass,Astop,Apass,Fs);
    Hd=design(h,'ellip','MatchExactly',match);
    lvbo=filter(Hd,y);                  %椭圆滤波器
    m=20000;
    h=1/fs;
    a=X(1,i)*m;
    b=X(2,i)*m;
    x1=lvbo*m;
%% 经典四阶龙格-库塔算法求解
    x=zeros(1,length(x1));
    for i=1:length(x1)-1
        k1=h*(a*x(i)-b*x(i).^3+x1(i));
        k2=h*(a*(x(i)+k1/2)-b*(x(i)+k1/2).^3+x1(i));
        k3=h*(a*(x(i)+k2/2)-b*(x(i)+k2/2).^3+x1(i+1));
        k4=h*(a*(x(i)+k3)-b*(x(i)+k3).^3+x1(i+1));
        x(i+1)=x(i)+(1/6)*(k1+k2+k3+k4);
    end
%% 傅里叶变换
    y=fft(x,N);
    py=y.*conj(y)/N;
%% 计算 ISNR
    G=sum(py(2:N/20));
    H=py(163);
    GG=(G-H);
    ISNR(1,i)=10*log(H/GG)/log(10);
end
```

3. 人工鱼群的集群行为

```
function[Xnext,Ynext]=AF_swarm(X,i,visual,step,deta,try_
number,LBUB,lastY)
    Xi=X(:,i);
    D=AF_dist(Xi,X);
    index=find(D>0 & D<visual);nf=length(index);
    if nf>0
        for j=1:size(X,1)
            Xc(j,1)=mean(X(j,index));
        end
        Yc=AF_foodconsistence(Xc);
        Yi=lastY(i);
        if Yc/nf>deta*Yi
            Xnext=Xi+rand*step*(Xc-Xi)/norm(Xc-Xi);
            for i=1:length(Xnext)
                if Xnext(i)>LBUB(i,2)
                    Xnext(i)=LBUB(i,2);
                end
                if Xnext(i)<LBUB(i,1)
                    Xnext(i)=LBUB(i,1);
                end
            end
            Ynext=AF_foodconsistence(Xnext);
        else
            [Xnext,Ynext]=AF_prey(Xi,i,visual,step,try_number,
LBUB,lastY);
        end
    else
        [Xnext,Ynext]=AF_prey(Xi,i,visual,step,try_number,
LBUB,lastY);
    end
```

4. 人工鱼群的觅食行为

```
function[Xnext,Ynext]=AF_prey(Xi,ii,visual,step,try_
```

```
number,LBUB,lastY)
    Xnext=[];
    Yi=lastY(ii);
    for i=1:try_number
        Xj=Xi+(2*rand(length(Xi),1)-1)*visual;
        Yj=AF_foodconsistence(Xj);
        if Yi<Yj
            Xnext=Xi+rand*step*(Xj-Xi)/norm(Xj-Xi);
                for i=1:length(Xnext)
                    if Xnext(i)>LBUB(i,2)
                        Xnext(i)=LBUB(i,2);
                    end
                    if Xnext(i)<LBUB(i,1)
                        Xnext(i)=LBUB(i,1);
                    end
                end
                Xi=Xnext;
                break;
        end
    end
    %% 随机行为
    if isempty(Xnext)
        Xj=Xi+(2*rand(length(Xi),1)-1)*visual;
        Xnext=Xj;
        for i=1:length(Xnext)
            if Xnext(i)>LBUB(i,2)
                Xnext(i)=LBUB(i,2);
            end
            if Xnext(i)<LBUB(i,1)
                Xnext(i)=LBUB(i,1);
            end
        end
    end
    Ynext=AF_foodconsistence(Xnext);
```

5. 人工鱼群的追逐行为

```
function[Xnext,Ynext]=AF_follow(X,i,visual,step,deta,
try_number,LBUB,lastY)
    Xi=X(:,i);
    D=AF_dist(Xi,X);
    index=find(D>0 & D<visual);
    nf=length(index);
    if nf>0
        XX=X(:,index);
        YY=lastY(index);
        [Ymax,Max_index]=max(YY);
        Xmax=XX(:,Max_index);
        Yi=lastY(i);
        if Ymax/nf>deta*Yi;
            Xnext=Xi+rand*step*(Xmax-Xi)/norm(Xmax-Xi);
                for i=1:length(Xnext)
                    if Xnext(i)>LBUB(i,2)
                        Xnext(i)=LBUB(i,2);
                    end
                    if Xnext(i)<LBUB(i,1)
                        Xnext(i)=LBUB(i,1);
                    end
                end
                Ynext=AF_foodconsistence(Xnext);
            else
            [Xnext,Ynext]=AF_prey(X(:,i),i,visual,step,try_
number,LBUB,lastY);
        end
    else
    [Xnext,Ynext]=AF_prey(X(:,i),i,visual,step,try_number,
LBUB,lastY);
    end
```

6. 人工鱼群中所有鱼之间的位置

```
function D=AF_dist(Xi,X)
col=size(X,2);
D=zeros(1,col);
for j=1:col
    D(j)=norm(Xi-X(:,j));
end
```

7. 人工鱼群算法主体

```
clc
clear all
close all
fs=12000;
N=12000;
m=20000;
h=1/fs;
t=0:1/fs:(N-1)/fs;
fishnum=100;
MAXGEN=100;
try_number=100;
delta=0.618;
lb_ub=[0.0001,10,2];
X=AF_init(fishnum,lb_ub);
LBUB=[];
for i=1:size(lb_ub,1)
    LBUB=[LBUB;repmat(lb_ub(i,1:2),lb_ub(i,3),1)];
end
gen=1;
BestY=-1*ones(1,MAXGEN);
BestX=-1*ones(2,MAXGEN);
besty=-100;
Y=AF_foodconsistence(X);
while gen<=MAXGEN
```

```
    fprintf(1,'%d\n',gen)
    for i=1:fishnum
        D=AF_dist(X(:,i),X);
        visual=sum(D)/fishnum;
        step=0.1*visual;
        [Xi1,Yi1]=AF_swarm(X,i,visual,step,delta,try_
number,LBUB,Y);
        [Xi2,Yi2]=AF_follow(X,i,visual,step,delta,try_
number,LBUB,Y);
        if Yi1>Yi2
            X(:,i)=Xi1;
            Y(1,i)=Yi1;
        else
            X(:,i)=Xi2;
            Y(1,i)=Yi2;
        end
    end
    [Ymax,index]=max(Y);
    if Ymax>besty
        besty=Ymax;
        bestx=X(:,index);
        BestY(gen)=Ymax;
        [BestX(:,gen)]=X(:,index);
    else
        BestY(gen)=BestY(gen-1);
        [BestX(:,gen)]=BestX(:,gen-1);
    end
    gen=gen+1;
end
figure(1)
plot(1:MAXGEN,BestY)
xlabel('Iteration');
ylabel('ISNR/dB');
set(gca,'FontSize',12);
```

以滚动轴承外圈故障模拟信号激励形如式（1.27）的双稳态随机共振系统，

外圈故障模拟信号详见式（3.1），其含噪波形与频谱如图 2.1 所示。故障特征频率为 100Hz，微弱的特征频率被强噪声完全淹没，无法识别。以 ISNR 为适应度函数，采用人工鱼群优化算法优化双稳态随机共振系统参数，验证人工鱼群优化算法在滚动轴承故障诊断中的性能[7]。在自适应寻优过程中，尺度系数 $m = 1000$，最优系统参数为 $a_1 = 0.1$ 和 $b_1 = 0.1$。人工鱼群优化算法收敛曲线如图 2.2（a）所示，双稳态系统随机共振最优输出如图 2.2（b）所示，故障特征频率明显增强，微弱的故障特征得到有效提取，表明人工鱼群优化算法在滚动轴承故障特征提取中具有较好的寻优性能。

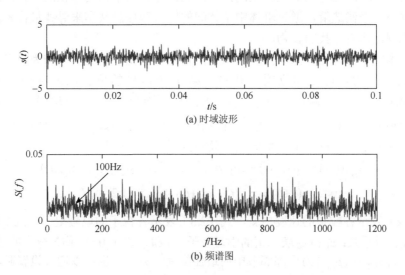

(a) 时域波形

(b) 频谱图

图 2.1　滚动轴承外圈故障含噪模拟信号

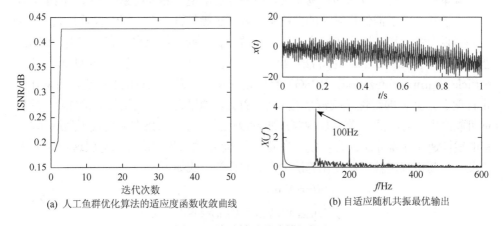

(a) 人工鱼群优化算法的适应度函数收敛曲线　　　　(b) 自适应随机共振最优输出

图 2.2　滚动轴承故障特征提取

2.2 随机权重粒子群优化算法

2.2.1 随机权重粒子群优化算法的思想

基本粒子群优化算法是一种基于群体的随机优化技术[8]，该算法在求解优化时有较好的寻优能力，计算时通过迭代寻优，能快速找到最优解，因此该算法在复杂的工程问题中应用十分广泛。该算法的基本思想类似于鸟类的觅食行为，将问题的搜索空间比作鸟的飞行空间，每只鸟比作无质量、无体积的微粒，用来表示问题的一个候选解，通过群体中个体间的协作和信息共享来寻找最优解，寻找的最优解比作鸟寻找的食物。

基本粒子群优化算法的具体步骤为：首先初始化一组随机值作为粒子群，即确定粒子的初始速度和位置。其中，第 i 个微粒的位置和速度分别表示为 $X_i = [x_{i,1}, x_{i,2}, \cdots, x_{i,d}]$ 和 $V_i = [v_{i,1}, v_{i,2}, \cdots, v_{i,d}]$。接着粒子以一定的速度更新当前最优粒子和最优种群。在每次迭代中，计算各粒子的目标函数，更新个体最优值 P_{best}、种群最优值 g_{best} 以及粒子速度值 V_i，最终得到一组最优解：

$$v_{i,j}(t+1) = wv_{i,j}(t) + c_1r_1(p_{i,j} - x_{i,j}(t)) + c_2r_2(p_{g,j} - x_{i,j}(t)) \quad (2.2)$$

$$x_{i,j}(t+1) = x_{i,j}(t) + v_{i,j}(t+1), \quad j = 1, 2, \cdots, d \quad (2.3)$$

式（2.2）表示各粒子的速度更新，式（2.3）表示各粒子的位置更新。式中，w 表示惯性权重系数；c_1 和 c_2 表示正的学习因子；r_1 和 r_2 表示 0～1 均匀分布的随机数；$P_i = [p_{i,1}, p_{i,2}, \cdots, p_{i,d}]$ 为局部邻域中的最佳位置。另外，也可以通过设置微粒的速度区间$[v_{\min}, v_{\max}]$和位置范围$[x_{\min}, x_{\max}]$对微粒的移动进行适当限制。

基本粒子群优化算法简单易实现，但是容易出现早熟等现象，导致不能全局寻优。由于基本粒子群优化算法的性能主要依赖于微粒群个数、惯性权重系数 w、学习因子以及添加压缩因子等参数，具体参数设置不同，结果也会有所差别。因此，基本粒子群优化算法的改进算法层出不穷。随机权重粒子群优化（random weight particle swarm optimization，RPSO）算法是基本粒子群优化算法的改进，可从在一定程度上克服 w 的线性递减带来的不足。首先，如果在进化初期接近最优点，随机 w 可能产生相对小的 w 值，加快算法的收敛性；另外，如果在初期找不到最优点，w 的线性递减使得算法最终收敛不到最优点，而 w 的随机生成可以克服这种局限[9]。因此，在随机权重粒子群优化算法中，w 的计算公式如下：

$$\begin{cases} w = \mu + \sigma N(0,1) \\ \mu = \mu_{\min} + (\mu_{\max} - \mu_{\min})\text{rand}(0,1) \end{cases} \quad (2.4)$$

式中，σ 表示随机权重平均值的方差；$N(0,1)$表示标准正态分布的随机数；μ 为随机权重平均值；$\mu_{\min}$ 和 $\mu_{\max}$ 为随机权重平均值的最小值和最大值；rand(0,1)
表示 0～1 的随机数。

2.2.2　随机权重粒子群优化算法的流程

随机权重粒子群优化算法的具体实现流程如下。

（1）设置初始化条件。确定学习因子、随机权重的平均值、迭代次数、粒子
数和空间维数等。一般将学习因子都设为 2，随机权重平均值的最大值和最小值
分别取 0.8 和 0.5，随机权重平均值的方差取 0.2，初始化群体个数为 40，迭代步
数为 40 次。如果是优化两个参数，则将空间维数设为 2；如果是优化三个参数，
则将空间维数设为 3。MATLAB 程序如下：

```
%%给定初始化条件
c1=2;                    %学习因子 1
c2=2;                    %学习因子 2
mean_max=0.8;            %随机权重平均值的最大值
mean_min=0.5;            %随机权重平均值的最小值
sigma=0.2;               %随机权重平均值的方差
MaxDT=40;                %最大迭代次数
Dim=2;                   %搜索空间维数 (未知数个数)
N=40;                    %初始化群体个体数目
eps=10^(-6);             %设置精度 (在已知最小值时候用)
```

（2）初始化群体中的个体粒子。这里随机初始化粒子的位置和速度。MATLAB
程序如下：

```
%%初始化种群的个体
for i=1:N
    for j=1:Dim
        x(i,j)=randn;    %随机初始化位置
        v(i,j)=randn;    %随机初始化速度
    end
end
```

（3）计算每个粒子的适应度函数（fitness），并找出局部最优和全局最优。
MATLAB 程序如下：

```
%先计算各粒子的适应度,并初始化 pi 和 pg
for i=1:N
    p(i)=fitness(x(i,:));
    y(i,:)=x(i,:);
```

```
end
pg=x(N,:);
for i=1:(N-1)
    if fitness(x(i,:))>fitness(pg)
    pg=x(i,:);
    end
end
```

（4）进入主循环。首先，结合式（2.2）～式（2.4）来更新粒子的位置和速度。其次，判断最优值是否在设置的范围内。然后，更新局部最优和全局最优。最后，判断是否已经达到最大迭代次数。如果没有，继续循环。如果达到，进行下一步骤。MATLAB 程序如下：

```
%%进入主循环,按照公式依次迭代
for t=1:MaxDT                        %进入主循环
    for j=1:N
        miu=mean_min+(mean_max-mean_min)*rand();
        w=miu+sigma*randn();
        v(i,:)=w*v(i,:)+c1*rand*(y(i,:)-x(i,:))+c2*rand*
(pg-x(i,:));                         %实现速度的更新
        x(i,:)=x(i,:)+v(i,:);        %实现位置的更新
        if x(i,1)>2||x(i,1)<0        %限制位置范围(0,2)
            x(i,1)=2*rand(1);
        end
        if x(i,2)>2||x(i,2)<0
            x(i,2)=2*rand(1);
        end
        if fitness(x(i,:))>p(i)      %判断此时的位置是否为最优
的情况,不满足时继续更新
            p(i)=fitness(x(i,:));
            y(i,:)=x(i,:);
        end
        if p(i)>fitness(pg)
            pg=y(i,:);
        end
    end
    Pbest(t)=fitness(pg);
```

```
    k=pg;
end
```

（5）输出最优值。

2.2.3　随机权重粒子群优化算法的实现

下面以基于随机权重粒子群优化算法的自适应随机共振方法提取含噪信号的特征频率为例，来说明该优化算法的有效性。采用的仿真信号为 $s(t) = A\sin(2\pi ft)$，其中 $A = 0.1$，$f = 0.01$。采样频率设置为 1Hz，采样点数设置为 5000，加入的高斯白噪声强度为 $D = 1$，含噪信号经过高通滤波预处理后，输入随机共振系统。随机共振的模型为经典的双稳态系统模型，即式（1.3）中所定义的双稳态系统，以式（1.9）所示的信噪比作为适应度函数 fitness（评价指标）。采用随机权重粒子群优化算法优化系统参数 a、b，实现双稳态系统自适应随机共振。适应度函数 fitness 的 MATLAB 程序如下：

```
function SNR=fitness(x)
fs=1;
h=1/(8*fs);
N=5000;
t=(0:N-1)*h;
a=x(1);
b=x(2);
A=0.1;                              %低频信号幅值
f=0.01;                            %低频信号频率
xL=A*sin(2*pi*f.*t);
%%加入高斯白噪声
randn('state',800);
D=1;
n=sqrt(2*D).*randn(1,N)
x=xL+n;
%%高通滤波预处理
Hd=lvboqi;
output=filter(Hd,x);
lvbo=output;
s=lvbo;
xx(1,:)=sr(a,b,h,s);
```

```
ff=fs*(0:N/2-1)/N;
Yf=fft(xx(1,:));
P=Yf.*conj(Yf)/N;
%%计算 SNR
G=sum(P(1:N/2));
H=P(51);
GG=(G-H)/(N/2);
SNR=10*log(H/GG)/log(10);
```

　　图 2.3 是该含噪信号的时域图和频谱图，图 2.4 是基于随机权重粒子群优化算法的双稳态系统自适应随机共振的收敛曲线，图 2.5 是基于随机权重粒子群优化算法的双稳态系统自适应随机共振后的最优输出结果。从图 2.3 中可以看出，信号特征频率淹没在强噪声中，很难识别和提取出特征频率。采用基于随机权重粒子群优化算法的自适应随机共振处理该信号的结果如图 2.4 和图 2.5 所示。在图 2.4 中，迭代次数达到 27 时，适应度函数 SNR 达到最大值。从图 2.5 中可以看出，经过基于随机权重粒子群优化算法的双稳态系统自适应随机共振后，频谱图中的信号特征频率能清晰地显现出来，并且信噪比也有较大改善。因此，该优化算法可用于自适应随机共振中优化系统参数，并能找到满足系统、信号和噪声之间最佳匹配的系统参数，实现自适应随机共振的最优输出，完成强噪声背景下微弱信号特征频率的提取。

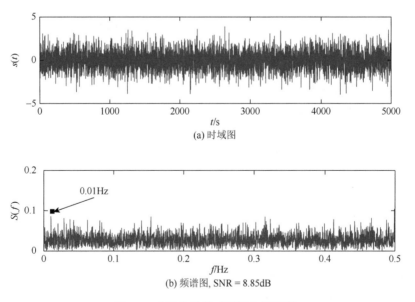

图 2.3　含噪信号的时域图和频谱图

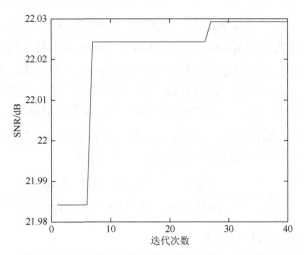

图 2.4　随机权重粒子群优化算法优化系统参数 a 和 b 的适应度曲线

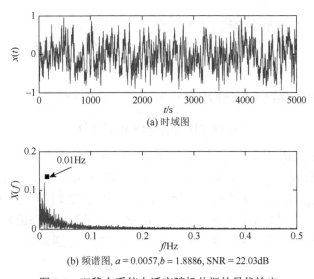

(a) 时域图

(b) 频谱图, $a = 0.0057, b = 1.8886, \text{SNR} = 22.03\text{dB}$

图 2.5　双稳态系统自适应随机共振的最优输出

2.3　自适应权重粒子群优化算法

自适应权重粒子群优化（adaptive weight particle swarm optimization，APSO）算法[10]是基本粒子群优化算法的改进算法，它能够自适应地更新权重，且保证粒子具有很好的全局搜索能力和较快的收敛速度。

2.3.1　自适应权重粒子群优化算法的思想

设在一个 S 维的目标搜索空间中，有 m 个粒子组成的一个群体，每个粒子的位置都可以表示为一个 S 维的向量，而每个粒子的位置就是一个潜在的解（如第 i 个粒子则可以表示为向量 $x_i = (x_{i1}, x_{i2}, \cdots, x_{iS}), i = 1, 2, \cdots, m$ ）。将 x_i 代入一个目标函数就可以算出其适应值，根据适应值的大小衡量解的优劣。粒子需要经过多次迭代才能搜索到最优解，而每经过一次迭代粒子都需要更新其位置。记第 i 个粒子迄今为止搜索到的最优位置为 p_i ，记整个粒子群迄今为止搜索到的最优位置为 p_g 。

设 $f(x)$ 为目标函数，使目标函数值最小的粒子位置为最优位置。第 i 个粒子迄今为止（第 k 次迭代后）的最优位置由式（2.5）确定：

$$p_i(k+1) = \begin{cases} p_i(k), & f(x_i(k+1)) \geqslant f(p_i(k)) \\ x_i(k+1), & f(x_i(k+1)) < f(p_i(k)) \end{cases} \qquad (2.5)$$

整个粒子群搜索到的最优位置为

$$p_g(k+1) = \{p_1(k+1), p_2(k+1), \cdots, p_i(k+1), \cdots, p_m(k+1)\}_{\min} \qquad (2.6)$$

因为设使目标函数值最小的粒子位置为最优解，所以以上两式如此表示。

每经过一次迭代，需要对每个粒子位置进行更新，因而第 i 个粒子更新的 S 维相对位移为

$$v_{iS}(k+1) = v_{iS}(k) + c_1 r_{1S}(k)(p_{iS}(k) - x_{iS}(k)) + c_2 r_{2S}(k)(p_{gS}(k) - x_{iS}(k)) \qquad (2.7)$$

$$x_{iS}(k+1) = x_{iS}(k) + v_{iS}(k+1) \qquad (2.8)$$

上述两式为 Kennedy 和 Eberhart[11]对粒子进行位置更新的公式。式中，学习因子 c_1 和 c_2 是非负常数； r_1 和 r_2 为相互独立的伪随机数，服从 [0,1] 均匀分布； $v_{iS} \in [-v_{\max}, v_{\max}]$ ， $v_{\max}$ 为常数，由用户设定。由式（2.7）和式（2.8）可见， c_1 调节粒子飞向自身最好位置方向的步长， c_2 调节粒子飞向全局最好位置方向的步长。为了减少进化过程中粒子离开搜索空间的可能， v_{iS} 通常限定在一个范围内，如果搜索空间在 $[-x_{\max}, x_{\max}]$ 中，则可以设定 $v_{\max} = kx_{\max}$ ， $0.1 \leqslant k \leqslant 1.0$ 。

Shi 和 Eberhart[12, 13]对式（2.7）进行了改进：

$$v_{iS}(k+1) = w v_{iS}(k) + c_1 r_{1S}(k)(p_{iS}(k) - x_{iS}(k)) + c_2 r_{2S}(k)(p_{gS}(k) - x_{iS}(k))$$

$$(2.9)$$

式中， w 为非负数，称为惯性权重系数，控制前一更新步长对当前更新步长的影响， w 较大时，前一更新步长影响较大，全局搜索能力较强； w 较小时，前一更新步长影响较小局部搜索能力较强。通过调整 w 来跳出局部极小值。

为了平衡基本粒子群优化算法的全局搜索能力和局部改良能力，采用非线性的动态惯性权重系数公式，其表达式为

$$w=\begin{cases} w_{\min} - \dfrac{(w_{\max}-w_{\min})(f-f_{\min})}{f_{\text{avg}}-f_{\min}}, & f \leqslant f_{\text{avg}} \\ w_{\max}, & f > f_{\text{avg}} \end{cases} \quad (2.10)$$

式中，$w_{\max}$ 和 $w_{\min}$ 分别表示 w 的最大值和最小值；f 表示粒子当前的目标函数值；f_{avg} 和 $f_{\min}$ 分别表示当前所有粒子的平均目标值和最小目标值。该算法中 w 因惯性权重随粒子的目标函数值改变而自动改变，故称自适应权重系数。

当各粒子的目标值趋于一致或趋于局部最优时，将使惯性权重增大，而各粒子的目标值比较分散时，使惯性权重减小，同时对于目标函数值优于平均目标值的粒子，其对应的惯性权重因子较小，从而保留了该粒子。反之对于目标函数值差于平均目标值的粒子，其对应的惯性权重因子较大，使得该粒子向更好的搜索区域靠拢。

自适应权重粒子群优化算法的终止条件根据具体问题取迭代次数或粒子群搜索到的最优位置满足的预定最小适应阈值。

2.3.2　自适应权重粒子群优化算法的流程

自适应权重粒子群优化算法的具体实现流程如下。

（1）设置初始化条件。确定学习因子、惯性权重系数、最大迭代次数、空间维数和粒子数等。通常，学习因子设为 2，惯性权重系数的最大值和最小值分别取 0.9 和 0.6，最大迭代次数为 100 次，初始化群体粒子个数为 40。如果是优化两个参数，则将空间维数设为 2；如果是优化三个参数，则将空间维数设为 3。MATLAB 程序如下：

```
%%给定初始化条件
c1=2;                  %学习因子1
c2=2;                  %学习因子2
wmax=0.9;              %惯性权重系数
wmin=0.6;              %惯性权重系数
MaxDT=100;             %最大迭代次数
Dim=2;                 %搜索空间维数(未知数个数)
N=40;                  %初始化群体个体数目
eps=10^(-6);           %设置精度(在已知最小值时候用)
```

（2）粒子初始化，即初始化种群中各粒子的位置和速度。MATLAB 程序如下：

```
%%初始化种群的个体(可以在这里限定位置和速度的范围)
for i=1:N
    for j=1:Dim
```

```
        x(i, j)=rands(1);              %随机初始化位置
        v(i, j)=rands(1);              %随机初始化速度
    end
end
```

（3）计算每个粒子的目标函数值，即适应度函数（fitness），并找出局部最优和全局最优位置。MATLAB 程序如下：

```
for i=1:N
    p(i)=fitness(x(i,:));
    y(i,:)=x(i,:);
end
pg=x(1,:);                             %pg 为全局最优
for i=2:N
    if fitness(x(i,:))<fitness(pg)
        pg=x(i,:);
    end
end
```

（4）进入主循环。首先，根据式（2.8）和式（2.9），更新每个粒子的位置和速度。接着，判断最优值是否在设置的范围内。然后，更新局部最优和全局最优。最后，判断是否已经达到最大迭代次数。如果没有，继续循环。如果达到，进行下一步骤。MATLAB 程序如下：

```
for t=1:MaxDT
    for j=1:N
        fv(j)=fitness(x(j,:));
    end
        fvag=sum(fv)/N;
        fmin=min(fv);
    for i=1:N
        if fv(i)<=fvag
            w=wmin-(fv(i)-fmin)*(wmax-wmin)/(fvag-fmin);
        else
            w=wmax;
        end
        v(i,:)=w*v(i,:)+c1*rand*(y(i,:)-x(i,:))+c2*rand*
(pg-x(i,:));                          %实现速度的更新
        x(i,:)=x(i,:)+v(i,:);          %实现位置的更新
```

```
            if x(i,1)>1||x(i,1)<-1
                x(i,1)=rands(1);
            end
            if x(i,2)>1||x(i,2)<-1
                x(i,2)=rands(1);
            end
            if fitness(x(i,:))<p(i)      %判断当此时的位置是否为最
优的情况,当不满足时继续更新
                p(i)=fitness(x(i,:));
                y(i,:)=x(i,:);
            end
            if p(i)<fitness(pg)
                pg=y(i,:);
            end
        end
        Pbest(t)=fitness(pg);
    end
```
（5）输出最优解。

2.3.3　自适应权重粒子群优化算法的实现

以基于自适应权重粒子群优化算法的自适应随机共振方法提取含噪信号的特征频率为例，来说明该优化算法的有效性。采用的仿真信号为 $s(t) = A\sin(2\pi f t)$，其中 $A = 0.1$，$f = 0.1$。采样频率设置为 10Hz，采样点数设置为 1000，加入的高斯白噪声强度为 $D = 1$，随机共振的模型为式（1.3）中所定义的经典双稳态系统模型。以信噪比作为适应度函数 fitness（评价指标），采用自适应权重粒子群优化算法优化系统参数 a、b，实现双稳态系统自适应随机共振。适应度函数 fitness 和其中涉及的 sr 子函数的 MATLAB 程序分别如下：

```
%%适应度函数
function SNR=fitness(x)
M=1000;                      %采样点数
fs=10;                       %采样频率
h=1/fs;                      %采样步长
T=(0:M-1)*h;                 %采样时刻
AL=0.1;                      %信号幅值
fL=0.1;                      %信号频率
```

```
X=AL*sin(2*pi*fL.*T);              %正弦信号
D=1;                               %噪声强度
randn('state',1000);               %设置伪随机数发生器状态
sz=sqrt(2*D).*randn(1,M);          %产生的白噪声序列
s=X+sz;                            %信号和噪声的混合信号
a=x(1);                            %系统参数
b=x(2);                            %系统参数
xx=sr(a,b,h,s);                    %四阶龙格-库塔算法
Yf=fft(xx);                        %傅里叶变换
P=Yf.*conj(Yf)/M;                  %功率谱
G=sum(P(1:M/2));
H=P(11);
GG=(G-H)/(M/2);
SNR=10*log(H/GG)/log(10);          %以 SNR 作为适应度函数
%%sr 子函数
function x=sr(a,b,h,x1)
x=zeros(1,length(x1));
for i=1:length(x1)-1
    k1=h*(a*x(i)-b*x(i).^3+x1(i));
    k2=h*(a*(x(i)+k1/2)-b*(x(i)+k1/2).^3+x1(i));
    k3=h*(a*(x(i)+k2/2)-b*(x(i)+(sqrt(2)-1)*k1/2+(2-sqrt
(2))*k2/2).^3+x1(i+1));
    k4=h*(a*(x(i)+k3)-b*(x(i)-sqrt(2)*k2/2+(2+sqrt(2))*
k3/2).^3+x1(i+1));
    x(i+1)=x(i)+(1/6)*(k1+(2-sqrt(2))*k2+(2+sqrt(2))*
k3+k4);
end
```

图 2.6 是该含噪信号 $x(t)$ 的时域图和频谱图。从图 2.6 可以看出，信号频率被噪声所淹没，难以辨识。基于自适应权重粒子群优化算法的自适应随机共振处理该含噪信号，如图 2.7 和图 2.8 所示。其中，图 2.7 是基于自适应权重粒子群优化算法的双稳态系统自适应随机共振的收敛曲线，图 2.8 是基于自适应权重粒子群优化算法的双稳态系统自适应随机共振后的最优输出结果。图 2.7 中，迭代次数达到 24 时，适应度函数 SNR 达到最大值。从图 2.8 中可以看出，经过自适应权重粒子群优化算法的双稳态系统自适应随机共振，信号特征频率能清晰地显现。因此，该优化算法可用于自适应随机共振中的系统参数优化，快速地实现最优随机共振输出。

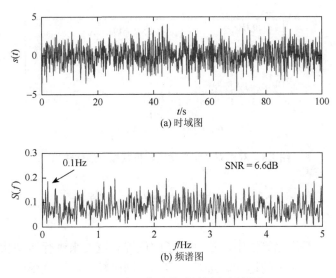

(a) 时域图

(b) 频谱图

图 2.6　含噪信号的时域图和频谱图

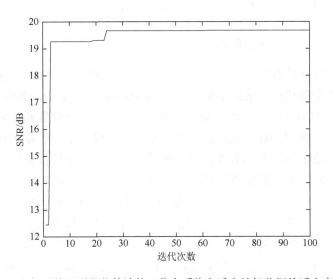

图 2.7　基于自适应权重粒子群优化算法的双稳态系统自适应随机共振的适应度函数收敛曲线

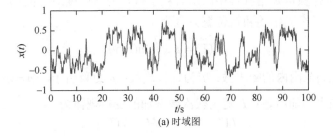

(a) 时域图

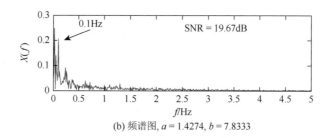

(b) 频谱图，$a = 1.4274$, $b = 7.8333$

图 2.8　双稳态系统自适应随机共振的最优输出

2.4　量子粒子群优化算法

在基本粒子群优化算法中，通过粒子的位置和速度来进行运动状态的描述。随着时间的变化，粒子的运动轨迹是既定的。同时粒子的速度受到一定的限制，使得整个搜索空间成为一个有限并逐渐缩小的区域，导致很难搜索整个可行解空间，从而使得基本粒子群优化算法很难全局收敛[14, 15]。

2.4.1　量子粒子群优化算法的思想

针对基本粒子群优化算法的缺陷，Sun 等利用量子力学中的相关理论知识，提出了量子粒子群优化（quantum particle swarm optimization，QPSO）算法[16]。由量子力学中的不确定性原理可知，不能同时确定粒子的位置和速度，因此在粒子群优化算法中既定的粒子运动轨迹毫无意义。如果赋予粒子量子行为，那么粒子在满足聚集态的性质方面表现不同，可以使得量子粒子群优化算法在整个可行域内搜索，避免了基本粒子群优化算法很难全局收敛的缺陷。

假设目标搜索范围是一个 S 维空间，在该空间内 H 个粒子组成了种群，其中第 i 个粒子在空间中的位置为 $X_i = (X_{i1}, X_{i2}, \cdots, X_{iH})^{\mathrm{T}}$。每个粒子的位置就是一个潜在解。将该粒子的位置向量代入适应度函数当中，可以得到适应度值，根据适应度值可以衡量解的优劣。在搜索过程中，可以跟踪个体极值 P_i 和群体极值 P_g 来更新个体位置，其中个体极值是指单个粒子在所经历位置中计算得到的适应度最优位置，群体极值是指种群中的所有粒子搜索的适应度最优位置。

粒子在量子空间中的随机位置方程为

$$X(T) = p \pm \frac{L}{2}\ln(1/v) \tag{2.11}$$

式中，v 为[0,1]范围内的随机数；T 为迭代次数；p 为吸引子，$p = uP_i + (1-u)P_g$，u 为[0,1]范围内的随机数；L 随迭代次数增加的变换规律为

$$L(T+1) = 2a\,|\,M - X(T)\,| \tag{2.12}$$

式中，M 为当前迭代次数下个体极值对应粒子位置的平均值，$M = \dfrac{1}{H}\sum\limits_{i=1}^{H} P_i$；$a$ 为收缩扩张系数，其值从 1.0 线性减小至 0.5 可以取得较好的效果。

将式（2.12）代入式（2.11）中，整理后的粒子位置方程为

$$X(T+1) = p \pm a\,|M - X(T)|\,\ln(1/v) \tag{2.13}$$

2.4.2　量子粒子群优化算法的流程

（1）种群初始化。对最大迭代次数 T_{max}、种群规模 H 和搜索空间维数 S 进行初始设置。同时分别在每个维数下设置寻优搜索范围，在给定寻优范围内随机初始化粒子的位置向量 $X_i = (X_{i1}, X_{i2}, \cdots, X_{iH})^{\mathrm{T}}$。

（2）计算各个粒子初始位置的适应度值。根据适应度函数 fitness(x) 计算每个粒子在初始位置下的适应度值，并将其作为第一代粒子的个体最优位置适应度值 $P_{best(i)}$，同时将 $P_{best(i)}$ 中的最大值作为全局最优位置适应度值 P_g。

（3）计算粒子群的平均最优位置 M。

（4）对粒子群中的各个粒子，执行步骤（5）～（7）。

（5）计算当前位置的适应度值，更新个体最优位置适应度值，并与全局最优位置适应度值进行比较，若优于全局最优位置，则将其作为新的全局最优。

（6）计算吸引子 p。

（7）更新粒子位置。根据式（2.13）更新粒子位置，计算出粒子在新位置下的适应度值，若得到粒子的个体最优位置适应度值或全局最优位置适应度值优于上一代，则更新对应粒子的个体最优位置适应度值或全局最优位置适应度值。

（8）满足终止条件如达到最大迭代次数或达到足够好的适应度值，则输出当前最优解。若不满足则返回步骤（3）。

2.4.3　量子粒子群优化算法的实现

本节使用自适应随机共振算例来对量子粒子群优化算法进行简单的应用，以 ISNR 公式为适应度函数，来寻找发生随机共振现象的最佳系统参数。将低频信号 $s(t) = A\sin(2\pi ft)$ 输入一阶双稳态系统中，其中 $A = 0.1$，$f = 0.01$。采样频率为 1Hz，采样点数为 5000，加入高斯白噪声强度为 $D = 1$。实现过程如下。

（1）设置初始化条件。确定最大迭代次数 T_{max}、种群规模 H 和搜索空间维数 S。同时确定每个维数下的搜索范围。本节中搜索两个系统参数，故 $S = 2$。MATLAB 程序如下：

```
量子粒子群优化算法初始化
Tmax=200;                            %最大迭代次数
```

```
H=50;                              %种群规模
设定维数下的搜索范围
pop1max=1;                         %一维下搜索最大值
pop1min=0.0001;                    %一维下搜索最下值
pop2max=1;                         %二维下搜索最大值
pop2min=0;                         %二维下搜索最小值
```

（2）量子粒子群优化算法适应度函数。本节以 ISNR 指标作为适应度函数 fitness，采用式（1.3）为系统模型。MATLAB 程序如下：

```
function SNR=fitness(pop)
fs=1;                              %采样频率
h=1/fs;                            %采样时间间隔
N=5000;                            %采样总点数
f=0.01;                            %低频信号频率
t=0:1/fs:(N-1)/fs;
y11=0.1*sin(2.*pi.*f.*t);          %外激励信号
D=1;                               %噪声强度
randn('state',400);
s=sqrt(2*D).*randn(1,5000);        %产生随机噪声序列
y12=y11+s;                         %含噪信号
b=pop(2);
a=pop(1);
x1=y12;
x=zeros(1,length(x1));
%%采用改进的四阶龙格-库塔算法求解输出信号
for n=1:length(x1)-1
    k1=h*(a*x(n)-b*x(n).^3+x1(n));
    k2=h*(a*(x(n)+k1/2)-b*(x(n)+k1/2).^3+x1(n));
    k3=h*(a*(x(n)+k2/2)-b*(x(n)+(sqrt(2)-1)*k1/2+(2-
sqrt(2))*k2/2).^3+x1(n+1));
     k4=h*(a*(x(n)+k3)-b*(x(n)-sqrt(2)*k2/2+(2+sqrt
(2))*k3/2).^3+x1(n+1));
    x(n+1)=x(n)+(1/6)*(k1+(2-sqrt(2))*k2+(2+sqrt(2))*
k3+k4);
    end
    t2=t(1:N);
```

```
    x2=x(1:N);
    Yf=fft(x2,N);
    P=Yf.*conj(Yf)/N;
    G=sum(P(2:100));
    H=P(51);
    GG=(G-H)/98;
    ISNR=10*log(H/GG)/log(10);
```

（3）产生初始种群。MATLAB 程序如下：

```
    for i=1:H
        pop(i,:)=[unifrnd(0.0001,2),unifrnd(0,2)];    %初始
种群
        fitness(i)=fun(pop(i,:));            %计算适应度
    end
```

（4）个体极值与群体极值。MATLAB 程序如下：

```
[bestfitness bestindex]=max(fitness);
gbest=pop(bestindex,:);            %全局最佳
pbest=pop;                         %个体最佳
fitnesspbest=fitness;              %个体最佳适应度值
fitnessgbest=bestfitness;          %全局最佳适应度值
```

（5）主循环，迭代寻优。MATLAB 程序如下：

```
    for i=1:Tmax
        for j=1:H
            %%种群更新
            d=unifrnd(0,1);
            u=unifrnd(0,1);
            e=1-i/(2*maxgen);
            p=d*pbest(j,:)+(1-d)*gbest;
            mbest=sum(pbest)/sizepop;
            if u>0.5
                pop(j,:)=p-e*abs(mbest-pop(j,:))*log(1/u);
            else
                pop(j,:)=p+e*abs(mbest-pop(j,:))*log(1/u);
            end
            if pop(j,1)>pop1max
                pop(j,1)=pop1max;
```

```
                    end
                    if pop(j,1)<pop1min
                        pop(j,1)=pop1min;
                    end
                    if pop(j,2)>pop2max
                        pop(j,2)=pop2max;
                    end
                    if pop(j,2)<pop2min
                        pop(j,2)=pop2min;
                    end
                    %%计算适应度值
                    fitness(j)=fun(pop(j,:));
                end
                for j=1:H
                    %%个体最优更新
                    if fitness(j)>fitnesspbest(j)
                        pbest(j,:)=pop(j,:);
                        fitnesspbest(j)=fitness(j);
                    end
                    %%群体最优更新
                    if fitness(j)>fitnessgbest
                        gbest=pop(j,:);
                        fitnessgbest=fitness(j);
                    end
                end
            yy(i)=fitnessgbest;              %全局最佳适应度函数值
            k=gbest;                         %最佳寻优结果
```

（6）输出最优结果。

图 2.9 是该含噪信号的时域图和频谱图。图 2.10 是基于量子粒子群优化算法的双稳态系统自适应随机共振的收敛曲线。图 2.11 是基于量子粒子群优化算法的双稳态系统自适应随机共振后的最优输出结果。

从图 2.9 中可以看出，信号特征频率淹没在强噪声中，很难识别出特征频率。图 2.10 和图 2.11 是基于量子粒子群优化算法的自适应随机共振输出的结果。在图 2.10 中，当迭代次数达到 50 时，适应度函数 ISNR 达到最大值，说明此时达到最优系统参数。在最优系统参数下得到了图 2.11，从图 2.11 中可以看出，经

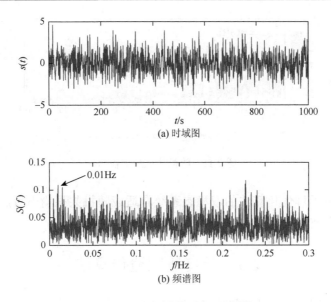

(a) 时域图

(b) 频谱图

图 2.9 含噪信号的时域图和频谱图

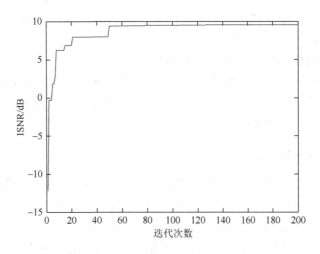

图 2.10 优化系统参数的随机共振输出 ISNR 收敛曲线

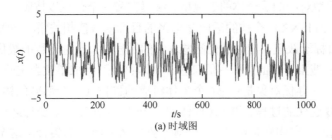

(a) 时域图

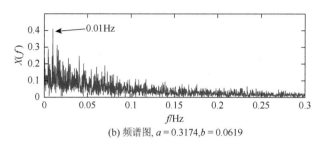

(b) 频谱图, $a = 0.3174, b = 0.0619$

图 2.11　随机共振最优输出

过基于量子粒子群优化算法的双稳态系统自适应随机共振输出后，频谱图中的信号特征频率被提取出来，并且信噪比也有较大改善。

2.5　云自适应遗传算法

遗传算法[17]是一种高度并行、高度随机和自适应的优化算法，它是根据生物进化论和遗传学说演变而来的。生物体在进化过程中通过遗传和变异来适应外界环境，遗传以基因的形式包含在染色体中，基因通过交叉和突变产生新的基因。每个基因对环境有一定的适应性，突变后的下一代可能对环境的适应性更强，通过优胜劣汰的自然选择，适应性强的个体被保存下来。

借鉴自然界优胜劣汰、适者生存的自然法则，将工程实际中的优化问题求解转化为"染色体"的适者生存，通过染色体的复制、选择、交叉、变异得到适应性更强的个体，从而得到问题的最优解。

2.5.1　遗传算法基本思想

在遗传算法中，n 维决策向量可以表示为 $X = [x_1, x_2, \cdots, x_n]^T$，在一个群体中有 m 个这样的决策向量。每个决策向量 X（可以看成一个染色体或者个体）都由 n 个遗传基因（变量个数）组成，染色体的长度 n（由优化问题变量个数决定）是固定的。遗传基因一般是等位基因，等位基因可以是一组整数，也可以是一组实数。在编码的过程中产生的就是等位基因（即产生变量值），基因的排列形式是个体的基因型，与基因型对应的是个体的表现型。编码完成的个体可以按照一定的规则计算出其适应度（如 ISNR）。个体的适应度与 X 的目标函数值相关联，一般适应度越大，X 越接近于目标函数值。在最优化问题求解的过程中，目标问题的最优解是通过对染色体 X 进行搜索得到的，所有的染色体（即群体）组成了搜索空间。

遗传算法的寻优对象是由 M 个个体组成的群体（即全部染色体），寻优的过程是一个反复迭代的过程。第 t 代群体记为 $P(t)$，经过交叉、变异之后得到的群体记为 $P(t+1)$ 代，它同样是由 M 个个体（染色体）组成的集合，这个群体不断地通过优胜劣汰的法则进行筛选，最终适应度最大的个体被保存下来。这个适应度最大的个体即为最优染色体，其中的基因值即为所优化问题的最优解。

2.5.2　遗传算法的基本操作

（1）选择：根据各个染色体的适应度，按照一定的规则和方法（如轮盘赌法、随机竞争法、排序选择法等），从第 t 代群体中选择出一些优良的个体遗传到下一代群体中。

（2）交叉：将群体中的各个染色体随机搭配成对，对每对染色体以某个概率交换它们之间的部分基因。

（3）变异：对群体中的每一个染色体，以某一概率改变某一个或某些基因座上的基因值。

2.5.3　云自适应遗传算法的思想

云自适应遗传算法即在云模型理论中结合了传统遗传算法的思想，由 Y 条件云发生器实现交叉操作，由基本云发生器实现变异操作。通过利用云模型的随机性和稳定倾向性，保证个体的多样性和全局最佳定位，能够有效克服传统遗传算法的早熟收敛和易陷入局部最优的缺点。

云模型是定性概念与定量表示之间的转换模型，通过期望值 E_x、熵 E_n、超熵 H_e 三个参数描述某一定性概念。

期望值 E_x 是云滴在论域上分布的期望，是最能反映某个定性概念的点，同时也反映了某个云滴群的重心，如射击比赛中某个选手的命中率。熵 E_n 反映了能够被概念接受的元素在论域空间中的范围，同时反映了代表定性概念的云滴的离散程度。超熵 H_e 度量了熵的不确定性，是熵的熵，反映了云的离散程度和厚度，超熵越大云滴的离散程度越大，云模型越厚实。云模型中的期望 E_x、熵 E_n 和超熵 H_e 如图 2.12 所示。

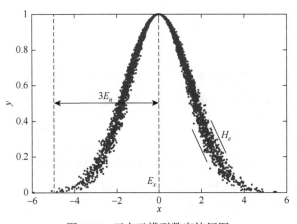

图 2.12　正态云模型数字特征图

2.5.4　云自适应遗传算法的实现

1. 参数编码

对个体的每个基因值用某一范围内的一个浮点数表示，编码长度等于未知量个数。如某个优化问题有三个未知量 x_1、x_2、x_3，每个未知量都有一定的范围限制，则 X 的基因型可表示为 $X=[x_1,x_2,x_3]^{\mathrm{T}}$，编码后的基因值必须在给定的范围内，经过交叉和变异之后的染色体的基因值也必须在相同的范围内。

参数编码代码如下：

```
%%编码函数
function ret=Code(lenchrom,bound)
flag=0;
while flag==0
    pick=rand(1,length(lenchrom));
    ret=bound(:,1)'+(bound(:,2)-bound(:,1))'.*pick;
    flag=test(lenchrom,bound,ret);
end
%%测试函数
function flag=test(lenchrom,bound,code)
t=code;
flag=1;
if(t(1)<bound(1,1))||(t(2)<bound(2,1))||(t(1)>bound(1,2
))||(t(2)>bound(2,2))
    flag=0;
end
```

2. 个体选择

每个个体进入下一代的概率就等于它的适应度值与整个种群中个体适应度值和的比。个体适应度值越高，被选中的可能性越大。

个体选择代码如下：

```
%%选择函数
function ret=select(individuals,sizepop)
fitness1=1./individuals.fitness;
sumfitness=sum(fitness1);
sumf=fitness1./sumfitness;
```

```
index=[];
for i=1:sizepop
    pick=rand;
    while pick==0
        pick=rand;
    end
    for i=1:sizepop
        pick=pick-sumf(i);
        if pick<0
            index=[index i];
            break;
        end
    end
end
individuals.chrom=individuals.chrom(index,:);
individuals.fitness=individuals.fitness(index);
ret=individuals;
```

3. 云交叉算子

结合 Y 条件云发生器生成云交叉算子步骤如下[5]：

（1）计算父代个体适应度的均值 E_x，记为 $E_x = \dfrac{f_a + f_b}{2}$，$f_a$、$f_b$ 表示适应度值。

（2）以 E_n 为期望值，以 H_e 为标准差生成一个正态随机数 E_{nn}，其中

$$E_n = m_1(F_{\max} - F_{\min}), \quad H_e = n_1 E_n \qquad (2.14)$$

式中，m_1 和 n_1 为控制系数。

（3）计算云交叉算子：

$$P_{cc} = \begin{cases} k_1 \mathrm{e}^{\frac{-(f-E_x)^2}{2E_{nn}^2}}, & f = \max(f_a, f_b) \geqslant F_{\mathrm{avg}} \\ k_2, & f < F_{\mathrm{avg}} \end{cases} \qquad (2.15)$$

云交叉算子代码如下：

```
function ret=Cross(pcross,lenchrom,chrom,sizepop,bound)
k1=0.6;
k2=0.7;
k3=0.001;
k4=0.01;
```

```
for j=1:sizepop
    x=chrom(j,:);
    f(j)=fun(x);
end
Fmax=max(f);
Fmin=min(f);
Favg=mean(f);
for i=1:sizepop
    pick=rand(1,2);
    while prod(pick)==0
        pick=rand(1,2);
    end
    index=ceil(pick.*sizepop);
    fa=fun(chrom(index(1),:));
    fb=fun(chrom(index(2),:));
    f=max(fa,fb);
    Ex=(fa+fb)/2;
    m1=0.3;
    n1=0.1;
    En=m1*(Fmax-Fmin);
    He=n1*En;
    Enn=normrnd(En,He);
    if f>=Favg
        pcross=k1*exp((-(f-Ex)^2)/(2*Enn^2));
    else
        pcross=k2;
    end
    pick=rand;
    while pick==0
        pick=rand;
    end
    if pick>pcross
        continue;
    end
    flag=0;
```

```
while flag==0
    pick=rand;
    while pick==0
        pick=rand;
    end
    pos=ceil(pick.*sum(lenchrom));
    pick=rand;
    v1=chrom(index(1),pos);
    v2=chrom(index(2),pos);
    chrom(index(1),pos)=pick*v2+(1-pick)*v1;
    chrom(index(2),pos)=pick*v1+(1-pick)*v2;
    flag1=test(lenchrom,bound,chrom(index(1),:));
    flag2=test(lenchrom,bound,chrom(index(2),:));
    if flag1*flag2==0
        flag=0;
    else flag=1;
    end
    end
end
ret=chrom;
```

4. 云变异算子

结合正态云发生器生成云变异算子步骤如下[5]：

（1）计算单个父代个体适应度的均值 E_x，记为 $E_x = f_a$。

（2）以 E_n 为期望值，以 H_e 为标准差生成一个正态随机数 E_{nn}，其中

$$E_n = m_2(F_{\max} - F_{\min}), \quad H_e = n_2 E_n \tag{2.16}$$

式中，m_2 和 n_2 为控制系数。

（3）计算云变异算子：

$$P_{mc} = \begin{cases} k_3 \mathrm{e}^{\dfrac{-(f-E_x)^2}{2E_{nn}^2}}, & f = f_a \geqslant F_{\mathrm{avg}} \\ k_4, & f < F_{\mathrm{avg}} \end{cases} \tag{2.17}$$

云变异算子代码如下：

```
function ret=Mutation(pmutation,lenchrom,chrom,sizepop,
num,maxgen,bound)
```

```
k1=0.6;
k2=0.7;
k3=0.001;
k4=0.01;
for j=1:sizepop
    x=chrom(j,:);
    f(j)=fun(x);
end
Fmax=max(f);
Fmin=min(f);
Favg=mean(f);
for i=1:sizepop
    pick=rand;
    while pick==0
        pick=rand;
    end
    index=ceil(pick*sizepop);
    fa=fun(chrom(index(1),:));
    f=max(fa);
    Ex=fa;
    m2=0.3;
    n2=0.1;
    En=m2*(Fmax-Fmin);
    He=n2*En;
    Enn=normrnd(En,He);
    if f>=Favg
        pmutation=k3*exp((-(f-Ex)^2)/(2*Enn^2));
    else
        pmutation=k4;
    end
    pick=rand;
    if pick>pmutation
        continue;
    end
    flag=0;
```

```
        num=0;
        chrom1=chrom(i,:);
        while flag==0&&num<=20
            pick=rand;
            while pick==0
                pick=rand;
            end
            pos=ceil(pick*sum(lenchrom));
            pick=rand;
            fg=(rand*(1-num/maxgen))^2;
            if pick>0.5
                chrom(i,pos)=chrom(i,pos)+(bound(pos,2)-chrom
(i,pos))*fg;
            else
                chrom(i,pos)=chrom(i,pos)-(chrom(i,pos)-bound
(pos,1))*fg;
        end
            flag=test(lenchrom,bound,chrom(i,:));
            num=num+1;
        end
        if num>20
            chrom(i,:)=chrom1;
        end
    end
    ret=chrom;
```

5. 云自适应遗传算法主体

```
clc
clear all
close all
warning off
feature jit off
maxgen=50;
sizepop=50;
pcross=[0.7];
```

```
pmutation=[0.01];
delta=0.5;
lenchrom=ones(1,2);
bound=[0,2;0,2];
individuals=struct('fitness',zeros(1,sizepop),'chrom',[]);
avgfitness=[];
bestfitness=[];
bestchrom=[];
for i=1:sizepop
    individuals.chrom(i,:)=Code(lenchrom,bound);
    x=individuals.chrom(i,:);
    individuals.fitness(i)=fun(x);
end
[bestfitness bestindex]=max(individuals. fitness);
bestchrom=individuals.chrom(bestindex,:);
trace=[bestfitness];
for i=1:maxgen
    disp(['迭代次数:',num2str(i)])
    individuals=Select(individuals,sizepop);
    individuals.chrom=Cross(pcross,lenchrom,individuals.
chrom,sizepop,bound);
    individuals.chrom=Mutation(pmutation,lenchrom,indiv
iduals.chrom,sizepop,i,maxgen,bound);
    for j=1:sizepop
        x=individuals.chrom(j,:);
        individuals.fitness(j)=fun(x);
    end
    fmax=max(individuals.fitness);
    fmin=min(individuals.fitness);
    favg=mean(individuals.fitness);
    individuals.fitness=individuals.fitness.*(individuals.
fitness+abs(fmax))./(fmax+fmin+delta);
    [newbestfitness,newbestindex]=max(individuals.fit
ness);
    [worestfitness,worestindex]=min(individuals.fitness);
```

```
    if bestfitness<newbestfitness
        bestfitness=newbestfitness;
        bestchrom=individuals.chrom(newbestindex,:);
    end
    individuals.chrom(worestindex,:)=bestchrom;
    trace=[trace;bestfitness];
end
x=[bestchrom]
save x.mat x
toc
figure('color',[1,1,1]),
plot(1:length(trace),trace(:,1)./12000,'b-','linewidth',2);
title('Covergence curve');
xlabel('Iterations');
ylabel('Fitness');
```

云自适应遗传算法流程图如图 2.13 所示。

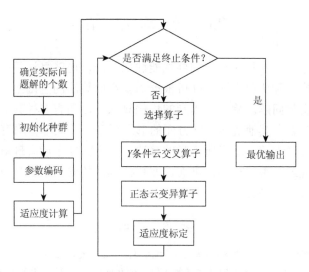

图 2.13　云自适应遗传算法流程图

同样以图 2.1 所示的滚动轴承外圈故障模拟信号激励形如式（1.27）中的双稳态随机共振系统，以 ISNR 为适应度函数，采用云自适应遗传算法优化双稳态随机共振系统参数，验证云自适应遗传算法在滚动轴承故障诊断中的性能。在自适应寻优过程中，尺度系数 $m = 1000$，最优系统参数为 $a_1 = 0.016$ 和 $b_1 = 0.3778$。

云自适应遗传算法收敛曲线如图 2.14（a）所示，双稳态系统随机共振最优输出如图 2.14（b）所示，外圈故障特征频率明显增强，清晰可辨，表明云自适应遗传算法能够使双稳态随机共振系统达到最优输出。

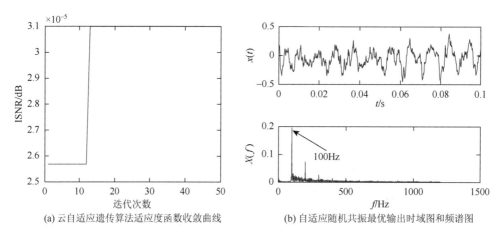

(a) 云自适应遗传算法适应度函数收敛曲线　　　(b) 自适应随机共振最优输出时域图和频谱图

图 2.14　滚动轴承故障提取

2.6　本　章　小　结

本章简要介绍了几种最常用的群智能优化算法，这些算法各有其优缺点，读者应尽量多掌握几种优化算法，并可根据需要在原算法的基础上进行改进，以便于解决遇到的实际问题。除本章提到的优化算法外，还有多种其他常见的优化算法，建议读者多参考其他资料。此方面的书籍很多，且大部分附有 MATLAB 程序，非常方便读者学习。本章所列举的算法，一方面便于读者理解后续章节中基于优化算法实现最优系统输出，进而提取特征频率的问题，另一方面旨在为读者进一步深入学习起到抛砖引玉的作用。

参 考 文 献

[1]　李晓磊. 一种新型的智能优化方法——人工鱼群算法. 杭州：浙江大学，2003.

[2]　赵志刚，黄树运，王伟倩. 基于随机惯性权重的简化粒子群优化算法. 计算机应用研究，2014,31(2):361-363.

[3]　杜继永，张凤鸣，李建文，等.一种具有初始化功能的自适应惯性权重粒子群算法. 信息与控制，2012, 41 (2): 165-169.

[4]　吕维宗，王海瑞，舒捷. 量子粒子群算法优化相关向量机的轴承故障诊断. 计算机应用与软件，2019, 36 (1): 6-16.

[5]　戴朝华，朱云芳，陈维荣. 云自适应遗传算法.控制理论与应用，2007, 24 (4)：646-650.

[6]　蹇洁，王旭，葛显龙. 云自适应遗传算法有能力约束的车辆调度优化. 重庆大学学报（自然科学版），2013,

36（8）：40-46.

[7]　Liu X，Liu H，Yang J，et al. Improving the bearing fault diagnosis efficiency by the adaptive stochastic resonance in a new nonlinear system. Mechanical Systems and Signal Processing，2017，96：58-76.

[8]　MATLAB 技术联盟. MATLAB 智能算法超级学习手册. 北京：人民邮电出版社，2014.

[9]　余胜威. MATLAB 优化算法案例分析与应用：进阶篇. 北京：清华大学出版社，2015.

[10]　Shi Y，Eberhart R C. Fuzzy adaptive particle swarm optimization. Proceedings of the 2001 Congress on Evolutionary Computation（IEEE Cat. No. 01TH8546）. IEEE，2001，1：101-106.

[11]　Eberhart R C，Kennedy J. A new optimizer using particle swarm theory. MHS'95. Proceedings of the Sixth International Symposium on Micro Machine and Human Science. IEEE，1995：39-43.

[12]　Shi Y，Eberhart R C. Parameter selection in particle swarm optimization. International Conference on Evolutionary Programming. Berlin：Springer，1998：591-600.

[13]　Shi Y，Eberhart R C. A modified particle swarm optimizer. 1998 IEEE International Conference on Evolutionary Computation Proceedings. IEEE World Congress on Computational Intelligence（Cat. No. 98TH8360），Anchorage，1998：69-73.

[14]　van den Bergh F. An Analysis of Particle Swarm Optimizers. Pretoria：University of Pretoria，2001.

[15]　孙俊，方伟，吴小俊，等. 量子行为粒子群优化：原理及其应用. 北京：清华大学出版社，2011.

[16]　Sun J，Feng B，Xu W. Particle swarm optimization with particles having quantum behavior. Proceedings of the 2004 Congress on Evolutionary Computation. IEEE，2004：325-331.

[17]　吉根林. 遗传算法研究综述. 计算机应用与软件，2004，21（2）：69-73.

第3章　滚动轴承故障振动信号

滚动轴承主要由外圈、内圈、滚动体和保持架组成，是旋转机械设备中极其关键的零件。尽管滚动轴承结构简单，但是从振动角度分析频率成分复杂。不仅轴承本身是振源，而且还受诸如机械设备中的不平衡、不对中、碰摩等其他振源的干扰，导致轴承振动信号频率成分复杂。在轴承运行的过程中，造成轴承振动的原因有很多，如由轴承结构本身引起的振动、由加工和制造精度引起的振动、由轴承失效引起的振动以及轴上其他零部件传递过来的振动等。在滚动轴承投入运行后，更关心的是由轴承失效引起的振动。因此，对滚动轴承失效形式与机理的深入理解，在准确进行滚动轴承的故障诊断过程中有着重要意义。轴承振动信号在分析过程中，需要进行预处理。本章首先介绍一些滚动轴承常见的失效模式，列举滚动轴承在不同部位出现故障时的仿真信号与实验信号，同时也介绍滚动轴承信号预处理的常用方法，为后续介绍滚动轴承故障的诊断方法打下基础。

3.1　常见失效模式

滚动轴承的结构、材料、润滑条件和工作载荷等条件存在着差异，所以导致轴承存在不同的失效模式。常见的失效模式包括疲劳、磨损、腐蚀、裂纹、烧损等[1-3]，文献[4]中对滚动轴承常见失效模式已有详细的论述，为使读者更便于阅读本书内容，本节参考其内容对工程中较为多发的疲劳失效和磨损失效再进行简单的介绍。

3.1.1　疲劳失效

滚动轴承的疲劳过程实质上是一个损伤累积的过程，一般在强应力或大应变的局部开始萌生裂纹，然后在轴承运行过程中，裂纹进一步扩展，当达到临界裂纹尺寸时出现疲劳破坏现象。轴承的疲劳失效模式主要分为疲劳剥落和疲劳断裂。

1. 疲劳剥落

接触疲劳是引起滚动轴承疲劳剥落的主要因素，根据剥落的形成位置和原因分为表层剥落、次表面剥落和硬化层剥落。表层剥落是由接触表面的粗糙微小凸体相互接触而被剪断所造成的。次表面剥落是初始疲劳裂纹首先从接触表面下最大正交切应力处产生，然后扩展至表面形成的剥落。硬化层剥落是起源于硬化层和心部交接过渡区的初始裂纹造成的硬化层早期剥落。滚动轴承产生疲劳剥落的部位主要是滚道和滚动体的接触面。图 3.1 所示为滚道的表层剥落[4]。

图 3.1　滚道的表层剥落

2. 疲劳断裂

疲劳断裂是指在扭转、弯曲等条件下，轴承所受应力不断超过材料的疲劳极限而产生疲劳裂纹，裂纹在应力较高处产生并逐渐扩展到零件截面的某一部分，最终导致断裂的过程。滚动轴承的疲劳断裂主要发生在套圈和保持架上。图 3.2 所示为套圈的断裂[5]。

图 3.2　套圈的断裂

3.1.2 磨损失效

滚动轴承的磨损是指在使用过程中，两个接触表面之间的微凸体相互作用，造成材料的逐渐损失。轴承的磨损不仅会影响轴承的形状、配合间隙及工作表面，还会影响到润滑性能，严重时可能丧失润滑功能。持续的磨损会造成轴承零件逐渐损坏、振动噪声增大、精度降低及其他相关问题，最终导致轴承失效。

1. 摩擦磨损

摩擦磨损是由于机械摩擦力的存在导致部件出现磨损，分为磨粒磨损和黏着磨损。滚动轴承的磨粒磨损是在轴承运行过程中，外来硬质颗粒或者表面存在的突起物造成轴承材料表面损伤的现象，使得轴承的工作表面出现犁沟状的擦伤，主要发生在滚动轴承的滚道。黏着磨损是在润滑不良时，局部摩擦生热，造成一种摩擦面的焊合现象，严重时表面金属可能存在局部熔化，然后在接触面作用力下将焊接点撕裂，增大塑性变形。出现黏着磨损的原因一般是摩擦力的增加和摩擦热的大量产生。滚动轴承的黏着磨损通常发生在滚动体与滚道、滚动体与保持架和滚动体端面与轴承引导面之间的接触处。图 3.3 所示为轴承的摩擦磨损[6]。

图 3.3　轴承的摩擦磨损

2. 腐蚀磨损

腐蚀磨损是在腐蚀和机械摩擦力的共同作用下产生的，在机械的摩擦过程中，摩擦表面会与周围的介质发生化学腐蚀加剧磨损。滚动轴承腐蚀磨损的一种常见形式是梨皮状点蚀，在轴承工作表面出现暗色密集型点蚀凹坑。腐蚀磨损形成的原因主要是润滑剂污染、润滑过程中异物侵入以及水和空气的氧化腐蚀。图 3.4 所示为滚道的腐蚀磨损[7]。

图 3.4　滚道的腐蚀磨损

3. 微动磨损

滚动轴承的微动磨损主要是指滚动体与滚道或保持架之间接触面的微小滑动而产生的磨损。出现微动磨损的原因主要包括润滑不良、接触处的应力过大、滚动体与滚道处存在微小往复移动等。图 3.5 所示为内圈滚道微动磨损[8]。

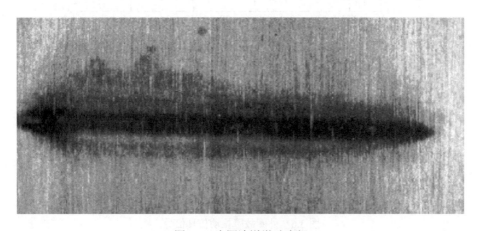

图 3.5　内圈滚道微动磨损

3.2　滚动轴承故障振动仿真信号

在滚动轴承的运行过程中，可能由于润滑不良、材质不良、载荷过大和锈蚀等原因导致轴承表面出现诸如裂纹、剥落、凹坑等缺陷或局部损伤。当滚动体经过某一个故障缺陷时，就会出现一个微弱的冲击脉冲信号。该信号中包含着丰富的频率成分，不仅包含轴承故障特征的频率成分，还包含轴承自振的高频成分[4,9,10]。当缺陷出现在不同的轴承部位时，采集的振动信号波形也是不相同的。

3.2.1　外圈故障振动仿真信号

外圈固定不动，当外圈发生故障时，各个滚动体经过外圈故障部位引起的冲击可视为等幅脉冲，因此故障周期即为脉冲频率的倒数，仿真公式如下[11-13]：

$$\begin{cases} s(t) = A\sin(2\pi f_n t) \times \exp(-B(t - i(t)/f_o)^2) \\ i(t) = \text{floor}[t \times f_o] \end{cases} \tag{3.1}$$

式中，$s(t)$ 为外圈故障振动仿真信号；A 为脉冲信号幅值；B 为衰减系数；f_n 和 f_o 分别为固有频率和外圈故障振动特征频率；$i(t)$ 为重复次数；floor 为数学和计算机科学中常用的"向下取整"函数。外圈故障振动仿真信号的时域图和频谱图如图 3.6 所示。图 3.7 是加入噪声后的外圈故障振动仿真信号的时域图和频谱图。

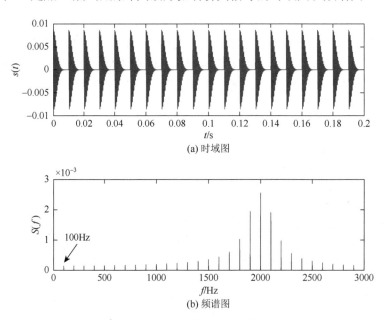

(a) 时域图

(b) 频谱图

图 3.6　外圈故障振动仿真信号

$A = 0.01$，$B = 120000$，$f_n = 2000\text{Hz}$，$f_o = 100\text{Hz}$

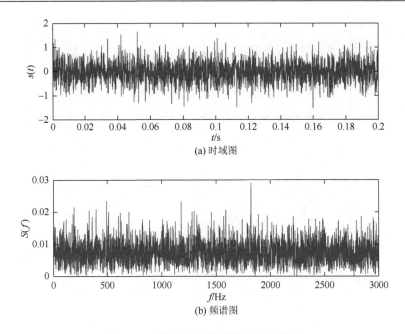

(a) 时域图

(b) 频谱图

图 3.7　含噪的外圈故障振动仿真信号

$A = 0.01$，$B = 120000$，$f_n = 2000\text{Hz}$，$f_o = 100\text{Hz}$，$D = 0.1$

3.2.2　内圈故障振动仿真信号

若故障出现在内圈上时，因带有缺陷内圈的转动，导致内圈与滚动体的接触力不同，所以形成了幅值周期变化的脉冲信号。这一过程相当于滚动轴承的转频或保持架频率起到了调制波的作用，形成了对脉冲信号的幅值调制。脉冲信号的频率为内圈故障的特征频率，而幅值调制的变化周期为轴承转频或者保持架频率的倒数，仿真公式如下[14,15]：

$$\begin{cases} s(t) = \displaystyle\sum_i H(t)h(t - iT) \\ H(t) = A_0 \cos(2\pi f_r t) + C \\ h(t) = A\exp(-Bt^2)\cos(2\pi f_n t) \end{cases} \tag{3.2}$$

式中，$s(t)$ 为内圈故障振动仿真信号；f_n 为固有频率；A 为脉冲信号幅值；B 为衰减系数；内圈故障振动特征频率 $f_i = 1/T$，T 为脉冲信号周期；$H(t)$ 为调制信号；A_0 为调幅信号的幅值；C 为调制偏置；f_r 为转频。内圈故障振动仿真信号的时域图和频谱图如图 3.8 所示。图 3.9 为加入噪声后的内圈故障振动仿真信号时域图和频谱图。

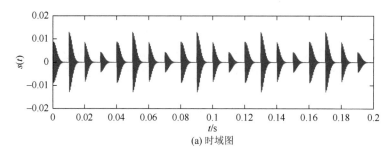

(a) 时域图

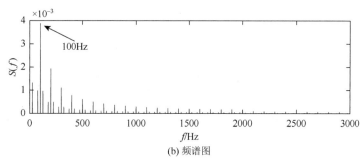

(b) 频谱图

图 3.8　内圈故障振动仿真信号

$A = 0.01$，$B = 120000$，$f_n = 2000\text{Hz}$，$f_i = 100\text{Hz}$，$f_r = 25\text{Hz}$，$A_0 = 0.5$，$C = 1$

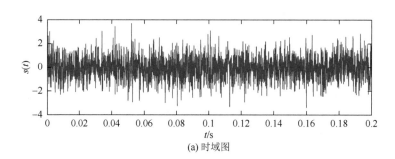

(a) 时域图

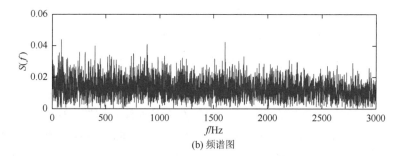

(b) 频谱图

图 3.9　含噪的内圈故障振动仿真信号

$A = 0.01$，$B = 120000$，$f_n = 2000\text{Hz}$，$f_i = 100\text{Hz}$，$f_r = 25\text{Hz}$，$A_0 = 0.5$，$C = 1$，$D = 0.5$

3.2.3 滚动体故障振动仿真信号

轴承的滚动体故障和内圈故障产生的波形极其相似，因为随着滚动体的转动与滚道的接触位置也在发生变化，导致接触力不同，从而使得脉冲幅值出现幅值调制的现象，与内圈故障信号不同的是，滚动体故障信号调制仅仅来自于保持架的作用，轴承滚动体故障仿真信号类似于图 3.8 中的时间序列。

3.3 滚动轴承故障振动实验信号

本节将简单介绍本书中所使用的滚动轴承故障振动信号采集实验台及采集的部分实验信号。

3.3.1 实验台 1 及实验信号

实验台 1 来自凯斯西储大学（CWRU），如图 3.10 所示，详细信息见轴承数据中心网站[16]。该实验台采集的振动信号对应的轴承外圈、内圈和滚动体故障理论特征频率分别为 107.36Hz、162.19Hz 和 141.17Hz。实际故障特征频率与理论故障特征频率总存在少许误差，因此故障实际频率如图 3.11 所示。图 3.12 为加入噪声后的实验信号。

图 3.10 凯斯西储大学轴承故障振动信号采集实验台

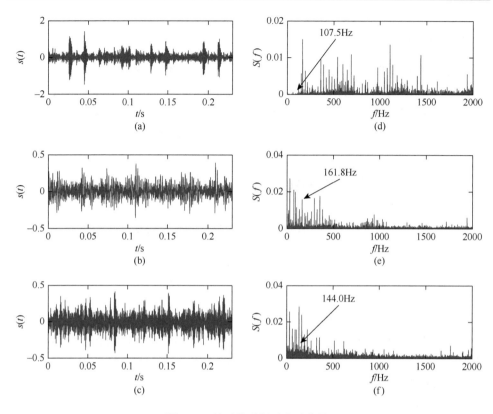

图 3.11   轴承故障振动实验信号

（a）～（c）和（d）～（f）分别对应轴承外圈、内圈和滚动体故障实验信号时域图和频谱图

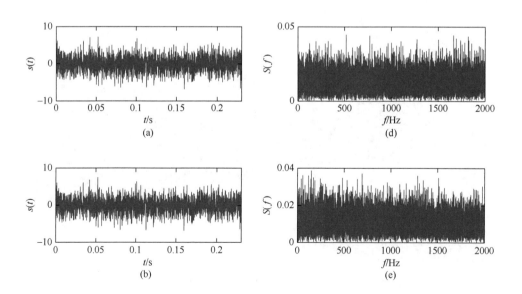

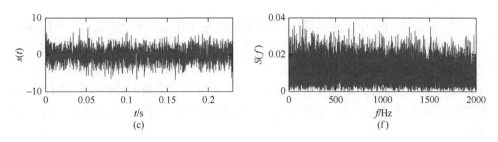

图 3.12　含噪轴承故障振动实验信号

（a）～（c）和（d）～（f）分别对应轴承外圈、内圈和滚动体故障实验信号时域图和频谱图

3.3.2　实验台 2 及实验信号

　　该实验台来自中国矿业大学智能诊断与预测团队，如图 3.13 所示。该实验台采集信号流程如下。

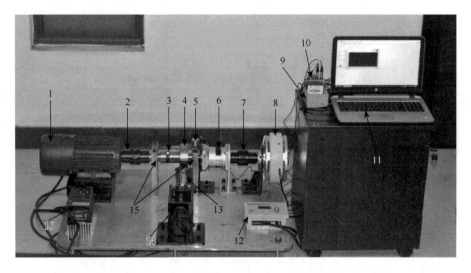

图 3.13　中国矿业大学智能诊断与预测团队轴承故障振动信号采集实验台

1-驱动电机；2-联轴器；3-旋转主轴；4-径向加载轴承；5-加速度传感器；6-行星减速机；7-联轴器；8-磁粉制动器；9-插卡板；10-采集卡；11-计算机；12-磁粉制动器控制器；13-测力计；14-径向加载装置；15-轴承座；16-电机变频器

　　（1）在计算机 11 中安装采集卡的 DAQmx 驱动，并利用 LabVIEW 软件进行编程，实现控制界面和数据读取。

　　（2）实验前更换测试故障轴承，检查各零部件是否安装牢固；布置计算机 11、采集卡 10、加速度传感器 5，并连接接线；传感器布置在故障轴承轴承座 15 正上方；检查电路及仪器接线。

（3）实验中通过电机变频器 16 调节驱动电机 1 的输出转速，以模拟不同转速工况；径向加载装置 14 通过径向加载轴承 4 对主轴施加径向载荷，以模拟实际工况中的径向载荷，载荷大小通过测力计 13 测出；行星减速机 6 对主轴输出转速进行减速，以满足磁粉制动器 8 的低转速运行；通过调节磁粉制动器控制器 12 控制磁粉制动器 8 的输入电流，以改变磁粉制动器 8 的输出转矩，模拟实际工况中的转矩。

（4）加速度传感器 5 接上电路之后，输出电压信号，然后接到采集卡 10 的 AI 端口上；采集卡 10 通过 USB 线连接到计算机 11，在 LabVIEW 里面用 DAQmx 编程，实现信号采集和数据读显，信号采集流程图如图 3.14 所示，基于 LabVIEW 的振动信号连续采集系统如图 3.15 所示。设定采样频率和待读取采样数，通过 DAQmx 驱动器实现滚动轴承实验信号采集，并将其以.xlsx 格式存入指定的文件夹。

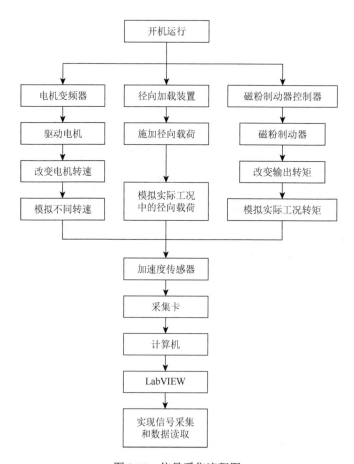

图 3.14 信号采集流程图

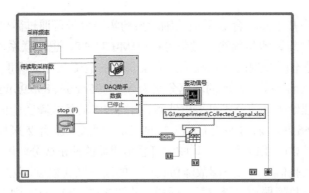

图 3.15 基于 LabVIEW 的振动信号连续采集系统

在本节研究中，轴承的不同故障部位对应不同故障特征频率，对不同的故障严重程度，本节针对故障特征频率进行分析。需要说明的是，理论故障特征频率可以由公式计算得到。在实际分析中，由于轴承制造的误差或安装的偏差会导致实际得到的频率与理论值有一些出入，但一般不会影响对轴承的故障诊断。滚动轴承外圈、内圈和滚动体的故障理论特征频率计算公式如下：

$$f_o = \frac{ZN_r}{120}\left(1 - \frac{D_n}{D_m}\cos\alpha\right) \tag{3.3}$$

$$f_i = \frac{ZN_r}{120}\left(1 + \frac{D_n}{D_m}\cos\alpha\right) \tag{3.4}$$

$$f_{b1} = \frac{N_r D_m}{120 D_n}\left(1 - \left(\frac{D_n}{D_m}\cos\alpha\right)^2\right) \tag{3.5}$$

$$f_{b2} = \frac{N_r D_m}{60 D_n}\left(1 - \left(\frac{D_n}{D_m}\cos\alpha\right)^2\right) \tag{3.6}$$

式中，f_o、f_i 分别代表轴承外圈和内圈的故障理论频率；f_{b1}、f_{b2} 分别代表带有缺陷的滚动体冲击单侧滚道和双侧滚道时的故障理论频率；Z 表示轴承滚动体数量；N_r 表示轴转速；D_n 为滚动体直径；D_m 为轴承节径；α 为接触角。

在实际的工程应用中，为了计算方便，也可以通过一些经验公式来计算故障特征频率，如外圈故障频率 $f_o = 0.4Zf_r$，内圈故障频率 $f_i = 0.6Zf_r$，滚动体故障频率 $f_b = 0.23Zf_r$($Z<10$ 时)，$0.18Zf_r$($Z>10$ 时)，其中转频 $f_r = N_r/60$。

基于实验台 2 的实验对象分别为 N306E 和 NU306E 两种类型的滚动轴承，其中 N306E 型号轴承的参数为 $Z = 11$，$D_n = 10\text{mm}$，$D_m = 52\text{mm}$，$\alpha = 0$；NU306E 型号轴承的参数为 $Z = 12$，$D_n = 10.5\text{mm}$，$D_m = 51\text{mm}$，$\alpha = 0$。外圈和滚动体故障信号由 N306E 型号轴承作为采集对象，内圈故障信号由 NU306E 型号轴承作为采

集对象。本书中基于实验台 2 采集的轴承振动实验信号可通过微信公众号下载，公众号：智能故障诊断与预测，微信号：PHM-CUMT，也可联系本书作者获取。

　　图 3.16 是不同类型的轴承故障，完全贯穿的故障尺寸为深度 0.5mm，宽度 1.2mm。图 3.16（a）～（c）对应的转速分别为 N_r = 895r/min、895.9r/min 和 896r/min。根据计算故障理论频率的公式可得出外圈、内圈和滚动体故障实验信号的故障理论频率，分别为 66.264Hz、108.35Hz 和 74.698Hz。经过实验台 2 采集的不同类型轴承故障振动信号如图 3.17 所示。从图中可看出明显的冲击成分。图 3.17（a）为外圈故障的振动实验信号，与外圈故障仿真信号的波形极其相似，说明实验台 2 可以采集有效的轴承故障振动实验信号。同样，从图 3.17（b）、（c）中也可以得到相似的结论。为了模拟实际工程中的强噪声背景，加入高斯白噪声来达到模拟工程背景的要求，效果如图 3.18 所示。

(a) 外圈故障

(b) 内圈故障

(c) 滚动体故障

图 3.16　不同部位的轴承故障

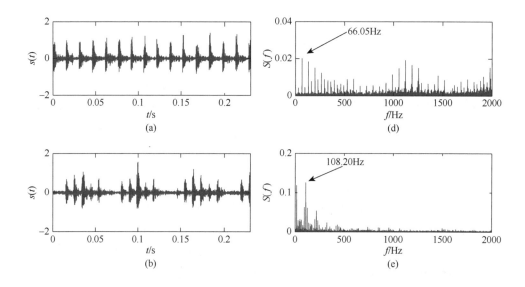

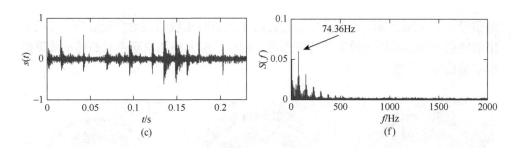

图 3.17　轴承故障振动实验信号（一）

（a）～（c）和（d）～（f）分别对应轴承外圈、内圈和滚动体故障实验信号时域图和频谱图

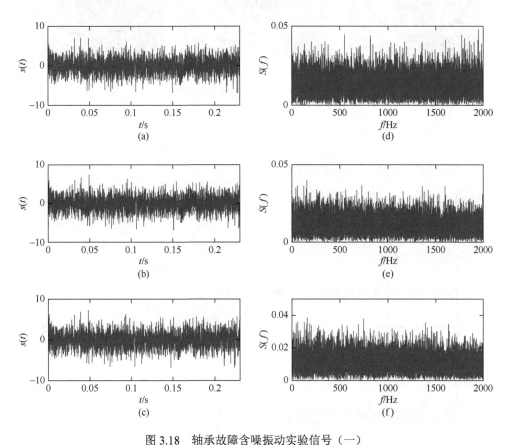

图 3.18　轴承故障含噪振动实验信号（一）

（a）～（c）和（d）～（f）分别对应轴承外圈、内圈和滚动体故障实验信号时域图和频谱图

图 3.19 是不同形状的内圈故障，故障尺寸为圆周周长 10mm、宽度 1.4mm 以及深度 0.5mm。图 3.19（a）～（c）对应的转速为 $N_r = 1495$r/min。根据计算理论故障特征频率的公式可得出故障理论频率为 180.883Hz。与之对应的故障振动实

验信号如图 3.20 所示。在该图中通过比较不同故障形状的振动实验信号,可以看出故障的形状并不影响故障的特征频率。同样,加入高斯白噪声后的轴承故障振动实验信号,如图 3.21 所示。

(a) 斜线形状   (b) 单一弧度形状   (c) 多弧度形状

图 3.19   不同曲线形状的内圈故障

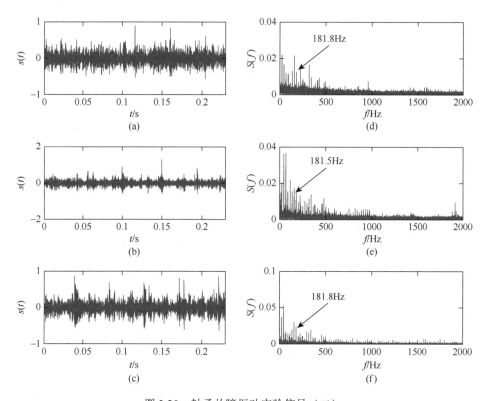

图 3.20   轴承故障振动实验信号(二)

(a)~(c)和(d)~(f)分别对应斜线形状、单一弧度形状和多弧度形状的内圈故障
实验信号时域图和频谱图

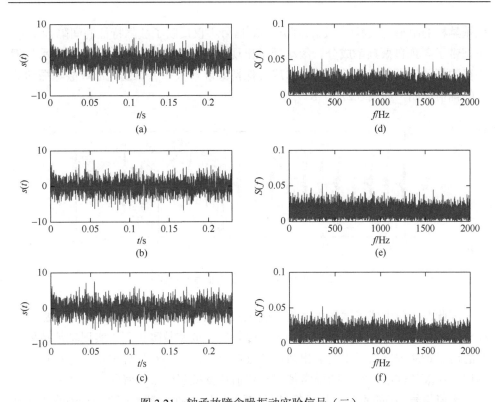

图 3.21　轴承故障含噪振动实验信号（二）

（a）～（c）和（d）～（f）分别对应斜线形状、单一弧度形状和多弧度形状的内圈故障实验
信号时域图和频谱图

3.4　轴承振动信号预处理

通过振动测试设备采集的旋转机械振动信号通常呈现非线性和非平稳性的特点[17, 18]。复杂的振动环境常常导致采集的振动信号受诸多因素干扰，甚至会偏离其真实值。这给后续的信号分析和特征提取带来了困难，甚至会出现错误。因此，在提取信号特征之前对振动信号进行适当的预处理尤为必要。合适的信号预处理能够提高特征信息提取效果和精度。常用的振动信号预处理方法有：消除多项式趋势项[19]、数据平滑处理[20]、中心化处理、包络解调[21-23]和数字滤波[24-27]等。在滚动轴承故障特征提取中，常采用信号解调和滤波技术对振动信号进行预处理。

3.4.1　信号解调

滚动轴承出现故障时，滚动体经过缺陷位置会产生一个微弱的冲击脉冲信号。该冲击脉冲所携带的能量能够激起轴承零部件产生固有频率振动，振动能量因为机械结构的阻尼而衰减[8]。因此轴承振动信号不仅反映了故障特征的间隔频率 f_i，还携带了高频自振频率成分。滚动轴承出现内圈和滚动体故障时，表征轴承故障特征的振动信号幅值通常受转频 f_r 或者保持架旋转频率 f_c 调制，形成故障振动信号的幅值调制，如图 3.22 所示。

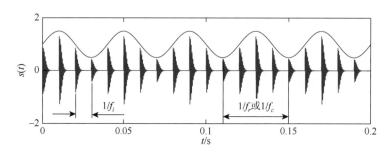

图 3.22   内圈故障振动仿真信号时域波形

因此，实验中或者现场采集到的轴承故障振动信号通常是调制信号。故障特征频率经过调制后异常微弱，不利于故障特征提取和故障识别。实现轴承故障诊断的前提是从调制信号中提取出故障特征频率，即需要对目标振动信号执行信号解调。在滚动轴承故障诊断中常使用希尔伯特变换解调振动信号[28]。

实值信号 $s(t)$ 的希尔伯特变换结果实际上是 $s(t)$ 在脉冲响应为 $1/(\pi t)$ 的线性时不变系统的输出 $\hat{s}(t)$。该输出与原实值信号构成一个解析信号，解析信号的模即为 $s(t)$ 的包络信号。线性时不变系统相当于对实值信号 $s(t)$ 产生了 90°相移。

为方便理解希尔伯特变换原理和求解包络信号的过程，以简谐信号为例，设

$$s(t) = A(t)\cos(2\pi f t + \varphi(t)) \tag{3.7}$$

式中，f 相当于滚动轴承固有频率。式（3.7）的 90°相移信号为

$$\hat{s}(t) = A(t)\sin(2\pi f t + \varphi(t)) \tag{3.8}$$

由式（3.7）与式（3.8）构成的解析信号为 $z(t) = s(t) + j\hat{s}(t)$，即

$$z(t) = A(t)\cos(2\pi f t + \varphi(t)) + jA(t)\sin(2\pi f t + \varphi(t)) \tag{3.9}$$

解析信号 $z(t)$ 为复平面上的信号，复信号的模和幅角分别表示信号的幅值和相位。根据式（3.9）所示的解析信号可求解其包络信号和瞬时相位，如式（3.10）和式（3.11）所示：

$$|z(t)| = \sqrt{(A(t)\cos(2\pi f t + \varphi(t)))^2 + (A(t)\sin(2\pi f t + \varphi(t)))^2} = A(t) \tag{3.10}$$

$$\psi(t) = \arctan\frac{\hat{s}(t)}{s(t)} \tag{3.11}$$

进一步对包络信号 $A(t)$ 进行频谱分析，可提取出故障特征频率。图 3.23 给出了图 3.22 中所示内圈故障振动信号的包络波形及频谱，f_i 即为内圈故障特征频率。

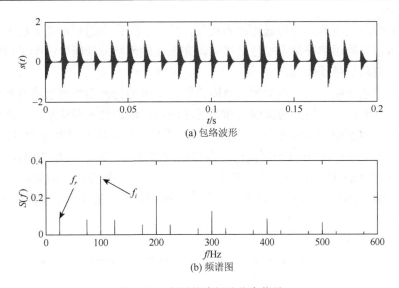

(a) 包络波形

(b) 频谱图

图 3.23　内圈故障振动仿真信号

3.4.2　信号滤波

在滚动轴承故障监测和诊断中,加速度传感器采集到的振动信号通常是噪声、高频载波、低频调制波、应力波等多种信号的混合信号。因此,轴承故障振动信号含有多种频率成分。根据不同的信号分析需求可采用不同形式的滤波器对振动信号进行滤波处理,从而获得更加清晰的信号特征。在信号滤波处理中,常用的滤波器有:低通滤波器、高通滤波器、带通滤波器和带阻滤波器。

(1) 低通滤波器。使信号中低于截止频率的频率成分顺利通过,而使高于截止频率的频率成分受到极大衰减。在滚动轴承振动信号中,低频区域通常含有故障特征频率及其谐波分量以及转频,而在高频区域通常是宽带噪声频率。因此,在振动信号采集及信号特征分析中可采用低通滤波器滤除部分噪声分量。

(2) 高通滤波器。与低通滤波器相反,使高于截止频率的频率分量顺利通过,而低于截止频率的频率分量受到极大衰减。在滚动轴承故障诊断中,转子不平衡、转子不对中等故障引起的振动频率通常分布在低频区域,而滚动轴承在早期故障时引起的冲击通常会激起固有频率带产生共振。因此,采用高通滤波可消除低频区域的其他振动成分干扰,突出轴承故障特征频率。

(3) 带通滤波器。带通滤波器是使通带内的频率成分顺利通过,而使通带外的频率成分极大衰减,实质上是高通滤波器和低通滤波器的组合。在轴承故障诊断中,轴承故障所产生的脉冲冲击会在某些特定的固有频率带内引起共振。该共振区域含有故障特征信息,利用带通滤波器可筛选出该共振区域,配合包络解调即可实现故障特征提取。经典的共振解调技术即为通过带通滤波和包络解调实现故障诊断[29, 30]。

（4）带阻滤波器。与带通滤波器相反，使位于阻带内的频率成分极大衰减，而位于阻带外的频率分量不受任何影响。在滚动轴承故障诊断中很少采用阻带滤波器进行振动信号预处理。

根据上述介绍可知，滚动轴承故障诊断中常用的滤波器为高通滤波器和带通滤波器。下面简单分析高通滤波器和带通滤波器在滚动轴承振动信号预处理中的应用。图 3.24 给出了滚动轴承内圈故障实验信号，故障特征频率为 26.79Hz，信号能量主要集中在[0, 700Hz]区间内。高通滤波器的截止频率设为 20Hz，滤波结果如图 3.25（a）所示，基于希尔伯特变换，对滤波结果进行包络解调分析，如图 3.25（b）所示，故障特征频率难以分辨，噪声频率严重干扰了故障特征识别。

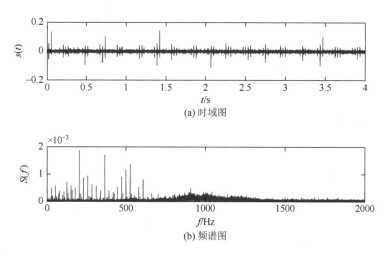

图 3.24　滚动轴承内圈故障振动实验信号

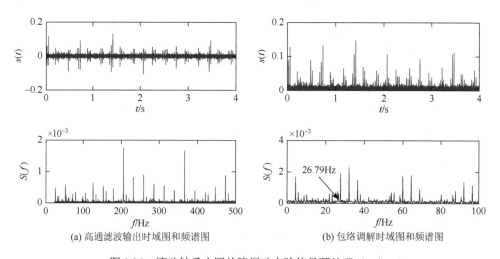

(a) 高通滤波输出时域图和频谱图　　(b) 包络调解时域图和频谱图

图 3.25　滚动轴承内圈故障振动实验信号预处理（一）

　　带通滤波器的通频带设置为[20Hz, 700Hz]，滤波结果如图 3.26（a）所示。基于希尔伯特变换对滤波结果进行包络解调分析，如图 3.26（b）所示，故障特征频率突出。结果表明，带通滤波有助于消除振动信号中低频干扰，结合包络解调技术能够成功检测出故障特征频率。

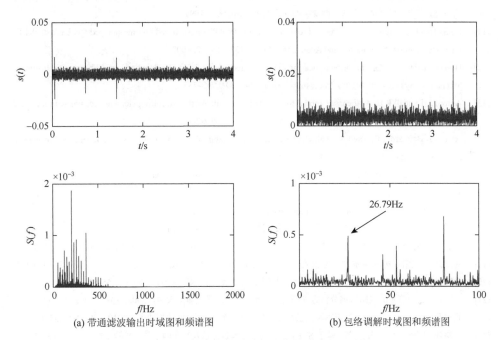

(a) 带通滤波输出时域图和频谱图　　　　　　　　(b) 包络调解时域图和频谱图

图 3.26　滚动轴承内圈故障振动实验信号预处理（二）

3.5　本 章 小 结

　　滚动轴承研究内容博大精深，本章简要介绍滚动轴承失效的形式、不同故障部位振动仿真信号及实验信号形式、轴承故障振动信号采集的实验台、轴承振动信号预处理方法等内容，为后续章节的开展做铺垫，同时也为读者深入理解基于不同共振原理提取滚动轴承故障振动特征信息的方法提供基础。滚动轴承故障诊断更专业、更详细的介绍，建议读者进一步阅读文献[4]。

参 考 文 献

[1]　王晓青，夏水华. 滚动轴承失效影响因素与影响机制. 轴承，2010，11：18-22.

[2]　于志强，杨振国.SKF 滚动轴承的失效分析. 金属热处理，2007，32（s1）：359-364.

[3]　拾益跃，胡栋. 滚动轴承早期失效分析. 轴承，2008，2：31-32.

[4]　阳建宏，黎敏，丁福焰，等. 滚动轴承诊断现场实用技术. 北京：机械工业出版社，2015.

[5] http://www.wx-ys.net/html/article/617.html.

[6] http://www.zhoucheng360.com/changjianwenti/140.html.

[7] http://www.yh-b.com/Article/Show.asp？ID = 251&cID = 2.

[8] http://www.cnbearing.com/shopnew/zczsshow.php？ids = 37754&t = 1.

[9] 梅宏斌. 轴承振动监测与诊断. 北京：机械工业出版社，1995.

[10] 雷继尧，丁康. 轴承故障诊断. 西安：西安交通大学出版社，1991.

[11] Lu S，He Q，Zhang H，et al. Enhanced rotating machine fault diagnosis based on time-delayed feedback stochastic resonance. Journal of Vibration and Acoustics，2015，137（5）：051008.

[12] Ho D，Randall R B. Optimisation of bearing diagnostic techniques using simulated and actual bearing fault signals. Mechanical Systems and Signal Processing，2000，14（5）：763-788.

[13] Antoni J，Randall R B. A stochastic model for simulation and diagnostics of rolling element bearings with localized faults. Journal of Vibration and Acoustics，2003，125（3）：282-289.

[14] Antoni J，Bonnardot F，Raad A，et al. Cyclostationary modelling of rotating machine vibration signals. Mechanical Systems and Signal Processing，2004，18（6）：1285-1314.

[15] Antoni J，Randall R B. Differential diagnosis of gear and bearing faults. Journal of Vibration and Acoustics，2002，124（2）：165-171.

[16] http://csegroups.case.edu/bearingdatacenter/pages/download-data-file.

[17] 李舜酩，郭海东，李殿荣.振动信号处理方法综述. 仪器仪表学报，2013，34（8）：1907-1915.

[18] 胡智勇，胡杰鑫，谢里阳，等.滚动轴承振动信号处理方法综述. 中国工程机械学报，2016，14（6）：525-531.

[19] 肖立波，任建亭，杨海峰.振动信号预处理方法研究及其 MATLAB 实现. 计算机仿真，2010，27（8）：330-333.

[20] 孙苗钟. 基于 MATLAB 的振动信号平滑处理方法. 电子测量技术，2007，30（6）：55-57.

[21] 张家凡. 振动信号的包络解调分析方法研究及应用. 武汉：武汉理工大学，2008.

[22] 张家凡，易启伟，李季.复解析小波变换与振动信号包络解调分析.振动与冲击，2010，29（9）：93-96.

[23] 胡晓依，何庆复，王华胜，等. 基于 STFT 的振动信号解调方法及其在轴承故障检测中的应用. 振动与冲击，2008，27（2）：82-86.

[24] 杨刚，杨学孟. 数字滤波器在现场机械振动故障诊断信号处理中的应用. 中国设备工程，1999，（12）：39-40.

[25] 胡劲松，杨世锡，吴昭同，等. 基于经验模态分解的旋转机械振动信号滤波技术研究. 振动、测试与诊断，2003，23（2）：96-98.

[26] 杜必强，唐贵基，石俊杰. 旋转机械振动信号形态滤波器的设计与分析. 振动与冲击，2009，28（9）：79-81.

[27] 靳亚强. 振动信号滤波方法及其在滚动轴承故障诊断中的应用. 成都：电子科技大学，2018.

[28] Feldman M. Hilbert transform in vibration analysis. Mechanical Systems and Signal Processing，2011，25（3）：735-802.

[29] 周智，朱永生，张优云，等. 基于 EEMD 和共振解调的滚动轴承自适应故障诊断. 振动与冲击，2013，32（2）：76-80.

[30] 高立新，王大鹏，刘保华，等. 轴承故障诊断中共振解调技术的应用研究. 北京工业大学学报，2007，33（1）：1-5.

第4章　双稳态系统变尺度随机共振理论及应用

非线性系统形式繁多，关于随机共振，研究最多的一类是双稳态系统。一方面，双稳态系统中的动力学行为非常典型，同时双稳态系统在多学科领域具有广泛的应用背景。另一方面，基于双稳态系统的研究成果可以很方便地推广到其他复杂的非线性系统。本章基于双稳态系统阐述过阻尼和欠阻尼变尺度随机共振理论及其在滚动轴承故障诊断中的应用。

4.1　过阻尼双稳态系统变尺度随机共振

经典随机共振模型由非线性系统、微弱信号和噪声构成[1]。在随机共振理论的发展过程中，已对非线性系统势函数的形式对随机共振效果的影响进行了深入研究。Stocks 等观测了噪声对欠阻尼单稳态系统中微弱周期信号的增强现象[2]；Lu 等通过三稳态随机共振悬臂研究了信号放大和滤波，发现三稳态系统性能优于传统的单稳态悬臂和双稳态悬臂[3]。文献[4]提出了双稳态系统的普通变尺度随机共振理论，实验验证了该变尺度方法的有效性。结构单一的稳态系统往往不能与复杂多样的机械振动信号实现最佳随机共振匹配。而且，在处理高频信号时尺度系数常设定为常数，从而忽略了振动信号、势函数结构和尺度系数之间的协同作用。因此，Li 等研究了多稳态系统，通过调节系统参数实现了单稳态、双稳态与三稳态自由切换，根据不同的输入信号自适应匹配不同形式的非线性系统，并在齿轮箱的故障诊断中进行了验证[5]；Lei 等研究了稳态匹配随机共振，成功提取出滚动轴承早期微弱故障特征[6]；Liu 等分析了周期势系统随机共振理论，并应用于滚动轴承故障诊断，结果表明周期势系统随机共振检测微弱信号的能力优于传统的双稳态随机共振[7]；Liu 等研究了分段线性双稳态随机共振，通过数值模拟和轴承故障实验验证了分段线性双稳态系统在轴承故障诊断中的有效性[8]。

1.4 节已经详细阐述了基于双稳态系统的过阻尼普通变尺度随机共振理论，本节不再赘述。本节采用滚动轴承内圈故障实验信号，验证过阻尼普通变尺度随机共振方法在滚动轴承故障特征提取和故障诊断中的应用[4]。故障振动数据来源于美国凯斯西储大学轴承数据中心网站[9]，滚动轴承故障实验平台已在 3.3.1 节进行了介绍，实验中所采用的深沟球轴承为 6205-2RS JEM SKF，其设计参数如表 4.1 所示，轴承内圈故障直径为 0.007 英寸（in，1in=2.54cm）。

表 4.1 故障轴承设计参数

内圈直径/in	外圈直径/in	滚动体直径/in	厚度/in	节径/in	接触角/(°)	滚动体个数
0.9843	2.0472	0.3126	0.5906	1.537	0	9

根据表 4.1 中的滚动轴承设计参数和轴承旋转速度，可通过式（3.4）计算轴承内圈故障特征频率。当 $N_r = 1797r/min$ 时，由式（3.4）计算的内圈理论故障特征频率为 162.2Hz。由于理论计算中未考虑载荷和其他振动的影响，故理论故障特征频率一般略大于真实故障特征频率。实验中，采样频率设置为 $f_s = 12000Hz$，采样点数为 $n = 120000$，内圈故障振动信号如图 4.1 所示。通过分析可知，实测轴承内圈故障特征频率为 161.7Hz。

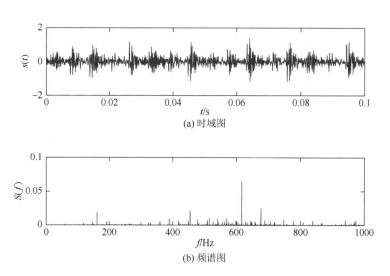

(a) 时域图

(b) 频谱图

图 4.1 滚动轴承内圈故障振动实验信号

图 4.1 表明内圈故障振动信号具有明显的周期性，故障特征频率清晰可见。为了证明过阻尼双稳态普通变尺度随机共振能够从强噪声背景中提取微弱故障特征信息，向图 4.1 所示的振动信号中添加不同强度的高斯白噪声模拟强噪声背景。图 4.2 给出了不同噪声强度下振动信号的频谱，微弱的故障特征频率被噪声完全淹没。

为了减少振动信号中低频分量的影响，采用椭圆高通滤波器滤除振动信号中的低频分量，通带频率和阻带频率分别设置为 160Hz 和 161Hz。在过阻尼普通变尺度随机共振中，尺度系数 $m = 7000$，根据普通变尺度随机共振的分析过程可将较高的故障特征频率转化为 0.0231Hz，满足经典随机共振的小参数条件。相同的滤波信号分别经由归一化变尺度随机共振和普通变尺度随机共振模型处理，相应的结果分别如图 4.3 和图 4.4 所示。在归一化变尺度随机共振系统中 $a = b = 7000$，

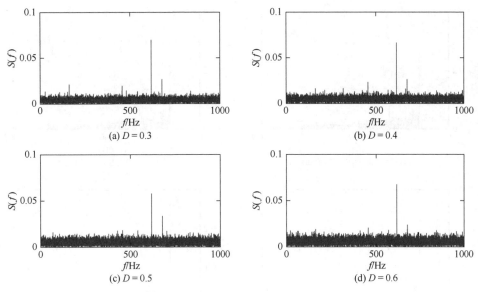

图 4.2 不同噪声强度下振动信号频谱图

固定的势垒高度限制了归一化变尺度随机共振系统实现最优输出。然而，在普通变尺度随机共振系统中参数 a_1 和 b_1 均由优化算法优化得出，对应的较大系统参数分别为 $a = a_1 m$ 和 $b = b_1 m$。

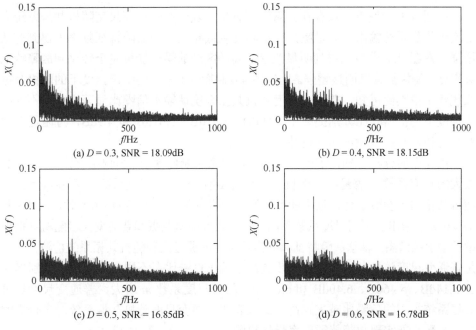

图 4.3 不同噪声强度下归一化变尺度随机共振系统输出频谱图

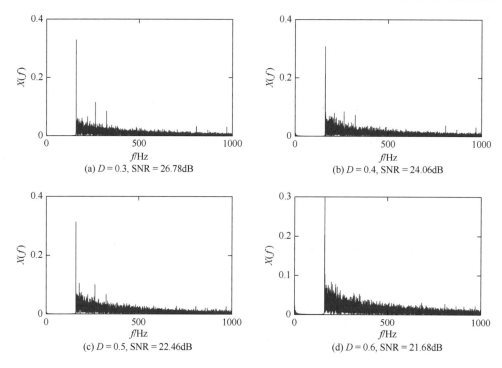

图 4.4　不同噪声强度下普通变尺度随机共振系统输出频谱图

在图 4.3 的低频区域存在大量边频分量，表明归一化变尺度随机共振系统未能实现最优系统输出，大量噪声能量转化到低频区域，故障特征频率未得到有效增强。在图 4.4 中情况得到明显改善，高频区域的噪声能量完全转化到故障特征频率处，使特征频率明显增强。比较图 4.4 和图 4.3 中不同噪声强度下的随机共振系统输出信噪比可知，普通变尺度随机共振系统使输出信噪比显著提高，不同噪声强度下输出信噪比分别提高了 8.69dB、5.91dB、5.61dB 和 4.9dB，过阻尼普通变尺度随机共振展现出其优越性。

由前面的分析可知，尺度系数 m 决定着系统响应效果，影响系统输出信噪比。较大的尺度系数 m 容易导致随机共振系统发散，较小的尺度系数 m 不能满足经典随机共振的小参数条件，且不能有效激发随机共振系统。当 $D = 0.5$ 时，图 4.5 和图 4.6 分别给出了不同尺度系数下归一化变尺度随机共振和普通变尺度随机共振模型的输出频谱。轴承故障特征频率虽然都能够通过两种随机共振系统检测出，但是普通变尺度随机共振系统进一步提高了输出信噪比，不同尺度系数下分别提高了 5.14dB、5.46dB、6.40dB 和 6.65dB。随着尺度系数 m 增大，普通变尺度随机共振系统提高的信噪比越来越高。结果表明普通变尺度随机共振系统对于合适的尺度系数均能实现故障特征频率最优检测。

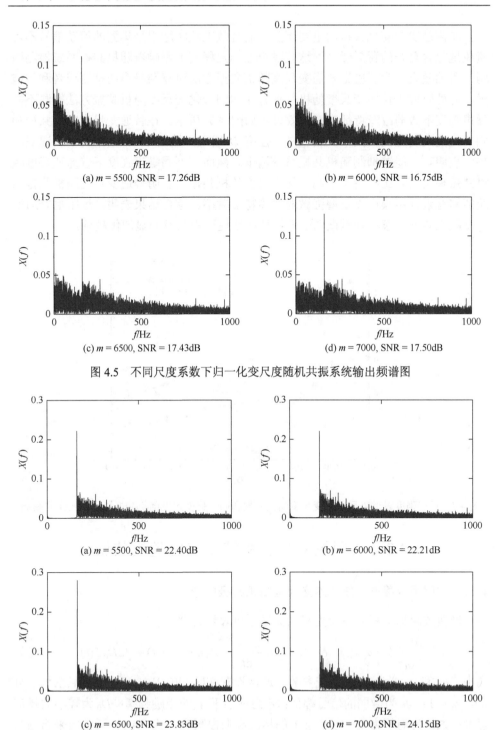

图 4.5　不同尺度系数下归一化变尺度随机共振系统输出频谱图

图 4.6　不同尺度系数下普通变尺度随机共振系统输出频谱图

噪声是实现随机共振的重要因素，而且从工程实际中采集到的振动信号不可避免地包含复杂的背景噪声，这些噪声在一定程度上影响着随机共振系统检测微弱信号的效果。为了验证普通变尺度随机共振方法对复杂噪声的抑制或者利用能力，此处研究了普通变尺度随机共振方法和归一化变尺度随机共振方法检测不同噪声强度下微弱故障特征频率的效果，如图 4.7 所示。在普通变尺度随机共振和归一化变尺度随机共振中，随着噪声强度 D 增大，输出 SNR 基本呈单调递减趋势，表明噪声能够抑制随机共振系统输出。然而，不同噪声强度下普通变尺度随机共振输出信噪比始终高于归一化变尺度随机共振，表明普通变尺度随机共振系统能够有效利用噪声能量增强微弱故障特征频率。综合结果表明，过阻尼普通变尺度随机共振在滚动轴承微弱故障特征频率提取中具有明显的优越性。

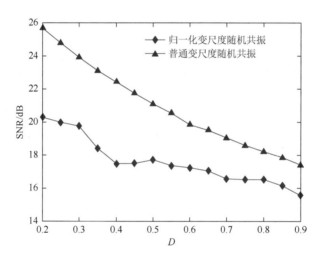

图 4.7　噪声强度对过阻尼普通变尺度随机共振和归一化变尺度随机共振输出信噪比的影响

4.2　欠阻尼双稳态系统变尺度随机共振

4.2.1　欠阻尼双稳态系统普通变尺度随机共振理论

经典欠阻尼双稳态系统随机共振模型可表示为[10-12]

$$\frac{\mathrm{d}^2 x(t)}{\mathrm{d}t^2} = a_0 x(t) - b_0 x^3(t) - \gamma_0 \frac{\mathrm{d}x(t)}{\mathrm{d}t} + A_0 \cos(2\pi f_0 t) + \sqrt{2D_0}\,\xi(t) \qquad (4.1)$$

式中，a_0 和 b_0 为较小的系统参数，通常设置在区间[0,2]中；γ_0 为阻尼系数，且 $0 < \gamma_0 < 1$；A_0 为微弱的信号幅值；f_0 为远小于 1 的激励频率；D_0 为较小的噪声强度；$\xi(t)$ 为均值为 0、方差为 1 的标准高斯白噪声。式（4.1）通常用来增强微弱低频信号。

由高频周期驱动力和高斯白噪声共同作用的欠阻尼双稳态系统随机共振模型可写为

$$\frac{d^2 x(t)}{dt^2} = ax(t) - bx(t)^3 - \gamma \frac{dx(t)}{dt} + A\cos(2\pi ft) + \sqrt{2D}\xi(t) \qquad (4.2)$$

式中，γ 为阻尼系数；a 和 b 大于 0 且远大于 a_0 和 b_0；A 为信号幅值；f 为远大于 1 的信号频率；D 为噪声强度。

采用普通变尺度随机共振方法，引入替换变量：

$$x(t) = z(\tau), \quad \tau = mt \qquad (4.3)$$

式中，m 为尺度系数。将式（4.3）代入式（4.2），并整理得

$$\frac{d^2 z(\tau)}{d\tau^2} = \frac{a}{m^2} z(\tau) - \frac{b}{m^2} z^3(\tau) - \frac{\gamma}{m}\frac{dz(\tau)}{d\tau} + \frac{A}{m^2}\cos\left(2\pi\frac{f}{m}\tau\right) + \sqrt{\frac{2D}{m^3}}\xi(\tau)$$

$$(4.4)$$

令 $\dfrac{a}{m^2} = a_1, \dfrac{b}{m^2} = b_1, \dfrac{\gamma}{m} = \gamma_1, \dfrac{f}{m} = f_1, \dfrac{A}{m^2} = A_1, \dfrac{\sqrt{D}}{m^2} = \sqrt{D_1}$，代入式（4.4）中，整理得

$$\frac{d^2 z(\tau)}{d\tau^2} = a_1 z(\tau) - b_1 z^3(\tau) - \gamma_1 \frac{dz(\tau)}{d\tau} + A_1\cos(2\pi f_1\tau) + \sqrt{2D_1 m}\xi(\tau) \qquad (4.5)$$

当 m 取值足够大时，a_1、b_1 和 f_1 均为较小的参数，且与式（4.1）中的参数 a_0、b_0 和 f_0 含义相同。比较式（4.5）与式（4.1），式（4.5）中的信号幅值和噪声强度均缩小了 $1/m^2$。为了使式（4.5）与式（4.1）等价，将式（4.5）中的信号幅值和噪声均放大 m^2 倍，整理得

$$\frac{d^2 z(\tau)}{d\tau^2} = a_1 z(\tau) - b_1 z^3(\tau) - \gamma_1 \frac{dz(\tau)}{d\tau} + A\cos(2\pi f_1\tau) + \sqrt{2Dm}\xi(\tau) \qquad (4.6)$$

式（4.6）等价于式（4.1），且满足经典随机共振理论的小参数条件。在式（4.2）中，系统参数 a、b 和 f 均为大参数，微弱的信号幅值 A 和噪声强度 D 与大参数系统不能实现最优匹配。因此，将式（4.2）中的信号幅值 A 和噪声强度 D 放大 m^2 倍，则式（4.2）可改写为

$$\frac{d^2 x(t)}{dt^2} = ax(t) - bx(t)^3 - \gamma \frac{dx(t)}{dt} + m^2 A\cos(2\pi ft) + \sqrt{2Dm^2}\xi(t) \qquad (4.7)$$

式中，a、b、$m^2 A$ 和 f 均为大参数。式（4.7）构成了一个大参数随机共振模型。式（4.7）与式（4.6）的动力学性质等价。式（4.7）即为欠阻尼双稳态系统普通变尺度随机共振模型，根据该模型可以检测任意频率的信号。在数值计算中，无须知道含噪信号的具体频率值，只需要了解目标信号的频率量级即可，将含噪信号放大 m^2 倍后激励式（4.7）中的大参数系统。大参数 $a = m^2 a_1$ 和 $b = m^2 b_1$，a_1 和

b_1 通过群智能优化算法寻优得到，在本章欠阻尼普通变尺度随机共振系统中，系统参数 a_1 和 b_1 均由量子粒子群优化算法寻优得到。因此，欠阻尼双稳态系统普通变尺度随机共振模型总能以最优的势垒匹配不同的含噪信号，提高输出信噪比。

事实上，欠阻尼双稳态系统普通变尺度随机共振的理论分析是在连续的时域系统中进行的。然而，在信号处理过程中，离散的时域系统更加有效。为了实现离散化，欠阻尼普通变尺度随机共振模型可改写为两个一阶微分方程的形式：

$$\begin{cases} \dfrac{\mathrm{d}x}{\mathrm{d}t} = y \\ \dfrac{\mathrm{d}y}{\mathrm{d}t} = ax - bx^3 - \gamma y + A\cos(2\pi ft) + \sqrt{2D}\xi(t) \end{cases} \tag{4.8}$$

采用四阶龙格-库塔法可求解式（4.8），得到离散时间序列 $x(t)$。欠阻尼双稳态系统随机共振的四阶龙格-库塔法[13]如下：

$$\begin{cases} x_0 = x(0), \quad y_0 = y(0) \\ y_1 = y_i \\ x_1 = ax_i - bx_i^3 - \gamma y_1 + s_i + N_i \\ y_2 = y_i + x_1 h / 2 \\ x_2 = a(x_i + y_1 h / 2) - b(x_i + y_1 h / 2)^3 - \gamma y_2 + s_i + N_i \\ y_3 = y_i + x_2 h / 2 \\ x_3 = a(x_i + y_2 h / 2) - b(x_i + y_2 h / 2)^3 - \gamma y_3 + s_{i+1} + N_{i+1} \\ y_4 = y_i + x_3 h \\ x_4 = a(x_i + y_3 h) - b(x_i + y_3 h)^3 - \gamma y_4 + s_{i+1} + N_{i+1} \\ x_{i+1} = x_i + (y_1 + 2y_2 + 2y_3 + y_4)h / 6 \\ y_{i+1} = y_i + (x_1 + 2x_2 + 2x_3 + x_4)h / 6 \end{cases} \tag{4.9}$$

式中，s_i 和 N_i 分别为放大 m^2 倍之后的离散信号序列和噪声序列；h 为计算步长。

4.2.2　基于欠阻尼普通变尺度随机共振的微弱特征信息提取

本节采用幅值 $A = 0.5$、频率 $f = 100\text{Hz}$ 的简谐信号验证欠阻尼普通变尺度随机共振系统从强噪声背景中提取微弱信号特征的性能[14]。在非线性系统中，合适的噪声能够诱导随机共振现象，但是噪声在一定程度上干扰了信号微弱特征识别，因此研究噪声强度对系统输出信噪比的影响具有重要意义。图 4.8 给出了噪声强度对普通变尺度随机共振系统和归一化变尺度随机共振系统输出信噪比的影响曲线。随着噪声强度增大，普通变尺度随机共振和归一化变尺度随机共振系统输出信噪比均逐渐减小。然而，普通变尺度随机共振系统的输出信噪比始终高于归一化变尺度随机共振系统的输出信噪比，表明欠阻尼普通变尺度随机共振在微弱信号增强检测中具有明显的优越性。

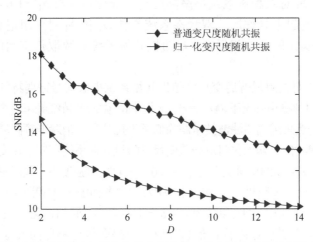

图 4.8　噪声强度对欠阻尼普通变尺度随机共振和归一化变尺度随机共振输出信噪比的影响

随机共振系统输出一方面受噪声影响，另一方面受非线性系统参数影响。图 4.9 给出了双稳态系统参数对欠阻尼普通变尺度随机共振输出信噪比的影响曲线，图中每个数据点均是在 a_1（或 b_1）取定值时对 b_1（或 a_1）20 次寻优平均得到的。$a_1 = 0.4$ 是影响输出信噪比的临界点。当 $a_1 < 0.4$ 时，输出信噪比随 a_1 增大而减小，a_1 对双稳态系统势垒高度起主导作用；当 $a_1 > 0.4$ 时，输出信噪比基本不随 a_1 变化而变化，普通变尺度随机共振系统总能以最优的参数 b_1 匹配 a_1，得到最优的输出

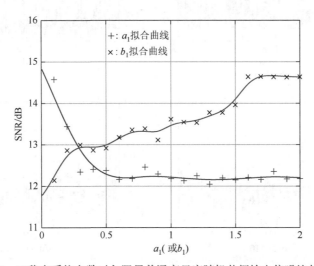

图 4.9　双稳态系统参数对欠阻尼普通变尺度随机共振输出信噪比的影响

信噪比，此时 b_1 对双稳态系统势垒高度起主导作用。参数 b_1 对普通变尺度随机共振输出信噪比的影响与 a_1 恰好相反，$b_1 = 1.6$ 是影响输出信噪比的临界点。当 $b_1 < 1.6$ 时，b_1 对双稳态系统势垒高度起主导作用；当 $b_1 > 1.6$ 时，a_1 对双稳态系统势垒高度起主导作用。双稳态系统参数 a_1 和 b_1 对欠阻尼普通变尺度随机共振输出信噪比的影响相反，这对随机共振系统参数取值范围的选取具有重要的意义。

为了直观说明欠阻尼普通变尺度随机共振系统提取信号微弱特征频率的性能，图 4.10 给出了四种噪声强度下输入信号的频谱图，微弱的特征频率完全被噪声淹没。与前述相同，仍然采用高通滤波技术滤除低频干扰分量，消除低频区域干扰频率的影响。随后，将滤波信号输入欠阻尼普通变尺度随机共振系统和归一化变尺度随机共振系统，尺度系数 $m = 3000$，阻尼因子 $\gamma = 0.6$。不同噪声强度下，欠阻尼归一化变尺度随机共振和普通变尺度随机共振输出时域图及频谱图如图 4.11 和图 4.12 所示。

在图 4.11 中双稳态系统参数为 $a = b = 3000$，欠阻尼归一化变尺度随机共振可用于强噪声背景下微弱故障特征信息提取，但提取效果不尽如人意。在随机共振输出频谱图中，高频区域仍然存在大量未知频率分量，表明归一化变尺度随机共振未实现最佳共振状态。高频区域的噪声能量未得到有效利用，微弱故障特征频率未得到明显增强，归一化变尺度随机共振在噪声利用方面能力较差。

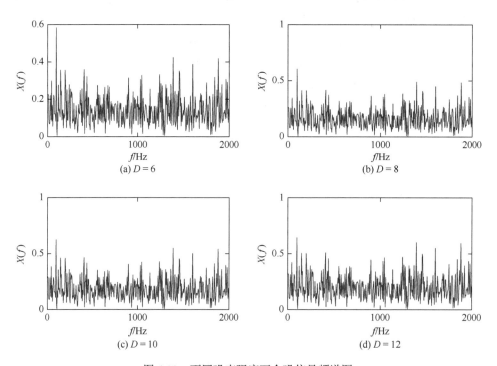

图 4.10 不同噪声强度下含噪信号频谱图

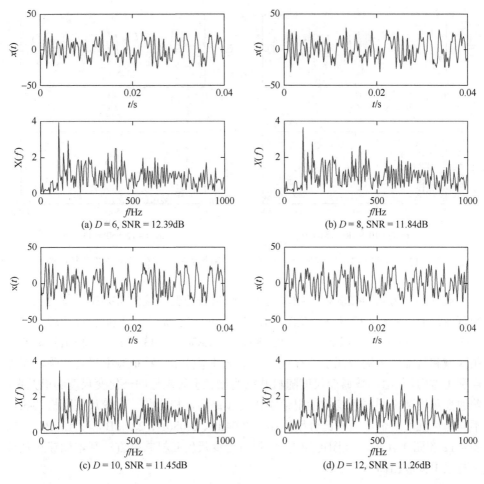

图 4.11　不同噪声强度下欠阻尼归一化变尺度随机共振输出信号时域图及频谱图

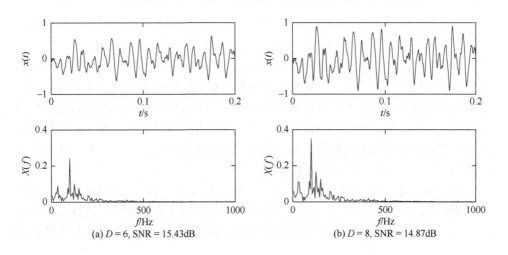

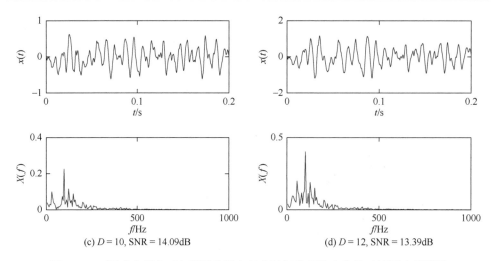

(c) $D = 10$, SNR = 14.09dB   (d) $D = 12$, SNR = 13.39dB

图 4.12　不同噪声强度下欠阻尼普通变尺度随机共振输出信号时域图及频谱图

被强噪声污染的微弱特征频率经过欠阻尼普通变尺度随机共振系统处理后得到有效提取，如图 4.12 所示。在图 4.12 中，相应的系统参数分别为 a = [0.3，9.55，3.47，32.21]和 b = [3942.533，1142.685，3683.834，2443.495]。在输出频谱的高频区域和特征频率周围几乎不存在任何干扰频率分量，特征频率显著增强。在噪声利用方面，欠阻尼普通变尺度随机共振明显优于欠阻尼归一化变尺度随机共振，普通变尺度随机共振系统的输出信噪比明显提高，相比归一化变尺度随机共振，不同噪声强度下输出信噪比分别提高了 3.04dB、3.03dB、2.64dB 和 2.13dB。对比图 4.12 和图 4.11 的时域图可知，欠阻尼普通变尺度随机共振方法基本能够从强噪声背景中提取出简谐信号。

4.2.3　基于欠阻尼普通变尺度随机共振的滚动轴承故障诊断

本节仍采用美国凯斯西储大学轴承数据中心网站的滚动轴承故障振动数据。内圈故障实验信号如图 4.1 所示，实验条件与 4.1 节相同。

与图 4.8 类似，基于轴承振动实验信号，图 4.13 给出了噪声强度对欠阻尼普通变尺度随机共振系统和归一化变尺度随机共振系统输出信噪比的影响曲线。随着噪声强度增大，普通变尺度随机共振和归一化变尺度随机共振系统的输出信噪比均逐渐减小，噪声强度对随机共振输出信噪比有明显的影响。然而，欠阻尼普通变尺度随机共振系统仍然优于归一化变尺度随机共振系统。基于振动实验信号的结果与图 4.8 中简谐信号的结果一致。

图 4.14 给出了不同噪声强度下输入信号的频谱图，微弱的内圈故障特征频率完全被噪声淹没，无法识别。此时，研究强噪声背景下的故障特征提取具有重要的意义。含噪振动信号经欠阻尼归一化变尺度随机共振系统和普通变尺度随机共

振系统处理后输出频谱图分别如图 4.15 和图 4.16 所示。尺度系数 $m=3000$，阻尼因子 $\gamma=0.53$。

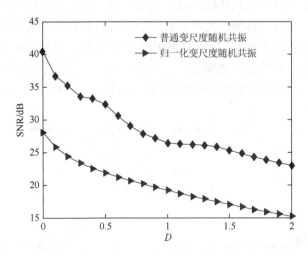

图 4.13　噪声强度对欠阻尼普通变尺度随机共振系统和归一化变尺度随机共振系统
输出信噪比的影响

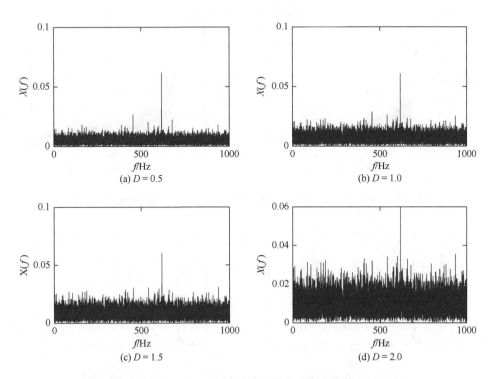

图 4.14　不同噪声强度下的含噪实验信号

　　图 4.15 中结果表明，欠阻尼归一化变尺度随机共振可用于滚动轴承微弱故障特征频率提取，但是在输出频谱的高频区域仍然含有大量未知频率分量，高频区域的噪声能量未充分转化到低频区域，欠阻尼归一化变尺度随机共振系统在噪声利用方面的能力较弱。然而，欠阻尼普通变尺度随机共振系统显著改善了归一化变尺度随机共振系统的不足。图 4.16 给出了欠阻尼普通变尺度随机共振系统不同噪声强度下的输出频谱图。内圈故障特征频率突出，在故障特征频率周围及高频区域不存在任何干扰频率分量，噪声能量得到充分利用。相比归一化变尺度随机共

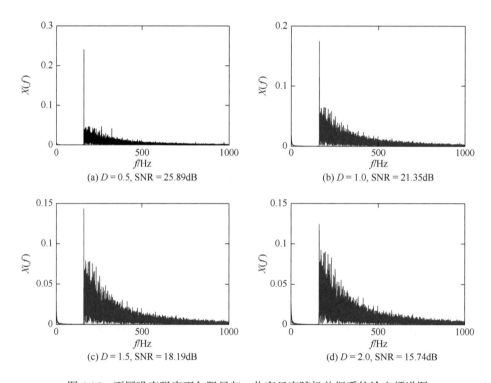

图 4.15　不同噪声强度下欠阻尼归一化变尺度随机共振系统输出频谱图

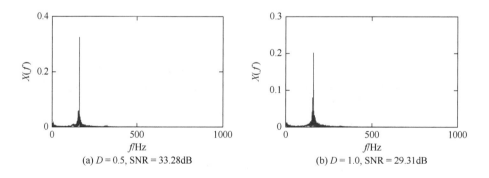

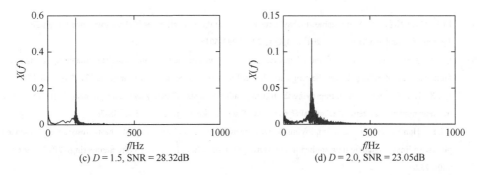

(c) $D = 1.5$, SNR = 28.32dB　　　　　　　　(d) $D = 2.0$, SNR = 23.05dB

图 4.16　不同噪声强度下欠阻尼普通变尺度随机共振系统输出频谱图

振系统，欠阻尼普通变尺度随机共振系统明显提高了输出信噪比，不同噪声强度下信噪比分别提高了 7.39dB、7.96dB、10.13dB 和 7.31dB。在图 4.15 中，系统参数为 $a = b = 3000$；在图 4.16 中，相应的系统参数分别为 $a = [4392.394, 4787.949, 5585.432, 4437.506]$ 和 $b = [742.877, 699.292, 57.264, 360.965]$。

4.3　本 章 小 结

　　本章主要介绍基于双稳态系统普通变尺度随机共振进行强噪声背景下微弱特征信息提取的方法，势函数采用的是最经典的双稳态势函数，系统则考虑了过阻尼和欠阻尼两种情形。事实上，除经典双稳态势函数之外，双稳态势函数还具有多种不同的形式，其他形式的双稳态势函数也会对系统的最优输出造成一定的影响，在后续章节将进行相关阐述。此外，非线性系统方程除过阻尼和欠阻尼形式外，还具有分数阶导数形式的非线性方程。分数阶双稳态系统具有更复杂的动力学性质，在特征信息提取方面也具有其优势。本书未介绍分数阶双稳态系统随机共振的主要原因，是分数阶系统计算速度慢，尤其是数据量大的时候，其计算量远远大于整数阶系统的情形。这是分数阶系统目前尚未解决的问题。

参 考 文 献

[1]　McNamara B，Wiesenfeld K. Theory of stochastic resonance. Physical Review A，1989，39（9）：4854-4869.

[2]　Stocks N G，Stein N D，McClintock P V E. Stochastic resonance in monostable systems. Journal of Physics A：Mathematical and General，1993，26（7）：385-390.

[3]　Lu S，He Q，Zhang H，et al. Note: Signal amplification and filtering with a tristable stochastic resonance cantilever. Review of Scientific Instruments，2013，84（2）：026110.

[4]　Huang D，Yang J，Zhang J，et al. An improved adaptive stochastic resonance method for improving the efficiency of bearing faults diagnosis. Proceedings of the Institution of Mechanical Engineers，Part C：Journal of Mechanical Engineering Science，2018，232（13）：2352-2368.

[5]   Li J，Chen X，He Z. Multi-stable stochastic resonance and its application research on mechanical fault diagnosis. Journal of Sound and Vibration，2013，332（22）：5999-6015.

[6]   Lei Y，Qiao Z，Xu X，et al. An underdamped stochastic resonance method with stable-state matching for incipient fault diagnosis of rolling element bearings. Mechanical Systems and Signal Processing，2017，94：148-164.

[7]   Liu X，Liu H，Yang J，et al. Improving the bearing fault diagnosis efficiency by the adaptive stochastic resonance in a new nonlinear system. Mechanical Systems and Signal Processing，2017，96：58-76.

[8]   Liu H，Han S，Yang J，et al. Improving the weak feature extraction by adaptive stochastic resonance in cascaded piecewise-linear system and its application in bearing fault detection. Journal of Vibroengineering，2017，19（4）：2506-2520.

[9]   http://csegroups.case.edu/bearingdatacenter/pages/download-data-file.

[10]   Ray R，Sengupta S. Stochastic resonance in underdamped，bistable systems. Physics Letters A，2006，353（5）：364-371.

[11]   Kang Y M，Xu J X，Xie Y. Observing stochastic resonance in an underdamped bistable Duffing oscillator by the method of moments. Physical Review E，2003，68（3）：036123.

[12]   Zhang H，He Q，Kong F. Stochastic resonance in an underdamped system with pinning potential for weak signal detection. Sensors，2015，15（9）：21169-21195.

[13]   Lu S，He Q，Kong F. Effects of underdamped step-varying second-order stochastic resonance for weak signal detection. Digital Signal Processing，2015，36：93-103.

[14]   Ma Q，Huang D，Yang J. Adaptive stochastic resonance in second-order system with general scale transformation for weak feature extraction and its application in bearing fault diagnosis. Fluctuation and Noise Letters，2018，17（1）：1850009.

第 5 章　级联分段线性系统变尺度随机共振
理论及应用

含噪信号经一次随机共振处理后，未必能够达到理想的效果。因此，可让含噪信号经多次随机共振处理，即经过级联系统的多次随机共振输出后，信号被逐级放大，能够得到更好的处理效果。本章研究级联分段线性系统的随机共振及其在滚动轴承故障诊断中的应用。

5.1　级联分段线性系统随机共振理论与应用

本节结合数值仿真和实验验证，阐述级联分段线性系统随机共振理论及其在轴承故障诊断中的应用。

5.1.1　分段线性系统随机共振理论

在现有的研究中，一般是通过单级随机共振系统将故障轴承振动信号中微弱的故障特征增强并提取出来。但是，采用单级随机共振系统的方法提取微弱故障特征信息的效果有限。例如，当滚动轴承故障信号淹没在强噪声背景下时，用单级随机共振系统的方法处理含噪信号，信噪比较小，不能明显地识别出滚动轴承故障特征。

为了解决上述问题，有效改进微弱故障特征的提取效果，研究者提出了级联随机共振的方法[1-7]。研究结果表明，级联随机共振的方法比单级随机共振的方法在提取微弱特征信息方面更具有优势。但是，现有的文献对级联随机共振的研究都集中于双稳态系统，只有少数文献研究了其他类型的系统。而 Wang 等[8]验证了分段线性随机共振系统比双稳态随机共振系统在提取强噪声背景下微弱特征信号方面更有优势。因此，本节结合级联系统和分段线性系统的优点，提出了级联分段线性系统随机共振的方法。同时，为了充分展现级联分段线性系统随机共振方法在提取微弱特征方面的优势，采用了量子粒子群优化算法[9]来优化系统参数。另外，由于绝热近似理论的有限性，在处理高频信号时，采用普通变尺度随机共振方法进行处理[10, 11]。

在分段线性系统随机共振的模型中，势函数 $U(x)$ 的表达式为

$$U(x) = \begin{cases} -\dfrac{a^2}{4b}\left(\dfrac{x+c}{c-\sqrt{a/b}}\right), & x < -\sqrt{a/b} \\[3mm] \dfrac{\sqrt{a^3/b}}{4}x, & -\sqrt{a/b} \leqslant x < 0 \\[3mm] -\dfrac{\sqrt{a^3/b}}{4}x, & 0 \leqslant x < \sqrt{a/b} \\[3mm] \dfrac{a^2}{4b}\left(\dfrac{x-c}{c-\sqrt{a/b}}\right), & x \geqslant \sqrt{a/b} \end{cases} \qquad (5.1)$$

式中，a、b、c 代表系统参数，且 $a > b > 0$，$c = \sqrt{2a/b}$。静态条件下，系统有两个稳态点 $x_{1,2} = \pm\sqrt{a/b}$ 和一个非稳态点 $x = 0$，势垒高度 $\Delta U = a^2/(4b)$。给定一组 a、b 参数，可得到分段线性系统随机共振势函数如图 5.1 所示。根据随机共振理论，图 5.1 中的势垒高度、平衡点位置、射线分支斜率等因素均可能影响系统的最佳随机共振输出效果。而上述这些因素均与参数 a、b 直接相关。为了得到最佳的随机共振输出，本节采用量子粒子群优化算法对分段线性系统参数 a 和 b 进行同步优化，寻找出当系统输出达到最佳时势函数模型中势垒高度、平衡点位置、射线分支斜率等关键因素的值。

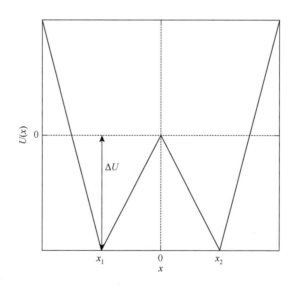

图 5.1　分段线性系统随机共振模型中势函数 $U(x)$ 的形状

分段线性系统随机共振的模型用朗之万（Langevin）方程可描述为

$$\frac{\mathrm{d}x}{\mathrm{d}t}=-\frac{\mathrm{d}U(x)}{\mathrm{d}x}+s(t)+N(t)=\begin{cases}\dfrac{a^2}{4b}\left(\dfrac{1}{c-\sqrt{a/b}}\right)+s(t)+N(t),&x<-\sqrt{a/b}\\[3mm]-\dfrac{\sqrt{a^3/b}}{4}+s(t)+N(t),&-\sqrt{a/b}\leqslant x<0\\[3mm]\dfrac{\sqrt{a^3/b}}{4}+s(t)+N(t),&0\leqslant x<\sqrt{a/b}\\[3mm]-\dfrac{a^2}{4b}\left(\dfrac{1}{c-\sqrt{a/b}}\right)+s(t)+N(t),&x\geqslant\sqrt{a/b}\end{cases}\quad(5.2)$$

式中，t 为时间变量；x 为布朗粒子的位移；$s(t)$为输入信号；$N(t)$为式（1.1）中定义的高斯白噪声。

如图 5.2 所示，分段线性系统随机共振一般包括三个基本要素，分别为输入信号 $s(t)$、噪声 $N(t)$以及分段线性系统，当三者达到最佳匹配关系时，系统输出共振响应 $x(t)$，即产生了随机共振。输出结果与输入相比，信号微弱特征得到增强，且输出信号具有更高的信噪比。因此，用该方法可以检测到淹没在强噪声背景下的微弱故障特征信息。

图 5.2　单级分段线性系统的结构图

5.1.2　级联分段线性系统随机共振理论

如果将若干个单级分段线性系统随机共振进行串联，即可构成图 5.3 所示的级联分段线性系统随机共振。该系统的朗之万方程可描述为

$$\frac{\mathrm{d}x_1}{\mathrm{d}t}+\frac{\mathrm{d}U_1(x_1)}{\mathrm{d}t}=s(t)+N(t)$$
$$\frac{\mathrm{d}x_i}{\mathrm{d}t}+\frac{\mathrm{d}U_i(x_i)}{\mathrm{d}t}=x_{i-1}(t),\quad i=2,3,\cdots,P\qquad(5.3)$$

式中，$s(t)$和 $N(t)$是级联分段线性系统的输入；P 是级联分段线性系统中包含单级分段线性随机共振系统的数量；$x_i(t)$是第 i 级分段线性系统随机共振的输出，也是下一级分段线性系统的输入。

图 5.3　级联分段线性系统随机共振模型的结构

　　在级联分段线性系统随机共振中，可以通过上述串联连接将多个分段线性系统随机共振有效地连接起来。当原始信号经过第一级分段线性系统随机共振后，系统的输出谱能量主要集中在微弱特征信号所在的低频区域，且高频噪声能量相应减少。通过级联分段线性系统随机共振后，可以促使高频区域能量不断向低频区域转移。因此，级联分段线性系统随机共振会比单级分段线性系统随机共振展现出更好的效果，同时进一步增强了特征频率处的能量，能有效提取出微弱信号特征频率。

　　到目前为止，发表了一些关于级联分段线性系统随机共振的研究成果。然而，大部分对级联分段线性系统随机共振的研究主要集中于保持每级系统参数不变的情况下产生共振。虽然提取微弱特征信号的性能可以通过上述方法得到明显的改进，但如果每级系统参数都以最佳方式进行优化，将会使级联分段线性系统随机共振的效果更佳。本章采用信噪比作为评价指标，量子粒子群优化算法对级联分段线性系统随机共振的参数 a、b 进行同步优化。当信噪比达到最大值时，自适应分段线性随机共振输出最优结果。此外，由于绝热近似理论的限制，随机共振理论要求输入信号必须满足小参数条件，即信号幅值 A、噪声强度 D 及信号频率 f 三者均远小于 1，因此对系统参数优化之前采用普通变尺度随机共振方法[12-14]对输入信号进行预处理，使其满足随机共振的小参数条件。基于量子粒子群优化算法的自适应随机共振的具体流程图如图 5.4 所示。

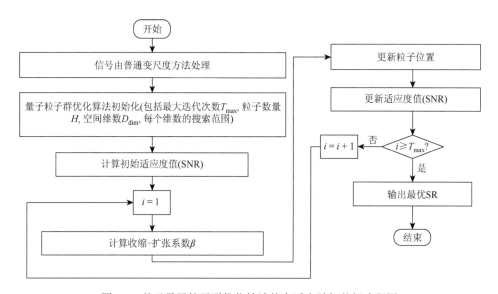

图 5.4　基于量子粒子群优化算法的自适应随机共振流程图

5.1.3　级联分段线性系统随机共振仿真验证

　　本节采用式（3.1）定义的滚动轴承外圈故障振动信号，设 $A=1$，$B=15000$，

$f_n = 2062\text{Hz}$，$f_o = 103\text{Hz}$。采样频率 f_s 和采样点数 n 分别设置为 10000Hz 和 10000 点。为了模拟强噪声背景，在仿真信号中加入噪声强度 $D = 0.5$ 的高斯白噪声。图 5.5（a）和图 5.5（e）给出了仿真信号的时域图和频谱图，图 5.5（b）和图 5.5（f）给出了含噪信号的时域图和频谱图，从图中明显地看出故障特征信息完全淹没在强噪声背景中，很难识别和提取。图 5.5（c）和图 5.5（g）是含噪信号解调后的时域图和频谱图，通过包络解调，特征频率略有显现。为了减少低频信号成分的影响，清晰地识别出特征频率，解调后的信号需要进行高通滤波，图 5.5（d）和图 5.5（h）是高通滤波后的时域图和频谱图，频谱图中的信噪比为 14.57dB。本节将保持每级系统参数不变的级联分段线性系统随机共振和优化每级系统参数至最优的级联分段线性系统随机共振进行对比。首先研究第一种情况，即在保持每级系统参数不变的情况下激励产生随机共振现象。在第 1 级分段线性系统随机共振中，采用量子粒子群优化算法优化系统参数，然后在第 2 级及后面的级联系统中都采用第 1 级分段线性系统随机共振中优化的系统参数。将图 5.5（d）中高通滤波后的信号采用每级系统参数不变的级联分段线性系统随机共振的方法处理，级数 P 逐渐从 1 取到 9，输出结果如图 5.6 所示。从图 5.6（a）中可以明显地看出故障频率的尖峰，同时第 1 级分段线性系统随机共振的输出 SNR 值为 17.33dB，比输入高通滤波后的信号提高了 2.76dB。但是，从第 2 级系统开始，级联分段线性系统输出发散，特征频率的尖峰不能显现出来，因此该方法不能成功提取出微弱特征信号。一般来说，在各级系统输出后，输出频谱的分布各不相同，因此将第 1 级分段线性系统随机共振优化的参数应用到后面的级联分段线性系统随机共振中是不可行的，导致该方法不能产生最佳输出。

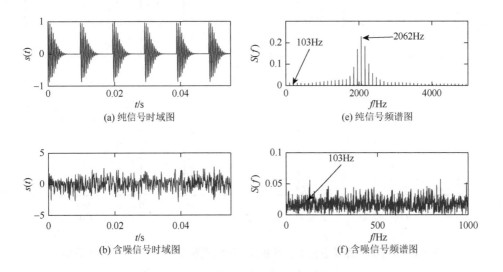

(a) 纯信号时域图　　　　　　　　　　　(e) 纯信号频谱图

(b) 含噪信号时域图　　　　　　　　　　(f) 含噪信号频谱图

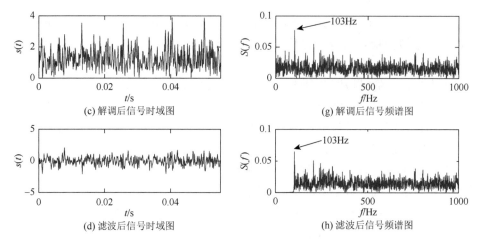

(c) 解调后信号时域图　　　　　　　　　　(g) 解调后信号频谱图

(d) 滤波后信号时域图　　　　　　　　　　(h) 滤波后信号频谱图

图 5.5　仿真信号的时域图和频谱图

SNR = 14.57dB

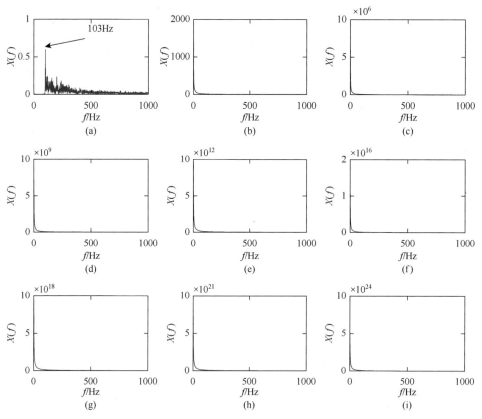

图 5.6　基于每级系统参数不变时各级分段线性系统随机共振的输出频谱图

（a）～（i）分别是 1～9 级分段线性系统随机共振的输出频谱图

接下来采用量子粒子群优化算法分别对级联分段线性系统随机共振中的每级分段线性系统随机共振的参数进行自适应寻优，使得每级分段线性系统随机共振均产生最佳共振响应，此过程称为自适应级联分段线性系统随机共振（adaptive cascaded piecewise-linear stochastic resonance，ACPLSR）。图 5.7 展现了 1～9 级分段线性系统随机共振的输出频谱图。从图中可以看出，随着级联系统级数的增加，特征频率的尖峰越来越明显，输出信噪比也逐渐增加，最后故障特征信息也能清晰地识别出来。与输入的滤波后的信号相比，第 1 级分段线性系统随机共振的输出信噪比增加了 2.76dB，第 9 级分段线性系统随机共振的输出信噪比增加了 5.68dB，验证了可以通过上述方法成功地从信噪比较低的含噪信号中提取出故障特征信息。为了描述输出信噪比值增加的规律，图 5.8 描述了级联分段线性系统随机共振的级数与信噪比的关系。从图中可以看出，随着级数的增加，信噪比先快速增加，随后增长逐渐缓慢。该规律可以由级联分段线性系统随机共振对噪声分配的影响来解释。高斯白噪声被输入第 1 级分段线性系统随机共振后，输出的是洛伦兹形式的

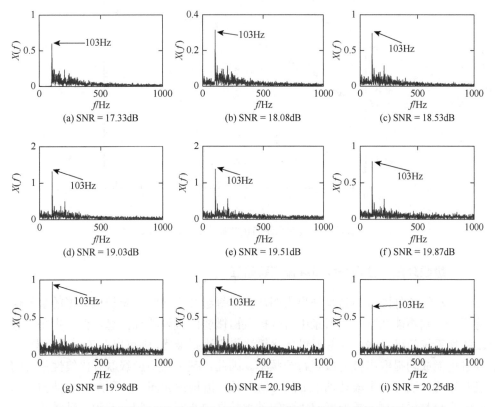

图 5.7　基于每级系统参数优化时的各级分段线性系统随机共振的输出频谱图

（a）～（i）分别是 1～9 级分段线性系统的频谱图

色噪声，说明此时噪声的高频成分转移到信号的低频段，最终增强了随机共振的效果。下一级分段线性系统随机共振中，洛伦兹形式的色噪声继续将高频成分转移到信号的低频段，所以随着级联分段线性系统随机共振级数的增加，输出信噪比会逐渐增加。直到较高级的级联分段线性系统随机共振中，信号只剩较少的高频成分，高频区域的能量转化到低频区域的能量也较少，此时输出信噪比将增长缓慢。

从图 5.7 和图 5.8 可以看出，选择合适的级联分段线性系统随机共振的级数是一个关键问题。一方面，如果在实际应用中选取过量的级联级数，计算过程会比较复杂；另一方面，图 5.8 表明输出信噪比和级联级数不是正比关系，意味着级联分段线性系统随机共振的级数不是越多则效果越好。因此在级联分段线性系统随机共振中，选择一个合适的级数 P 值尤其重要。根据图 5.8 所示的规律，一般将 P 设置为 4 或 5。

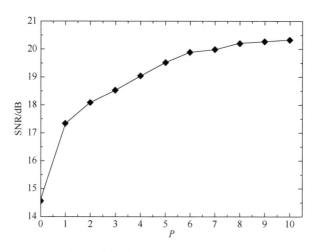

图 5.8　级联分段线性系统随机共振中级数与信噪比的关系

5.1.4　级联分段线性系统随机共振实验验证

滚动轴承外圈故障仿真结果表明，如果每级分段线性系统随机共振的参数保持不变，则不能从强噪声背景中有效提取出微弱的故障特征信息。但如果每级分段线性系统随机共振的参数通过优化算法优化达到最优，则可以改善输出信噪比，并且也能成功提取出微弱故障特征频率。因此，基于自适应级联分段线性系统随机共振的方法可用于滚动轴承故障诊断，具体流程图如图 5.9 所示。滚动轴承的故障实验数据来自于凯斯西储大学的轴承数据中心网站，相关的滚动轴承故障实验台在前面已有说明。采样频率是 12000Hz。本节用来分析的数据来自于故障直径为 0.007 英寸的主动端轴承外圈故障，该主动端滚动轴承是型号为 6205-2RS JEM SKF 的深沟球轴承，相关的系数列于表 5.1。滚动轴承外圈故障的理论特征频率可以由式（3.3）求得，根据滚动轴承结构参数，计算在不同转速下的外圈故障理论频率，并将结果列于表 5.2 中。

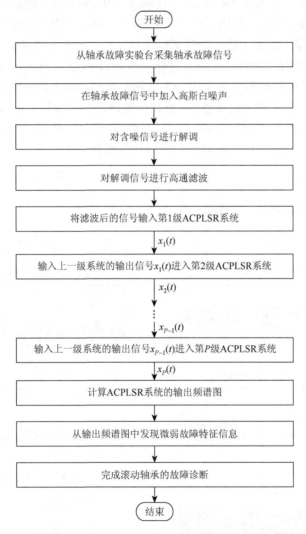

图 5.9　基于自适应级联分段线性系统随机共振方法进行滚动轴承故障诊断的流程图

表 5.1　滚动轴承的结构参数

内径/mm	外径/mm	滚动体直径/mm	厚度/mm	节径/mm	接触角/(°)	滚动体个数
25.001	51.999	7.940	15.001	39.040	0	9

表 5.2　不同转速下外圈的故障理论频率

转速/(r/min)	1797	1750	1724
故障理论频率/Hz	108	105	103

图 5.10（a）和图 5.10（e）给出了在转速 1797r/min 时，滚动轴承外圈故障原信号的时域图和频谱图。从图 5.10（a）中看出在时域图中有明显的周期脉冲，在图 5.10（e）所示频谱图中的故障频率很难被发现。接着采用图 5.9 所示的方法来提取滚动轴承微弱故障特征。首先，将噪声强度 $D = 0.2$ 的高斯白噪声加入原信号中，该含噪信号的频谱图如图 5.10（f）所示。然后，将该含噪信号解调，再用截止频率为 105Hz 的高通滤波预处理，处理后的结果分别如图 5.10（c）、图 5.10（g）和图 5.10（d）、图 5.10（h）所示。无论解调后的信号还是滤波后的信号，在频谱图中，故障频率 108Hz 仍然微弱，周围仍有强噪声干扰。

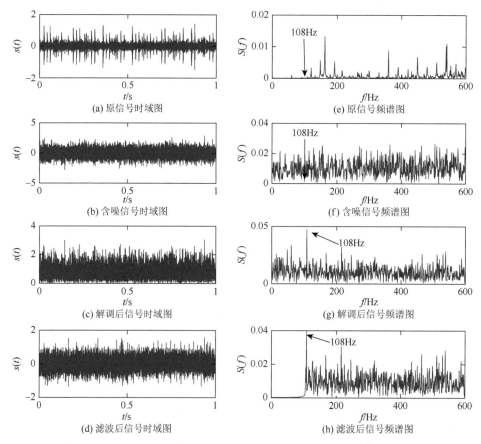

(a) 原信号时域图　　　　　　　　　　(e) 原信号频谱图

(b) 含噪信号时域图　　　　　　　　　(f) 含噪信号频谱图

(c) 解调后信号时域图　　　　　　　　(g) 解调后信号频谱图

(d) 滤波后信号时域图　　　　　　　　(h) 滤波后信号频谱图

图 5.10　在转速 1797r/min 时，轴承外圈故障信号的时域图和频谱图

SNR = 13.74dB

随后，将预处理后的信号输入级数 P 为 4 的自适应级联分段线性随机共振系统。第 1 级到第 4 级分段线性系统随机共振的输出频谱图如图 5.11 所示。从图 5.11 中可以看出，随着自适应级联分段线性随机共振系统级数的增加，输出的频谱图中故障频率的尖峰越来越明显，最后很容易能识别出故障频率。第 1 级分段线性系统随机共振的输出信噪比比滤波后的信号输出信噪比增加了 2.58dB，第 4 级分段线性系统随机共振的输出信噪比比滤波后的信号输出信噪比增加了 5.46dB。与单级随机共振系统相比，自适应级联分段线性系统随机共振在提取微弱故障特征信息方面有重要的改进作用。因此，本章所提方法可以有效地提取微弱故障特征信息，检测滚动轴承故障。

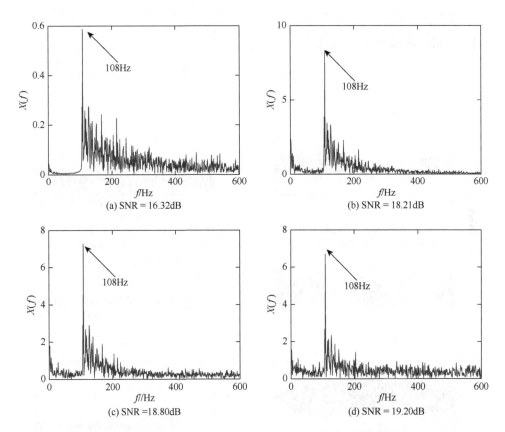

图 5.11　在转速 1797r/min 时，基于 ACPLSR 方法分析轴承外圈故障信号输出的频谱图

（a）～（d）分别是 1～4 级自适应级联分段线性系统随机共振的输出频谱图

为了验证自适应级联分段线性系统随机共振方法的普遍适用性，分别在转速 1750r/min 和 1724r/min 下，对轴承外圈故障信号也用该方法进行了分析。图 5.12

和图 5.14 分别给出了在转速 1750r/min 和 1724r/min 下的轴承外圈故障原始信号分析结果,用本章所提方法分析的结果如图 5.13 和图 5.15 所示。在图 5.13 中,第 1 级分段线性系统随机共振的输出信噪比与滤波后的信号相比提高了 2.54dB,而第 4 级分段线性系统随机共振的输出信噪比提高了 4.17dB。在图 5.15 中,第 1 级分段线性系统随机共振的输出信噪比与滤波后的信号相比提高了 2.86dB,而第 4 级分段线性系统随机共振的输出信噪比提高了 7.16dB。与单级分段线性系统随机共振相比,自适应级联分段线性系统随机共振方法可以进一步提高输出信噪比,易于提取出故障特征频率。而且,所提自适应级联分段线性系统随机共振方法可以在不同转速下有效提取微弱故障特征信息,证明了所提方法的鲁棒性。

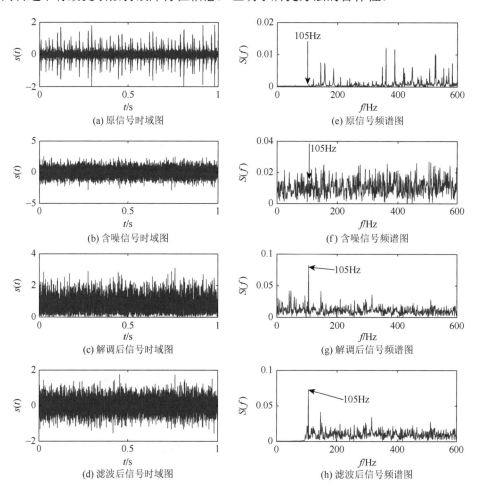

图 5.12   在转速 1750r/min 时,轴承外圈故障信号的时域图和频谱图

SNR = 18.36dB

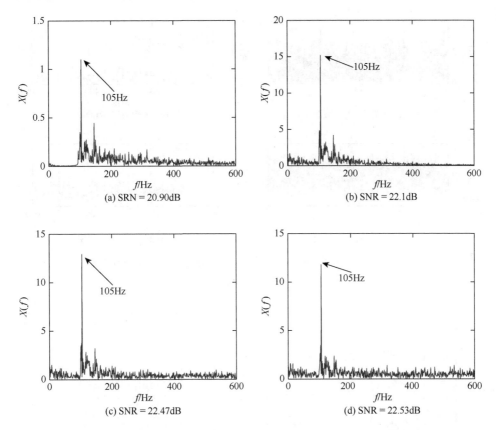

(a) SRN = 20.90dB

(b) SNR = 22.1dB

(c) SNR = 22.47dB

(d) SNR = 22.53dB

图 5.13　在转速 1750r/min 时，基于 ACPLSR 方法分析轴承外圈故障信号后的频谱图

（a）～（d）分别是 1～4 级自适应级联分段线性系统随机共振的输出频谱图

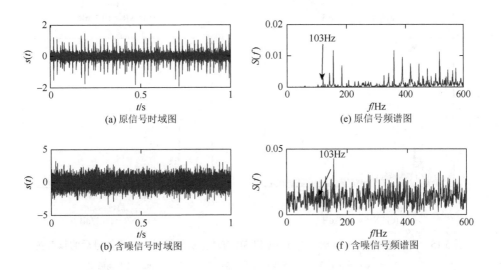

(a) 原信号时域图

(e) 原信号频谱图

(b) 含噪信号时域图

(f) 含噪信号频谱图

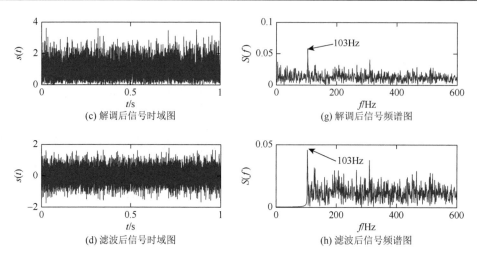

(c) 解调后信号时域图   (g) 解调后信号频谱图

(d) 滤波后信号时域图   (h) 滤波后信号频谱图

图 5.14　在转速 1724r/min 时，轴承外圈故障信号的时域图和频谱图

SNR = 13.07dB

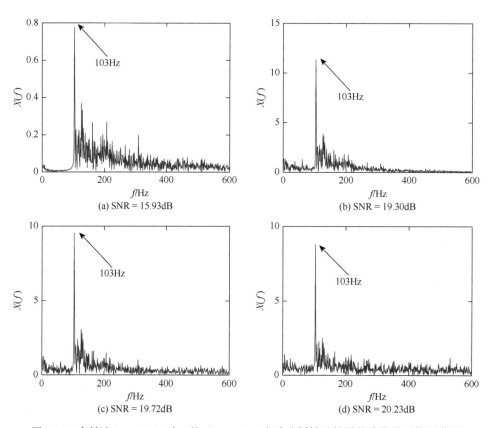

(a) SNR = 15.93dB   (b) SNR = 19.30dB

(c) SNR = 19.72dB   (d) SNR = 20.23dB

图 5.15　在转速 1724r/min 时，基于 ACPLSR 方法分析轴承外圈故障信号后的频谱图

（a）～（d）分别是 1～4 级自适应级联分段线性系统随机共振的输出频谱图

5.2　级联分段线性系统随机共振与经验模态分解

本节将随机共振与经验模态分解结合使用,将随机共振作为信号预处理方法,从而进一步提高经验模态分解的效率。

5.2.1　经验模态分解法

经验模态分解(EMD)法是 Huang 等[15]提出的一种信号时频分析方法,用来提取信号中的频率成分[16, 17]。该方法基于信号的局部特征时间尺度,将复杂的信号分解为若干个内禀模态函数(IMF)之和,通过分析各个内禀模态函数,从而更准确有效地掌握原始信号的特征信息。尽管经验模态分解在微弱特征提取方面有较好的效果,但在强噪声背景下提取效果受到严重影响[18-20]。分解结果不仅存在模态混叠现象,同时增加的经验模态分解阶数还造成边界误差不断累积,严重时会导致分解结果严重失真[21]。因此,对原始信号经验模态分解之前需要进行降噪预处理。

经验模态分解将组成原复杂信号的各尺度分量不断从高频到低频进行提取,分解得到的内禀模态函数顺序按频率由高到低进行排列,即首先得到最高频的分量,然后是次高频的,最终得到一个频率接近 0 的残余分量 Res。内禀模态函数必须满足两个条件,一个条件是穿越零点的次数与极值点数相等或至多相差 1,另一个条件是由局部极大值定义的上包络线和局部极小值定义的下包络线的均值为 0,即信号要关于时间轴局部对称[22]。因此,一个复杂的信号用经验模态分解可以分解成如下公式:

$$x(t) = \sum_{i=1}^{n} c_i(t) + r_n(t) \tag{5.4}$$

式中,c_i 是第 i 个内禀模态函数分量;r_n 是所有内禀模态函数分量提取之后的余量。每个内禀模态函数分量代表复杂信号在不同时间尺度上的特征频率,r_n 代表信号的平均趋势。在故障诊断领域,经验模态分解法已经被广泛应用[23-25]。另外,经验模态分解法也和其他方法结合进行故障特征的提取,如经验模态分解法和加权最小二乘支持向量机方法的结合[26]、经验模态分解法和自回归模型的结合[27]以及经验模态分解法和能量算子的结合[28]等。经验模态分解和随机共振结合的方法可以用来提取强噪声背景下的微弱故障特征信息[29]。在 5.1 节的阐述中,已证明自适应级联分段线性系统随机共振方法在提高信噪比及故障特征提取方面有较好的效果。在本节中,结合经验模态分解和随机共振各自的优势,提出一种基于自适应级联分段线性系统随机共振降噪后的经验模态分解提取微弱特征信号的方法。

原始信号经过每级分段线性系统随机共振处理后，都进行经验模态分解法分解，并判断分解结果的第 1 阶内禀模态函数是否为特征信号频率。若是，则停止级联运算，否则继续进行级联运算，直到特征信号频率出现在分解结果的第 1 阶内禀模态函数中。通过这种级联形式，可以促使待测信号中的高频能量不断地向低频成分转移。因此，原始信号得以充分降噪。通过量子粒子群优化算法，使得每级系统输出均达到最佳随机共振，直到高频噪声能量几乎全部转移到低频特征信号中，从而保证特征信号频率出现在经验模态分解结果的第 1 阶内禀模态函数中，则级联分段线性系统输出最佳。本节将分别通过对滚动轴承故障仿真信号和实验信号的分析来验证所提方法的有效性。

5.2.2　经验模态分解仿真验证

采用式（3.1）中的滚动轴承外圈故障振动仿真信号。设 $A = 1$，$f_n = 2000\text{Hz}$，$B = 15f_s = 192000$，$f_o = 100\text{Hz}$，采样频率 $f_s = 12800\text{Hz}$，仿真信号如图 5.16（a）和图 5.16（b）所示。从时域图可以看出，冲击信号出现的间隔时间为 $1/f_o$，即 0.01s；从频谱图中可以看出，信号的能量主要集中在高频 2000Hz 处，而低频段特征频率 100Hz 处的能量很小。向滚动轴承原始仿真信号中添加噪声强度 $D = 0.5$ 的高斯白噪声用于模拟强噪声背景，含噪信号如图 5.16（c）和图 5.16（d）所示，频率为 100Hz 的特征信号完全淹没在噪声中，不能被识别。

鉴于滚动轴承故障信号的调制特点，采用希尔伯特变换对图 5.16（c）中的信号进行包络解调，结果如图 5.17（a）和图 5.17（b）所示。此外，在基于随机共振方法的信号检测过程中输入信号中的低频成分时常会干扰特征频率的检测，产生大量的边频。因此需要对包络信号进行高通滤波，来消除低频成分对随机共振系统响应的干扰。根据特征信号频率值，将高通滤波器的通带截止频率和阻带截止频率分别设置为 95Hz 和 90Hz，高通滤波后的信号如图 5.17（c）和图 5.17（d）所示。

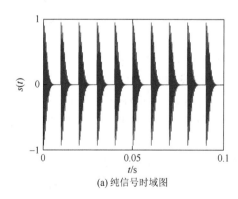

(a) 纯信号时域图

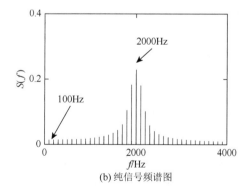

(b) 纯信号频谱图

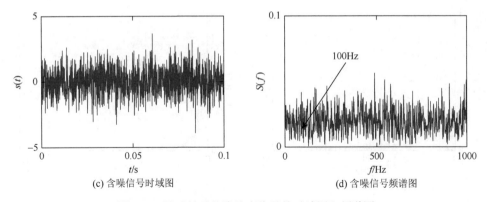

(c) 含噪信号时域图　　　　　　　　　　(d) 含噪信号频谱图

图 5.16　滚动轴承故障仿真信号的时域图和频谱图

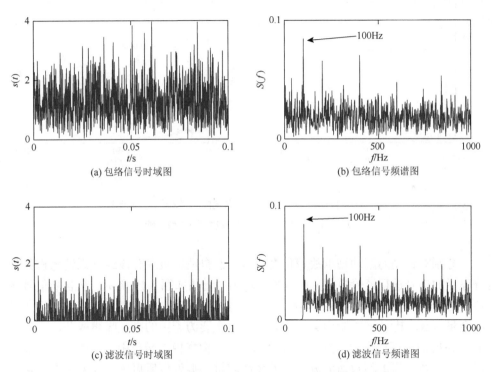

(a) 包络信号时域图　　　　　　　　　　(b) 包络信号频谱图

(c) 滤波信号时域图　　　　　　　　　　(d) 滤波信号频谱图

图 5.17　希尔伯特变换和高通滤波后的滚动轴承故障仿真信号

　　将高通滤波后的信号输入自适应级联分段线性系统进行处理。其中，对信号进行普通变尺度随机共振预处理时，尺度系数 m 取 5000；利用量子粒子群优化算法搜索系统参数最优值时，设置最大迭代次数 $T_{max} = 50$，种群规模 $H = 30$，获得自适应级联分段线性系统随机共振的前 4 级输出频谱图如图 5.18 所示。从图中可以看出，当级数增加至 4 级时，大于 200Hz 的高频成分基本上被完全滤去，因此自适应级联分段线性系统随机共振具有较好的降噪效果。

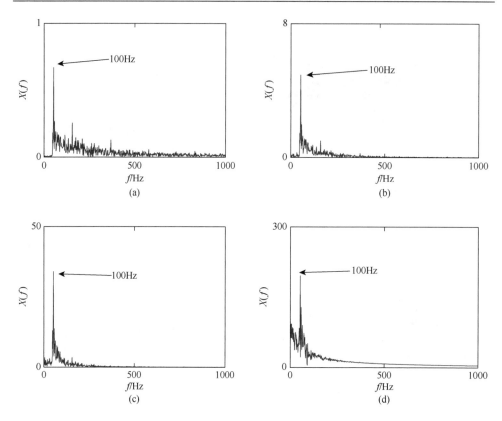

图 5.18   自适应级联分段线性系统随机共振输出频谱图
（a）～（d）分别是 1～4 级分段线性系统的输出频谱图

　　分别对含噪的滚动轴承故障仿真信号和经自适应级联分段线性系统随机共振降噪后的信号进行经验模态分解处理，输出频谱图如图 5.19 所示。从含噪信号直接进行经验模态分解的结果可以看出，信号被分解为 7 阶内禀模态函数分量及 1 阶余量 Res，其中前 5 阶内禀模态函数分量主要为无用的高频噪声成分，而频率为 100Hz 的特征信号被分解在第 6 阶和第 7 阶内禀模态函数中，出现了模态混叠现象。当经过第 1 级自适应分段线性系统随机共振处理后再进行经验模态分解，特征信号被分解在第 5 阶和第 6 阶内禀模态函数中，仍存在模态混叠现象，但相比于未降噪信号的经验模态分解结果，分解阶数减少 1 阶。当经过 2 级自适应级联分段线性系统随机共振处理后再进行经验模态分解，特征信号被分解在第 4 阶内禀模态函数中，模态混叠现象基本消失，相比于未降噪信号的经验模态分解结果，分解阶数减少 2 阶。当经过 3 级自适应级联分段线性系统随机共振处理后再进行经验模态分解，特征信号被分解在第 3 阶内禀模态函数中，相比于未降噪信号的经验模态分解结果，分解阶数减少 4 阶。当经过 4 级自适应级联分段线性系统随机共振处理后再进行经验模态分解，发现第 1 阶内禀模态函数就是想要的特征信号，相比于未降噪信号的经验模态分解结果，分解阶数减少 5 阶，表明原信号经过第 4 级自适应级联分段线性系统随机共振之后得到了充分降噪。

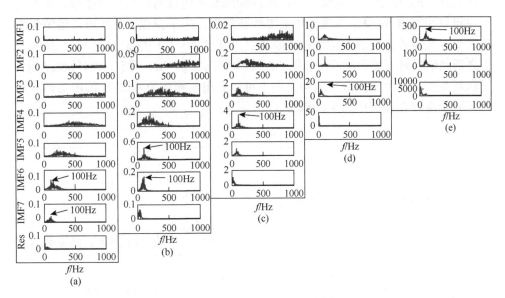

图 5.19　含噪信号和经自适应级联分段线性系统随机共振降噪后信号的经验模态分解结果

（a）原信号的经验模态分解，（b）～（e）分别是 1～4 级分段线性系统随机共振输出信号的经验模态分解

　　对比经自适应级联分段线性系统随机共振降噪后信号的经验模态分解结果可知，含噪信号经过自适应级联分段线性系统随机共振处理后，由于滤除了高频噪声，因而由经验模态分解得到的内禀模态函数要比直接进行经验模态分解得到的内禀模态函数更准确、更清晰。另外，从经验模态分解的分解阶数可以看出，随着自适应级联分段线性系统随机共振级数的增加，经验模态分解得到的内禀模态函数阶数减少，这样不但可以提高运算效率，而且可以抑制由经验模态分解的分解阶数增加所带来的边界误差积累。

5.2.3　经验模态分解实验验证

　　本节将自适应级联分段线性系统随机共振降噪的经验模态分解方法应用于滚动轴承微弱特征信息提取。以滚动体局部划痕故障为例，用实验台 2（详见 3.3.2 节）进行实验。N306E 型圆柱滚子轴承作为实验对象，滚动体故障是轴向贯穿的划痕故障，其宽度和深度分别为 1.2mm 和 0.5mm。实验中，制动扭矩为 30N·m，径向加载力为 300N，变频器读数为 30Hz。利用转速仪测得轴承转速为

827r/min。滚动体故障理论频率可以由式（3.5）求得，根据滚动轴承结构参数，计算求得故障理论特征频率为 69.0Hz。采用压电式加速度传感器采集振动信号时，采样频率为 12800Hz。实验测得振动信号的时域图和频谱图如图 5.20（a）和图 5.20（b）所示。在时域图中，可以看出非常明显的周期冲击成分，从频谱图中可以识别出 68.3Hz 的滚动体故障特征频率。为了模拟工程应用现场的强噪声背景，在实验测得的振动信号中添加噪声强度 $D = 0.1$ 的高斯白噪声。加入噪声之后的信号时域图和频谱图如图 5.20（c）和图 5.20（d）所示。在时域波形中，无法观察到周期冲击成分。从频谱图中可以看出，频率为 68.3Hz 的滚动体故障特征完全淹没在噪声中，无法识别。

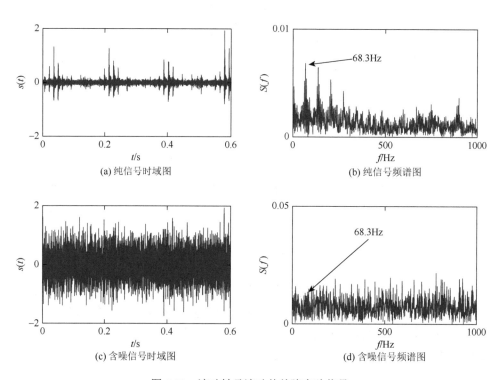

图 5.20　滚动轴承滚动体故障实验信号

　　首先将加入噪声后的滚动轴承故障实验信号进行希尔伯特变换包络分析和高通滤波，高通滤波时将通带截止频率和阻带截止频率分别设置为 65Hz 和 60Hz，经包络分析和高通滤波后的信号如图 5.21 所示。随后，将高通滤波后的信号输入自适应级联分段线性系统随机共振进行降噪处理，获得系统的输出频谱图如图 5.22 所示。最后，分别对含噪信号和经自适应级联分段线性系统随机共振降噪后的信号进行经验模态分解，结果如图 5.23 所示。

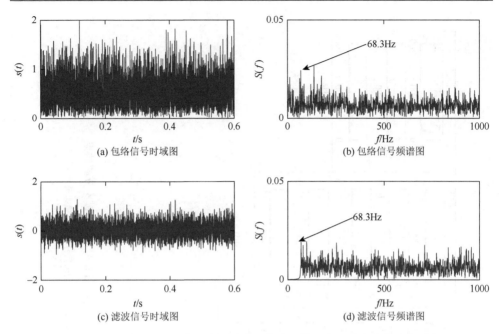

(a) 包络信号时域图　　　　　　　　　　(b) 包络信号频谱图

(c) 滤波信号时域图　　　　　　　　　　(d) 滤波信号频谱图

图 5.21　希尔伯特变换和高通滤波后的滚动轴承滚动体故障实验信号

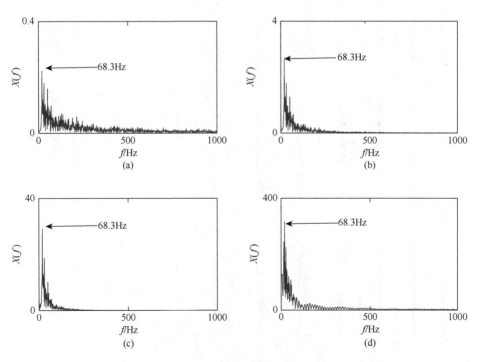

图 5.22　自适应级联分段线性系统随机共振的输出频谱图

（a）～（d）分别是 1~4 级分段线性系统的输出频谱图

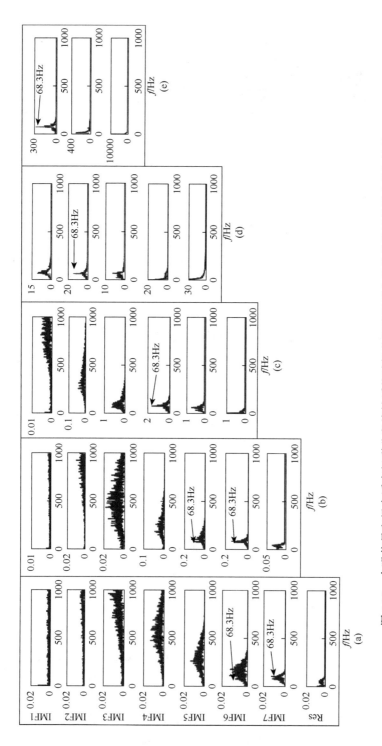

图 5.23　含噪信号和经自适应级联分段线性系统随机共振降噪后实验信号的经验模态分解结果

(a) 原信号的经验模态分解，(b) ～ (e) 级分别是 1～4 级分段线性系统输出信号的经验模态分解

图 5.23（a）为对滚动体故障信号直接进行经验模态分解的结果，信号被分解为 7 阶内禀模态函数分量及 1 阶余量 Res，其中滚动体故障特征频率被分解在第 6 阶和第 7 阶内禀模态函数中，出现了模态混叠现象。图 5.23（b）为滚动体故障信号经第 1 级自适应分段线性系统随机共振降噪后的经验模态分解结果，信号被分解为 6 阶内禀模态函数分量及 1 阶余量 Res。此时滚动体故障特征被分解在第 5 阶和第 6 阶内禀模态函数中，仍存在模态混叠现象，但相比于未降噪信号的经验模态分解结果，分解阶数减少 1 阶。图 5.23（c）为滚动体故障信号经第 2 级自适应级联分段线性系统随机共振降噪后的经验模态分解结果，信号被分解为 5 阶内禀模态函数分量及 1 阶余量 Res，相比于第 1 级自适应分段线性系统随机共振降噪后的经验模态分解结果，分解阶数减少 1 阶。此时滚动体故障特征频率被分解在第 4 阶内禀模态函数中，模态混叠现象消失。图 5.23（d）为滚动体故障信号经第 3 级自适应级联分段线性系统随机共振降噪后的经验模态分解结果，信号被分解为 4 阶内禀模态函数分量及 1 阶余量 Res，相比于第 2 级自适应级联分段线性系统随机共振降噪后的经验模态分解结果，分解阶数减少 1 阶。此时滚动体故障特征频率被分解在第 2 阶内禀模态函数中，特征频率比较明显。图 5.23（e）为滚动体故障信号经第 4 级自适应级联分段线性系统随机共振降噪后的经验模态分解结果，信号被分解为 2 阶内禀模态函数分量及 1 阶余量 Res，相比于第 3 级自适应级联分段线性系统随机共振降噪后的经验模态分解结果，分解阶数减少 2 阶。此时滚动体故障特征频率被分解在第 1 阶内禀模态函数中，特征频率非常明显，故容易被识别。

由上述分析结果可知，对滚动体故障信号首先采用自适应级联分段线性系统随机共振降噪预处理再进行经验模态分解，不但使得分解阶数减少，而且分解出的故障特征频率随级联随机共振的级数增加变得越来越清晰。当级联随机共振级数增加至 4 级时，经验模态分解法分解出的第 1 阶内禀模态函数就是滚动体故障特征，此时滚动体故障特征非常清晰，极易识别。因此，采用本节提出的基于自适应级联分段线性系统随机共振降噪的经验模态分解法能够对滚动轴承滚动体微弱故障特征进行准确提取。

5.3　本 章 小 结

为了实现滚动轴承的状态监测和故障诊断，必须从强噪声背景中有效地提取微弱故障特征信息。本章提出了一种能够有效提取微弱故障特征的自适应级联分段线性系统随机共振方法。所采用的随机共振模型是分段线性系统，该系统比传统的双稳态系统具有更好的效果和更高的输出信噪比。另外，每级系统的参数采用量子粒子群优化算法优化得到最优值，使级联分段线性系统随机共振得到最优输出。采用所提方法分别分析了轴承故障仿真信号和实验信号，分析结果表明所提方法能使系统的输出信噪比有较大的提高，且能成功提取出滚动轴承的微弱故障特征。

针对强噪声背景下滚动轴承早期微弱故障信号难以分解问题，提出了先采用自适应级联分段线性系统随机共振方法对强噪声信号进行降噪预处理，再进行经验模态分解的方法。通过对轴承故障仿真信号和实验信号的分析，结果表明该方法能有效滤除高频噪声，提高经验模态分解的质量，实现强噪声背景下滚动轴承早期微弱故障特征信息提取。另外，该方法还可以减少经验模态分解的阶数，提高运算效率，为实现滚动轴承运行状态的实时监测提供参考。

分段线性系统模型实质上是一种双稳态系统，也属于非线性模型。与经典双稳态系统相比，采用分段线性系统一方面通过调节参数容易得到更高的输出信噪比，另一方面的优势体现在硬件电路的搭建方面，分段线性系统的电路比经典双稳态系统的电路更容易搭建。

参 考 文 献

[1]　He H L，Wang T Y，Leng Y G，et al. Study on non-linear filter characteristic and engineering application of cascaded bistable stochastic resonance system. Mechanical Systems and Signal Processing，2007，21（7）：2740-2749.

[2]　Li B，Li J M，He Z J. Fault feature enhancement of gearbox in combined machining center by using adaptive cascaded stochastic resonance. Science China Technological Sciences，2011，54（12）：3203-3210.

[3]　Lai Z H，Leng Y G，Fan S B. Stochastic resonance of cascaded bistable Duffing system. Acta Physica Sinica，2013，62（7）：070503.

[4]　Zhao R，Yan R Q，Gao R X. Dual-scale cascaded adaptive stochastic resonance for rotary machine health monitoring. Journal of Manufacturing Systems，2013，32（4）：529-535.

[5]　Shi P M，Ding X J，Han D Y. Study on multi-frequency weak signal detection method based on stochastic resonance tuning by multi-scale noise. Measurement，2014，47（1）：540-546.

[6]　Li J M，Zhang Y G，Xie P. A new adaptive cascaded stochastic resonance method for impact features extraction in gear fault diagnosis. Measurement，2016，91：499-508.

[7]　Li J，Zhang J，Li M，et al. A novel adaptive stochastic resonance method based on coupled bistable systems and its application in rolling bearing fault diagnosis. Mechanical Systems and Signal Proceesing，2019，114：128-145.

[8]　Wang L Z，Zhao W L，Chen X. Theory and experiment research on a piecewise-linear model based on stochastic resonance. Acta Physica Sinica，2012，61（16）：517-524.

[9]　Sun J，Feng B，Xu W B. Particle swarm optimization with particles having quantum behavior. Proceedings of the 2004 Congress on Evolutionary Computation，2004，1：325-331.

[10]　Li J M，Chen X F，Du Z H，et al. A new noise-controlled second-order enhanced stochastic resonance method with its application in wind turbine drivetrain fault diagnosis. Renewable Energy，2012，60（4）：7-19.

[11]　Wang J，He Q B，Kong F R. An improved multiscale noise tuning of stochastic resonance for identifying multiple

transient faults in rolling element bearings. Journal of Sound and Vibration, 2014, 333 (26): 7401-7421.

[12]　Gandhimathi V M, Murali K, Rajasekar S. Stochastic resonance in overdamped two coupled anharmonic oscillators. Physica A, 2005, 347 (347): 99-116.

[13]　He Q B, Wang J. Effects of multiscale noise tuning on stochastic resonance for weak signal detection. Digital Signal Processing, 2012, 23 (3): 614-621.

[14]　He Q B, Wang J, Liu Y B, et al. Multiscale noise tuning of stochastic resonance for enhanced fault diagnosis in rotating machines. Mechanical Systems and Signal Processing, 2012, 28 (2): 443-457.

[15]　Huang N E, Shen Z, Long S R, et al. The empirical mode decomposition and the Hilbert spectrum for nonlinear and non-stationary time series analysis. Proceedings of the Royal Society of London A: Mathematical, Physical and Engineering Sciences, 1998: 903-995.

[16]　Shi P M, An S J, Li P, et al. Signal feature extraction based on cascaded multi-stable stochastic resonance denoising and EMD method. Measurement, 2016, 90: 318-328.

[17]　Li L, Ji H B. Signal feature extraction based on an improved EMD method. Measurement, 2009, 42 (5): 796-803.

[18]　Žvokelj M, Zupan S, Prebil I. Multivariate and multiscale monitoring of large-size low-speed bearings using ensemble empirical mode decomposition method combined with principal component analysis. Mechanical Systems and Signal Processing, 2010, 24 (4): 1049-1067.

[19]　Lu S L, Wang J H, Xue Y G . Study on multi-fractal fault diagnosis based on EMD fusion in hydraulic engineering. Applied Thermal Engineering, 2016, 103: 798-806.

[20]　Guo T, Deng Z M. An improved EMD method based on the multi-objective optimization and its application to fault feature extraction of rolling bearing. Applied Acoustics, 2017, 127: 46-62.

[21]　张梅军, 唐建, 何晓辉. EMD 方法及其在机械故障诊断中的应用. 北京: 国防工业出版社, 2015: 8-9.

[22]　杨永锋, 吴亚锋. 经验模态分解在振动分析中的应用. 北京: 国防工业出版社, 2013: 18-19.

[23]　Lei Y G, Lin J, He Z J, et al. A review on empirical mode decomposition in fault diagnosis of rotating machinery. Mechanical Systems and Signal Processing, 2013, 35 (1/2): 108-126.

[24]　Singh S, Kumar N. Combined rotor fault diagnosis in rotating machinery using empirical mode decomposition. Journal of Mechanical Science and Technology, 2014, 28 (12): 4869-4876.

[25]　Lv Y, Yuan R, Song G B. Multivariate empirical mode decomposition and its application to fault diagnosis of rolling bearing. Mechanical Systems and Signal Processing, 2016, 81 (15): 219-234.

[26]　Liu X F, Bo L, Luo H L. Bearing faults diagnostics based on hybrid LS-SVM and EMD method. Measurement, 2015, 59: 145-166.

[27]　Cheng J S, Yu D J, Yang Y. A fault diagnosis approach for roller bearings based on EMD method and AR model. Mechanical Systems and Signal Processing, 2006, 20 (2): 350-362.

[28]　Cheng J, Yu D, Yang Y. The application of energy operator demodulation approach based on EMD in machinery fault diagnosis. Mechanical Systems and Signal Processing, 2007, 21 (2): 668-677.

[29]　Chen X H, Cheng G, Shan X L, et al. Research of weak fault feature information extraction of planetary gear based on ensemble empirical mode decomposition and adaptive stochastic resonance. Measurement, 2015, 73: 55-67.

第6章 周期势系统变尺度随机共振理论及应用

目前研究随机共振的经典模型是双稳态系统模型，除此之外随机共振还可以发生在其他类型的非线性系统中，周期势系统也是一种能够发生随机共振的典型非线性系统。本章主要介绍周期势系统变尺度随机共振及应用，揭示周期势系统在进行信号处理方面的优势。

6.1 周期势系统变尺度随机共振

相关学者已对周期势系统随机共振的理论进行了一些研究[1-5]。本书作者对周期势系统随机共振在轴承故障诊断中的应用进行了研究，发现周期势系统变尺度随机共振比双稳态系统变尺度随机共振具有更多的优点[6]，尤其是在提高信噪比方面具有优越性，值得在应用中推广。处理高频信号的随机共振技术较多[7-10]，本章依然采用普通变尺度随机共振方法进行研究[11]。

根据第 1 章所述，双稳态随机共振的模型由式（1.1）描述。对于周期势系统随机共振而言，它的势函数方程为

$$U(x) = -a\cos(bx) \tag{6.1}$$

式中，a、b 表示系统正参数，在自适应随机共振中系统参数 a、b 可以用优化算法得到。将周期势函数代替双稳态势函数，则周期势系统随机共振的模型为

$$\frac{\mathrm{d}x}{\mathrm{d}t} = -ab\sin(bx) + s(t) + N(t) \tag{6.2}$$

式（6.2）就是周期势系统随机共振的模型。

将双稳态系统随机共振的势函数和周期势系统随机共振的势函数形状进行对比，如图 6.1 所示。图 6.1（a）中展现了双稳态系统随机共振的势函数形状，其中极高点在零点处，是不稳定平衡点。最低点在 $\pm\sqrt{a/b}$ 处，是稳定平衡点。势阱的高度是 $\Delta U = a^2/(4b)$，两相邻最低点之间的距离为 $\Delta x = 2\sqrt{a/b}$。图 6.1（b）中展现了周期势系统随机共振的势函数形状，势阱的高度为 $\Delta U = 2a$，两相邻最高点之间的距离为 $\Delta x = 2\pi/b$。双稳态系统和周期势系统的区别在于，在双稳态系统中势阱的高度会随着宽度的变化而变化，而在周期势系统中势阱高度与宽度的变化互不影响。

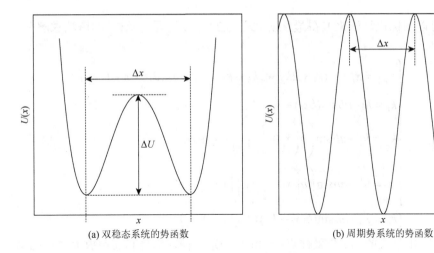

图 6.1　非线性势函数形状

为实现尺度变换，引入变量：

$$x(t) = z(\tau), \quad \tau = mt \tag{6.3}$$

式中，$z(\tau)$表示变尺度后的系统响应；τ 表示变尺度后的时间变量；m 表示尺度系数。

将式（6.3）代入式（6.2）中，令 $s(t) = A\sin(2\pi ft)$，则式（6.2）可以写成

$$\begin{cases} m\dfrac{\mathrm{d}z}{\mathrm{d}\tau} = -ab\sin(bz) + A\sin\left(2\pi\dfrac{f}{m}\tau\right) + N\left(\dfrac{\tau}{m}\right) \\ N\left(\dfrac{\tau}{m}\right) = \sqrt{2Dm}\,\xi(\tau) \end{cases} \tag{6.4}$$

式中，$\xi(\tau)$表示均值为 0、方差为 1 的高斯白噪声。

式（6.4）可以整理为

$$\begin{cases} \dfrac{\mathrm{d}z}{\mathrm{d}\tau} = \dfrac{-a}{m}b\sin(bz) + \dfrac{A}{m}\sin\left(2\pi\dfrac{f}{m}\tau\right) + \sqrt{\dfrac{2D}{m}}\,\xi(\tau) \\ \langle\xi(\tau)\rangle = 0, \quad \langle\xi(\tau),\xi(0)\rangle = \delta(\tau) \end{cases} \tag{6.5}$$

令 $\dfrac{a}{m} = a_1, b = b_1, \dfrac{A}{m} = A_1, \dfrac{f}{m} = f_1, \dfrac{D}{m} = D_1$，则式（6.5）可以写成如下形式：

$$\begin{cases} \dfrac{\mathrm{d}z}{\mathrm{d}\tau} = -a_1b_1\sin(b_1z) + A_1\sin(2\pi f_1\tau) + \sqrt{2D_1}\,\xi(\tau) \\ \langle\xi(\tau)\rangle = 0, \quad \langle\xi(\tau),\xi(0)\rangle = \delta(\tau) \end{cases} \tag{6.6}$$

由式（6.6）可知，尺度变换之后周期势系统随机共振的结构参数为 a_1、b_1，式（6.6）即为式（6.2）的等价形式。传统的随机共振是通过改变噪声的强度来实现的，而自适应随机共振是固定噪声强度并通过调节系统参数实现。系统参数的取值具有

多样性，可以用优化算法来取得最优解。式（6.2）可以用四阶龙格-库塔法求解[12]，具体如下：

$$
\begin{cases}
x_{i+1} = x_i + \dfrac{1}{6}(k_1 + 2k_2 + 2k_3 + k_4), \quad i = 0,1,2,\cdots,n-1 \\
k_1 = h(-ab\sin(bx_i) + s_i + N_i) \\
k_2 = h\left(-ab\sin\left(b\left(x_i + \dfrac{1}{2}k_1\right)\right) + s_i + N_i\right) \\
k_3 = h\left(-ab\sin\left(b\left(x_i + \dfrac{1}{2}k_2\right)\right) + s_{i+1} + N_{i+1}\right) \\
k_4 = h(-ab\sin(b(x_i + k_3)) + s_{i+1} + N_{i+1})
\end{cases}
\tag{6.7}
$$

式中，x_i 是输出信号的第 i 个采样点；s_i 和 N_i 分别是输入信号和噪声放大之后的第 i 个采样点；h 是计算步长；n 是采样点数。

6.2　基于周期势系统变尺度随机共振的滚动轴承故障诊断

本节用实验信号验证周期势系统变尺度随机共振在滚动轴承特征信息提取中的优越性。

6.2.1　基于普通变尺度的周期势系统变尺度随机共振流程

将普通变尺度方法和周期势系统自适应随机共振理论相结合，并将其用于强噪声背景下的轴承故障诊断。图 6.2 是基于普通变尺度理论的周期势系统变尺度随机共振方法的流程图。从图 6.2 中可以看出，含噪信号首先进行解调、高通滤波的预处理后，再进行周期势系统自适应随机共振。在周期势系统变尺度随机共振的具体实施过程中，先经过普通变尺度的方法满足随机共振的条件；接着以 SNR 作为评价指标，用随机权重粒子群优化（RPSO）算法进行系统参数优化，然后将优化得到的参数 a_1、b_1 分别乘以尺度系数 m 进而得到 a、b 的最优值；最后进行周期势系统变尺度随机共振并从频谱图中提取出故障频率。通过实验信号的验证并对比了普通变尺度下的双稳态系统变尺度随机共振，证明所提方法的有效性。

6.2.2　实验验证

本节通过轴承故障的实验信号来验证基于普通变尺度的周期势系统变尺度随机共振比双稳态系统变尺度随机共振更具有优越性。实验信号数据来自于实验室搭建的轴承故障实验台，该实验台如图 3.13 所示，在第 3 章中有具体阐述。本节以滚动体的划痕故障为例做滚动轴承的故障实验。选用的轴承类型为 N306E，实

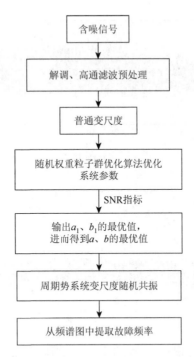

图 6.2　基于普通变尺度的周期势系统变尺度随机共振提取滚动轴承故障的流程图

验中转速为 1494r/min、制动扭矩为 0N·m、径向力为 0N。采用压电式加速度传感器对信号进行采集，采样频率为 2048Hz，采样点数为 10240。根据式（3.5）和该型号的轴承结构参数计算出轴承滚动体故障理论频率为 124.69Hz。故障实际频率应在故障理论频率附近，和故障理论频率有微小的误差。

　　模拟强噪声背景，在采集到的信号中加入噪声强度 $D=8$ 的高斯白噪声。首先将含噪信号进行解调滤波，故障理论频率是 124.69Hz，故障实际频率接近故障理论频率，滤波时将通带截止频率和阻带截止频率分别设为 122Hz 和 120Hz，这样不仅可以保留住故障实际频率，还可以滤去较强的干扰成分。随后分别将双稳态系统变尺度随机共振和周期势系统变尺度随机共振与普通变尺度相结合来诊断轴承的滚动体故障。进行尺度变换时，尺度系数 m 取 2000，$124.69/2000=0.06 \ll 1$ 满足了经典随机共振理论。图 6.3 是含噪信号的时域图和频谱图。图 6.4 是含噪信号解调后的时域图和频谱图。图 6.5 是含噪信号滤波后的时域图和频谱图。图 6.6 是普通变尺度下双稳态系统变尺度随机共振的收敛曲线。图 6.7 是普通变尺度下双稳态系统变尺度随机共振最优输出的时域图和频谱图。从图 6.3 中可以发现，在原含噪信号的频谱图中，故障频率淹没在强噪声中。从图 6.4 和图 6.5 中可以发现，含噪信号经过解调滤波后故障频率依然淹没在噪声中，很难发现和提取。

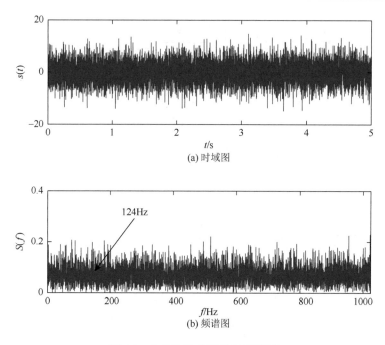

(a) 时域图

(b) 频谱图

图 6.3   含噪实验信号的时间序列

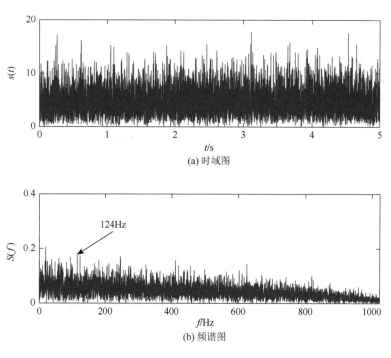

(a) 时域图

(b) 频谱图

图 6.4   含噪实验信号解调后的时间序列

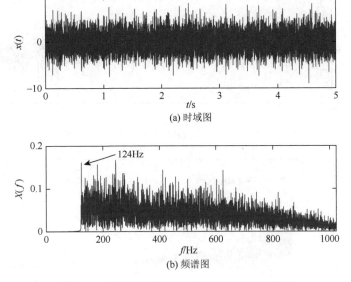

(a) 时域图

(b) 频谱图

图 6.5　含噪实验信号高通滤波后的时间序列

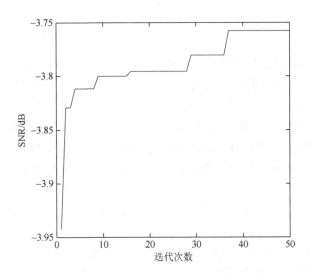

图 6.6　双稳态系统变尺度随机共振中采用随机权重粒子群优化算法优化系统参数 a 和 b 的
适应度曲线

　　双稳态系统变尺度随机共振在 $a = 0.7089$，$b = 1180.3$ 时系统输出达到最优。从图 6.6 中可以看出，迭代次数是 37 次，信噪比为 -3.76dB，优化所用时间是 50.84s。在图 6.7 所示的频谱图上可以清楚地看出幅值最高点对应的频率为 124Hz，与前面信号解调、滤波后的图形相比，经过双稳态系统变尺度随机共振之后的故障特征频率比较明显。

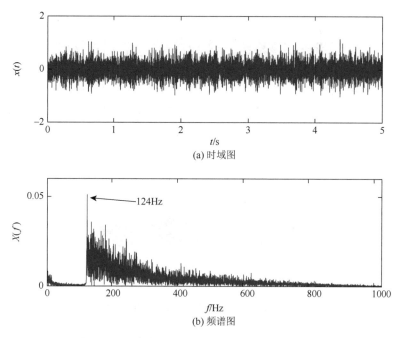

(a) 时域图

(b) 频谱图

图 6.7　双稳态系统变尺度随机共振的最优输出

　　基于周期势系统变尺度随机共振处理含噪信号，图 6.8 是普通变尺度下周期势系统变尺度随机共振的收敛曲线。图 6.9 是普通变尺度下周期势系统变尺度随机共振最优输出的时域图和频谱图。周期势系统变尺度随机共振在 $a = 0.2546$，$b = 0.27572$ 时达到最优输出。在图 6.8 中，迭代次数是 2 次，信噪比为-2.869dB，优化所用时间是 19.277s。从图 6.9 中可以看出，与前面信号解调、滤波后的图形相比，经过周期势系统变尺度随机共振之后，可以清晰地看出轴承滚动体的故障特征频率。

　　图 6.6 和图 6.8 分别表示双稳态系统变尺度随机共振下和周期势系统变尺度随机共振下参数优化的过程。图 6.6 中双稳态系统变尺度随机共振中迭代次数是 37 次，优化所用时间是 50.84s，信噪比为-3.76dB。图 6.8 中周期势系统变尺度随机共振中迭代次数是 2 次，优化所用时间是 19.277s，信噪比为-2.869dB。对比图 6.6 和图 6.8 可以发现，周期势系统变尺度随机共振比双稳态系统变尺度随机共振的迭代次数少，且显著缩短了计算时间，信噪比提高了 23.67%。由于这里实验信号的长度较短，因此程序的运行时间也较短，不能明显地突出周期势系统变尺度随机共振所耗时间短的优势。然而在工程实际中，故障监测所需的数据量大，计算时间长，如能较早地预警，可以提高发现问题的效率，减少不必要的损失，此时就会凸显采用周期势系统变尺度随机共振的优势。图 6.7 和图 6.9 分别是普通变尺度下双稳态系统变尺度随机共振和周期势系统变尺度随机共振处理后的时域图和频谱图。从图

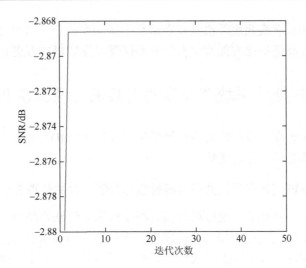

图 6.8　周期势系统变尺度随机共振中采用随机权重粒子群优化算法优化系统参数 a 和 b 的
适应度曲线

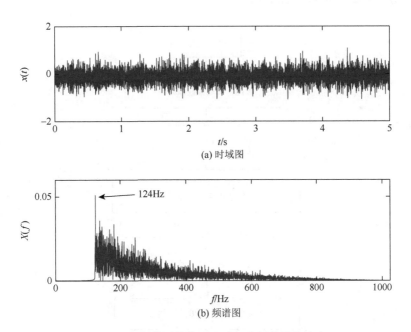

图 6.9　周期势系统变尺度随机共振的最优输出

中均能清楚地看出滚动体的故障频率，但是图 6.7 所示的频谱图中在故障频率之
前出现了干扰成分。这是由于双稳态系统变尺度随机共振优化了两个参数，而周
期势系统变尺度随机共振方程（6.2）中 $\sin x$ 展开成麦克劳林级数后含有无穷多项，
这就相当于优化了无穷多个参数，因此所得效果也较好。综上所述，在达到最优

输出时，周期势系统变尺度随机共振在减少干扰频率成分、减少迭代次数、缩短计算时间以及提高信噪比方面都比双稳态系统变尺度随机共振更有优势。

6.3　周期势系统变尺度随机共振与经验模态分解

将周期势系统变尺度随机共振与经验模态分解（EMD）相结合，能够进一步体现周期势系统随机共振的优势。

6.3.1　周期势系统变尺度随机共振与经验模态分解结合的处理流程

本节将周期势系统变尺度随机共振与经验模态分解法相结合，来验证该方法比双稳态系统变尺度随机共振与经验模态分解相结合的方法更具优越性，具体处理过程如图 6.10 所示。与 6.2 节类似，只是在最后增加了一个步骤，即将周期势系统变尺度随机共振处理后的信号进行了经验模态分解，最后从内禀模态函数（IMF）分量中提取故障特征信息。

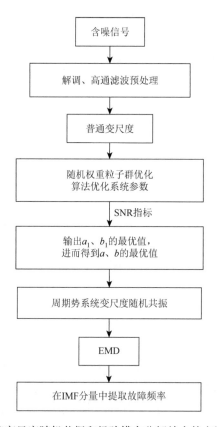

图 6.10　周期势系统变尺度随机共振和经验模态分解结合的方法处理信号的流程图

6.3.2　仿真验证

在实际工程领域中，强噪声背景下的多频信号较为普遍。为了验证所提方法的优越性，首先通过经验模态分解方法来直接分解一个典型的多频仿真信号，该仿真信号如下：

$$s(t) = A_1 \cos(2\pi f_1 t) + A_2 \sin(2\pi f_2 t) \tag{6.8}$$

式中，$A_1 = 0.1$；$A_2 = 0.2$；$f_1 = 60$；$f_2 = 90$。

首先采用经验模态分解法直接分解式（6.8）中的仿真信号，分解得到的时域图如图 6.11 所示，频谱图如图 6.12 所示。在图 6.11 和图 6.12 中，IMF1 和原信号的波形基本一致，且原信号中的两个频率并没有成功地分解到不同的内禀模态函数分量中。因此，该多频信号不能通过经验模态分解法直接分解成功。

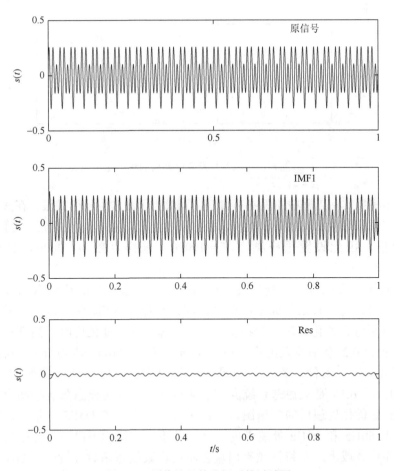

图 6.11　原信号及其分解后的时域图

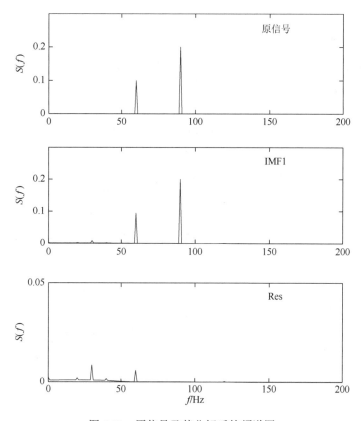

图 6.12   原信号及其分解后的频谱图

为了模拟实际工程中的强噪声背景，同时为了激发生随机共振，在式（6.8）所示的双频信号中加入高斯白噪声。根据采样定理，采样频率必须远大于信号频率的两倍，因此设置采样频率 $f_s=10000$，采样点数 $n=2000$，分辨率为 $10000/2000=5$。

首先采用双稳态系统变尺度随机共振和经验模态分解相结合的方法分析该双频信号，由于该信号为双频信号，因此在计算 SNR 时可以在信号的两个频率处分别进行优化处理。当在信号其一频率 60Hz 处优化时，高斯白噪声强度 D 设置为 0.2。普通变尺度中尺度变量 m 设置为 600，此时 $60/600=0.1\ll1$ 满足了随机共振的条件。当信号在另一频率 90Hz 处优化时，设置 $D=0.3$，$m=900$。图 6.13 是双稳态系统变尺度随机共振和经验模态分解相结合的方法在 60Hz 处优化处理后的频谱图。从图中可以看出，在 IMF5 分量中，有两个分别位于 60Hz 和 90Hz 处清晰的尖峰。若不同特征频率出现在一个内禀模态函数分量中，或者一个特征频率出现在不同内禀模态函数分量中，都属于经验模态分解中的模态混叠问题[13]。因此，这里出现了其中一种模态混叠的现象。

图 6.14 是双稳态系统变尺度随机共振和经验模态分解相结合的方法在 90Hz 处优化处理后的频谱图。图 6.13 和图 6.14 类似，都出现了模态混叠的问题。因此，双稳态系统变尺度随机共振和经验模态分解相结合的方法不能成功地分解多频信号。

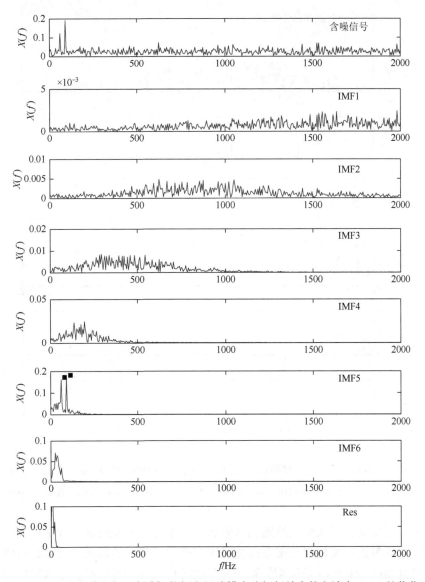

图 6.13　双稳态系统变尺度随机共振和经验模态分解相结合的方法在 60Hz 处优化

在 $a = 0.2442$ 和 $b = 1021.2$ 时输出最优；在 IMF5 中，第一个最高点在 60Hz 处，第二个最高点在 90Hz 处

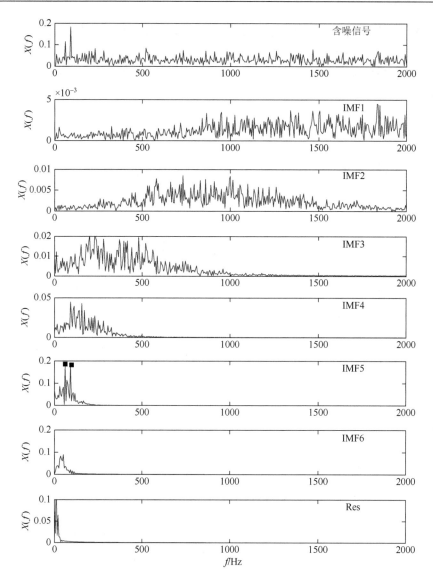

图 6.14　双稳态系统变尺度随机共振和经验模态分解相结合的方法在 90Hz 处优化

在 $a = 1.1179$ 和 $b = 1322.4$ 时输出最优；在 IMF5 中，第一个最高点在 60Hz 处，第二个最高点在 90Hz 处

接着用周期势系统变尺度随机共振和经验模态分解相结合的方法处理该仿真信号。仿真参数和使用双稳态系统变尺度随机共振与经验模态分解相结合的方法时的参数相同。图 6.15 是周期势系统变尺度随机共振和经验模态分解相结合的方法在 60Hz 处优化处理后的频谱图。从图中可以看出，在 IMF4 和 IMF5 中，分别存在最高点 90Hz 和 60Hz。图 6.16 是周期势系统变尺度随机共振和经验模态分解

相结合的方法在 90Hz 处优化处理后的频谱图。该频谱图在 IMF5 和 IMF6 中也分别存在 90Hz 和 60Hz 的最高点，呈现了和图 6.15 一样的效果。此时，多频信号可以被成功分解，取得了较好的效果，解决了图 6.13 和图 6.14 中模态混叠的问题。通过对仿真信号的分析，初步验证了在处理噪声背景下的多频信号时，周期势系统变尺度随机共振和经验模态分解相结合的方法比双稳态系统变尺度随机共振和经验模态分解相结合的方法效果更好。

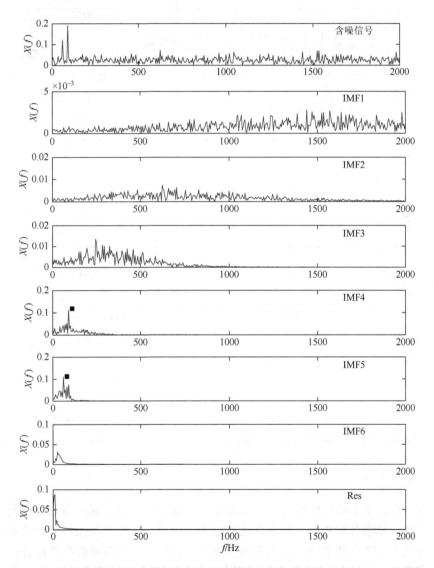

图 6.15　周期势系统变尺度随机共振和经验模态分解相结合的方法在 60Hz 处优化

在 $a = 58.005$ 和 $b = 2.1648$ 时输出最优；在 IMF4 中，最高点在 90Hz 处；在 IMF5 中，最高点在 60Hz 处

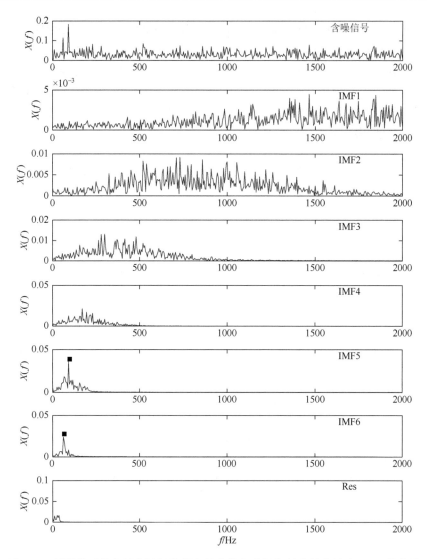

图 6.16   周期势系统变尺度随机共振和经验模态分解相结合的方法在 90Hz 处优化

在 $a = 744.4556$ 和 $b = 1.9595$ 时输出最优；在 IMF5 中，最高点在 90Hz 处；在 IMF6 中，最高点在 60Hz 处

6.3.3   实验验证

本节通过轴承故障的实验信号来验证普通变尺度下的周期势系统变尺度随机共振与经验模态分解相结合的方法比双稳态系统变尺度随机共振与经验模态分解相结合的方法更有优越性。首先采用美国凯斯西储大学的实验数据进行分析。该实验台如图 3.10 所示，已在第 3 章中有具体阐述。故障轴承的类型为 6205-2RS JEM SKF，采样频率是 12kHz，转速为 1797r/min。根据式（3.4）和该型号的轴承结构

参数，可以得出内圈故障的故障理论频率为 162.19Hz，故障理论 2 倍频为 324.38Hz。因为随着滚动轴承故障的发展，在振动信号中也将会出现一些劣化的特征，其中一个较为普遍的现象就是出现故障频率的 2 倍频，该特征在轴承故障发展阶段比较明显，因此这里也分析了故障频率 2 倍频处的情况。

采用周期势系统变尺度随机共振和经验模态分解相结合的方法处理实验信号的同时，将双稳态系统变尺度随机共振与经验模态分解相结合的方法作为比较。对美国凯斯西储大学的实验数据分析时，设置采样点数 $n = 120000$，采样频率 $f_s = 12000$，变尺度系数 m 设置为 2000，此时 $162.19 / 2000 = 0.081 \ll 1$ 满足随机共振的条件。

当噪声强度 $D = 1.3$ 时，故障频率完全淹没在强噪声背景中。通过本节所提出的方法，故障频率可以明显地显现出来。图 6.17 是双稳态系统变尺度随机共振和经验模态分解相结合的方法在故障频率处优化处理后的频谱图。图 6.18 是周期势系统变尺度随机共振和经验模态分解相结合的方法在故障频率处优化处理后的频谱图。在图 6.17 中，在 IMF5 和 IMF6 中都在 161.7Hz 处出现了清晰的尖峰。由于相同的故障频率出现在不同的内禀模态函数中，因此依然存在模态混叠的问题。在图 6.18 中，IMF6 中在 161.7Hz 处出现了清晰的最高点，而计算出的故障理论频率为 162.19Hz。这是由于故障理论频率和故障实际频率之间总存在一些偏差，因此该故障的故障实际频率为 161.7Hz，且不存在图 6.17 中的模态混叠现象。因此，再次证明了周期势系统变尺度随机共振和经验模态分解相结合的方法分解双频信号的效果较好。

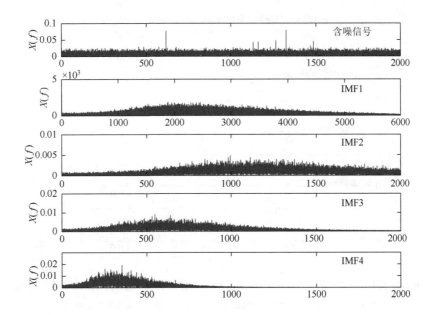

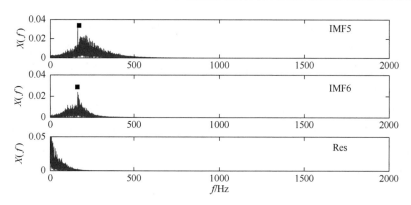

图 6.17 双稳态系统变尺度随机共振和经验模态分解相结合的方法在故障频率处优化

在 $a = 463.7$ 和 $b = 413.736$ 时输出最优；在 IMF5 和 IMF6 中，最高点都在 161.7Hz 处

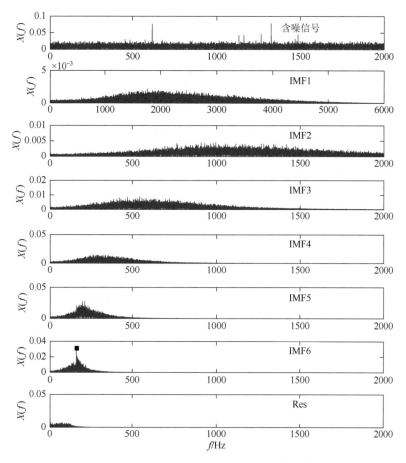

图 6.18 周期势系统变尺度随机共振和经验模态分解相结合的方法在故障频率处优化

在 $a = 3148.244$ 和 $b = 0.019$ 时输出最优；在 IMF6 中，最高点在 161.7Hz 处

　　为了更好地解释上述现象，对图 6.19 进行解释。图 6.19 分别展现了双稳态系统变尺度随机共振和周期势系统变尺度随机共振在故障频率处优化得到的时域图和频谱图。该图是在自适应随机共振之后经验模态分解之前的最优输出，可以用来解释模态混叠的问题。Huang 等指出模态混叠的主要原因是信号的间歇性，脉冲干扰和噪声也会导致模态混叠[14]。这里统称这些情况为异常事件，异常事件将导致局部极值点的异常分布，进而导致包络变形。首先，对比分析图 6.19（a）和图 6.19（c），发现双稳态系统变尺度随机共振输出的时域图中极值点变化剧烈，而周期势系统变尺度随机共振输出的时域图并没有类似现象。因此，局部极值点的剧烈变化是模式混叠问题的根本原因。接着，对比分析图 6.19（b）和图 6.19（d）中的频谱图，发现双稳态系统变尺度随机共振输出的频谱图中故障频率之前存在一些噪声干扰，而周期势系统变尺度随机共振输出的频谱图中故障频率之前是一条接近于 0 的光滑曲线。产生这种区别的原因是双稳态系统变尺度随机共振通过两

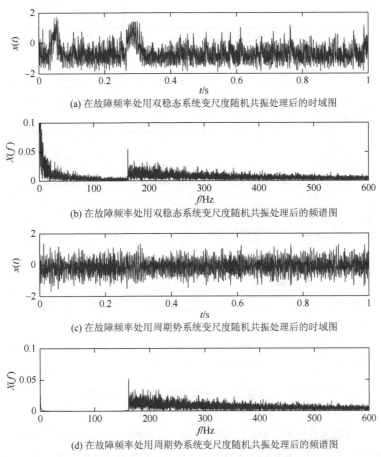

(a) 在故障频率处用双稳态系统变尺度随机共振处理后的时域图

(b) 在故障频率处用双稳态系统变尺度随机共振处理后的频谱图

(c) 在故障频率处用周期势系统变尺度随机共振处理后的时域图

(d) 在故障频率处用周期势系统变尺度随机共振处理后的频谱图

图 6.19　在故障频率处变尺度随机共振后的时域图和频谱图

个参数进行优化，而周期势系统变尺度随机共振由于扩展到麦克劳林序列时，势函数方程中的 sin$x$ 将包含无限项，这就相当于优化无限个参数。所以周期势系统变尺度随机共振的频谱图效果更好，且图 6.19（b）中的噪声干扰也会导致模态混叠。

当噪声强度 $D = 0.1$ 时，图 6.20 和图 6.21 分别是双稳态系统变尺度随机共振和经验模态分解相结合的方法与周期势系统变尺度随机共振和经验模态分解相结合的方法在故障 2 倍频处优化处理后的频谱图。另外，为了得到更好的效果，该含噪信号使用了带通滤波进行预处理。在图 6.20 中，IMF5 中存在位于 161.7Hz 和 323.4Hz 处的两个最高点，IMF6 中的最高点在 161.7Hz 处，这里 323.4Hz 是故障实际频率 161.7Hz 的 2 倍频。根据之前所提的不同频率出现在一个 IMF 分量中是模态混叠的其中一种现象，所以这里依然存在模态混叠问题。在图 6.21 中，IMF4 中的最高点在 323.4Hz 处，IMF5 中的最高点在 161.7Hz 处。由于 161.7Hz

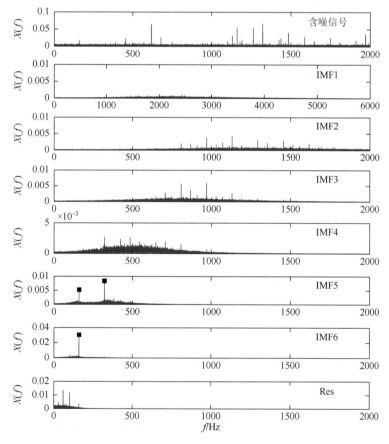

图 6.20　双稳态系统变尺度随机共振和经验模态分解相结合的方法在 2 倍频处优化

在 $a = 3.62$ 和 $b = 2922.228$ 时输出最优；在 IMF5 中，最高点分别在 161.7Hz 和 323.4Hz 处；在 IMF6 中，最高点在 161.7Hz 处

和 323.4Hz 分别出现在不同的 IMF 中，分解成功，并没有出现模态混叠现象。对比图 6.17 和图 6.18，以及图 6.20 和图 6.21，进一步证明了周期势系统变尺度随机共振和经验模态分解相结合的效果比双稳态系统变尺度随机共振和经验模态分解相结合的效果更好。

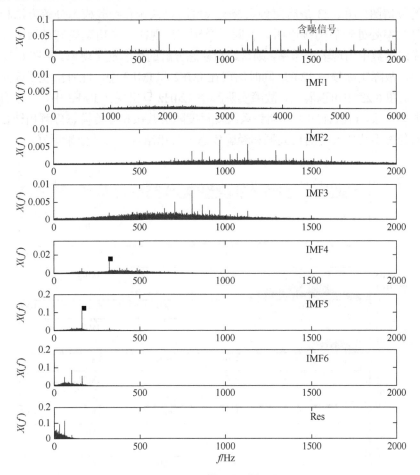

图 6.21　周期势系统变尺度随机共振和经验模态分解相结合的方法在 2 倍频处优化

在 $a = 3941.9$ 和 $b = 0.39$ 时输出最优；在 IMF4 中，最高点在 323.4Hz 处；在 IMF5 中，最高点在 161.7Hz 处

为了验证所提方法的普遍有效性，接下来采用图 3.13 实验台上测得的实验数据进行验证。这里以滚动体的划痕故障为例进行滚动轴承的故障实验。选用的轴承类型为 N306E，实验中转速为 1494r/min，采样频率为 2048Hz，采样点数为 10240，计算得到的轴承滚动体故障理论频率为 124.69Hz 和理论 2 倍频为 249.38Hz。为了模拟强噪声背景，在采集到的信号中加入噪声强度 $D = 6$ 的高斯白噪声。首先将含噪信号进行解调、高通滤波，随后分别用双稳态系统变尺度随机共振和经

验模态分解相结合的方法与周期势系统变尺度随机共振和经验模态分解相结合的方法来诊断轴承的滚动体故障。进行尺度变换时，尺度系数 m 取 2000，因为 $124.69 / 2000 = 0.06 \ll 1$ 满足了经典随机共振理论只能处理低频信号的限制条件。图 6.22 是双稳态系统变尺度随机共振和经验模态分解方法相结合在故障频率处处理后的频谱图。图 6.23 是周期势系统变尺度随机共振和经验模态分解方法相结合在故障频率处处理后的频谱图。若同一个频率出现在多个内禀模态函数中或一个内禀模态函数中出现多个频率，则是经验模态分解的模态混叠现象。从图 6.22 中可以看出，故障实际频率 124Hz 同时出现在 IMF2 和 IMF3 中，此时出现了模态混叠现象。从图 6.23 中可以看出，故障实际频率 124Hz 只出现在 IMF3 中，并没有出现模态混叠现象，再次证明了周期势系统变尺度随机共振和经验模态分解相结合的方法比双稳态系统变尺度随机共振和经验模态分解相结合的方法效果更好。

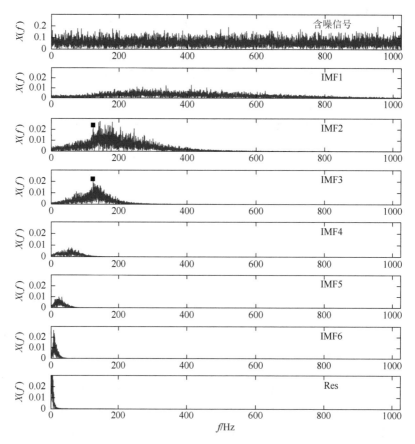

图 6.22   双稳态系统变尺度随机共振和经验模态分解相结合的方法在故障频率处
处理后的频谱图

在 $a = 675.47$ 和 $b = 1708.97$ 时输出最优；在 IMF2 中，一个最高点在 124Hz 处；在 IMF3 中，最高点在 124Hz 处

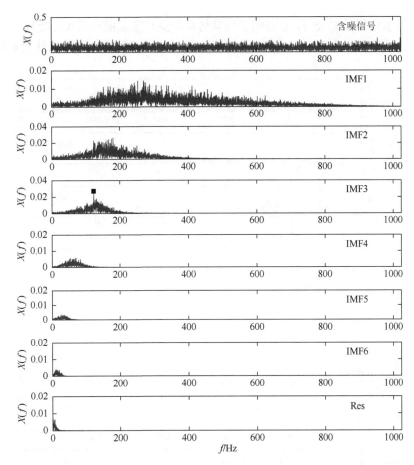

图 6.23　周期势系统变尺度随机共振和经验模态分解相结合的方法在故障频率处
处理后的频谱图

在 $a = 1778.291$ 和 $b = 0.19987$ 时输出最优；在 IMF3 中，最高点在 124Hz 处

　　当噪声强度 $D = 1$ 时，2 倍频频率淹没在噪声中，很难识别和提取。进行普通尺度变换时，尺度系数 m 取 3000，此时 $249.38 / 3000 = 0.083 \ll 1$ 满足经典随机共振的要求。首先将含噪信号进行解调、带通滤波，随后分别用双稳态系统变尺度随机共振和经验模态分解相结合的方法与周期势系统变尺度随机共振和经验模态分解相结合的方法来诊断轴承的滚动体故障。图 6.24 是双稳态系统变尺度随机共振和经验模态分解相结合的方法在 2 倍频处处理后的频谱图。图 6.25 是周期势系统变尺度随机共振和经验模态分解相结合的方法在 2 倍频处处理后的频谱图。从图 6.24 中可以看出，IMF2 中出现了两个最高点，分别为 125.4Hz 和 248.6Hz；125.4Hz 同时出现在 IMF2 和 IMF3 中，说明出现了模态混叠现象。从图 6.25 中可以看出，248.6Hz 和 125.4Hz 分别出现在 IMF2 和 IMF3 中且没有模态混叠，说明此

时经验模态分解效果较好，也证明了周期势系统变尺度随机共振和经验模态分解相结合的方法比双稳态系统变尺度随机共振和经验模态分解相结合的方法效果好。

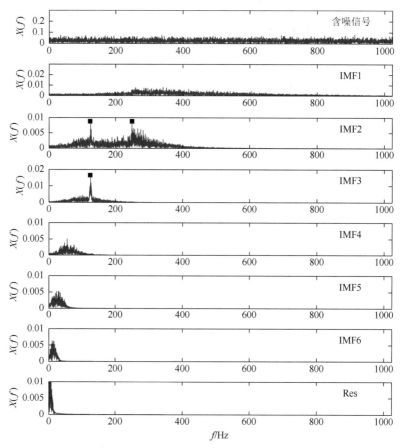

图 6.24　双稳态系统变尺度随机共振和经验模态分解相结合的方法在 2 倍频处处理后的频谱图
在 $a = 1306.62$ 和 $b = 11314.6$ 时输出最优；在 IMF2 中，一个最高点在 125.4Hz 处，另一个最高点在 248.6Hz；
在 IMF3 中，最高点在 125.4Hz 处

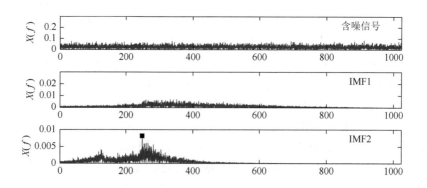

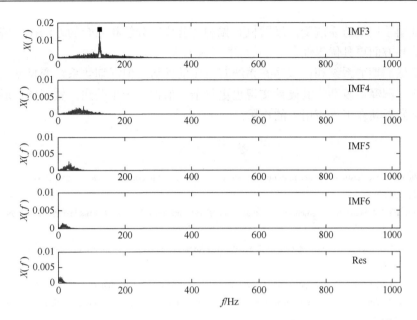

图 6.25　周期势系统变尺度随机共振和经验模态分解相结合的方法在 2 倍频处处理后的频谱图

在 $a = 124.288$ 和 $b = 6.782$ 时输出最优；在 IMF2 中，最高点在 248.6Hz 处；在 IMF3 中，最高点在 125.4Hz 处

通过分析美国凯斯西储大学的轴承故障数据和中国矿业大学实验室搭建的实验台上的滚动轴承故障数据，验证了周期势系统变尺度随机共振和经验模态分解相结合的方法比双稳态系统变尺度随机共振和经验模态分解相结合的方法在分解双频信号方面效果更好，更具优势。

6.4　本 章 小 结

使用普通变尺度方法，并结合周期势系统变尺度随机共振理论有效地提取了轴承滚动体在强噪声背景下的微弱故障特征信息，实现了强噪声背景下的轴承故障诊断。周期势系统变尺度随机共振与双稳态系统变尺度随机共振相比，干扰频率成分少，信噪比有所提高，计算所用时间短、迭代次数少。因此基于普通变尺度和周期势系统变尺度随机共振的轴承故障诊断具有可行性。

利用周期势系统变尺度随机共振和经验模态分解相结合的方法来处理强噪声背景下的多频信号。原多频信号不能通过经验模态分解法直接成功分解，双稳态系统变尺度随机共振和经验模态分解相结合的方法效果也不佳，但是周期势系统变尺度随机共振和经验模态分解相结合的方法能够避免模态混叠现象，成功实现多频信号的分解。通过对仿真信号以及来自两个实验台的滚动轴承故障数据的分析，证明了周期势系统变尺度随机共振和经验模态分解相结合的方法在分解含噪多频信号方面更具优越性。

虽然周期势系统相比双稳态系统有较多的优势，但周期势系统变尺度随机共振的物理解释更复杂，其硬件实现也更复杂，值得进一步关注，做到扬长避短，更好地发挥其在工程应用中的作用。

参 考 文 献

[1]   Nicolis C. Stochastic resonance in multistable systems：The role of intermediate states. Physical Review E，2010，82：011139.

[2]   Fronzoni L，Mannella R. Stochastic resonance in periodic potentials. Journal of Statistical Physics，1993，70：501-512.

[3]   Saikia S，Jayannavar A M，Mahato M C. Stochastic resonance in periodic potentials. Physical Review E，2011，83：1335-1341.

[4]   Saikia S. The role of damping on stochastic resonance in a periodic potential. Physica A，2014，416：411-420.

[5]   Liu K H，Jin Y F. Stochastic resonance in periodic potentials driven by colored noise. Physica A，2013，392：5283-5288.

[6]   Liu X L，Liu H G，Yang J H，et al. Improving the bearing fault diagnosis efficiency by the adaptive stochastic resonance in a new nonlinear system. Mechanical Systems and Signal Processing，2017，96：58-76.

[7]   Tan J Y，Chen X F，Wang J Y，et al. Study of frequency-shifted and re-scaling stochastic resonance and its application to fault diagnosis. Mechanical Systems and Signal Processing，2009，23（3）：811-822.

[8]   Leng Y G，Wang T Y，Guo Y，et al. Engineering signal processing based on bistable stochastic resonance. Mechanical Systems and Signal Processing，2007，21（1）：138-150.

[9]   Dai D Y，He Q B. Multiscale noise tuning stochastic resonance enhances weak signal detection in a circuitry system. Measurement Science and Technology，2012，23（11）：115001.

[10]   He Q B，Wang J. Effects of multiscale noise tuning on stochastic resonance for weak signal detection. Digital Signal Processing，2012，22（4）：614.

[11]   Huang D W，Yang J H，Zhang J L，et al. An improved adaptive stochastic resonance method for improving the efficiency of bearing faults diagnosis. Proceedings of the Institution of Mechanical Engineers，Part C：Journal of Mechanical Engineering Science，2017，232（13）：2352-2368.

[12]   Lu S L，He Q B，Zhang H B，et al. Enhanced rotating machine fault diagnosis based on time-delayed feedback stochastic resonance. Journal of Vibration and Acoustics，2015，137（5）：051008.

[13]   程知，何枫，靖旭，等. 基于集合经验模态分解和奇异值分解的激光雷达信号去噪. 光子学报，2017，46（12）：1-11.

[14]   Huang N E，Shen Z，Long S R. A new view of nonlinear water waves：The Hilbert spectrum. Annual Review of Fluid Mechanics，1999，31：417-457.

第 7 章　分数次幂系统变尺度随机共振理论及应用

本章研究的分数次幂系统是一种更普通的双稳态系统，经典的双稳态系统是分数次幂系统的特例。分数次幂系统相对于经典双稳态系统具有更丰富的动力学特性，在信号处理领域也有其优越性，本章将对这一类系统展开讨论。

7.1　分数次幂系统随机共振

在随机共振研究中，双稳态系统得到广泛关注[1-3]。然而，双稳态系统的形式由两个系统参数唯一确定，确定的双稳态系统不易与不同的输入信号实现最佳匹配。调节系统参数可调整双稳态系统的形式，但系统两个参数对输出的影响相互耦合。因此，在随机共振中通过调节系统参数未必能够找到与目标信号相匹配的最佳双稳态系统。分数次幂非线性系统在随机共振中研究较少，该系统的非线性以一个分数次幂函数呈现，系统形式可由系统幂次 α 确定。在随机共振中，调节单一的系统幂次更容易实现最佳共振输出。此外，系统幂次 α 不仅可以取整数值，还可以取非整数值，经典双稳态系统不具备这一特点。实质上，传统的双稳态系统是分数次幂系统的一个特例，分数次幂系统具有丰富的动态特性[4-8]。

7.1.1　分数次幂系统

基于普通分数次幂非线性系统的随机共振模型[9]可写为

$$\begin{cases} \dfrac{\mathrm{d}x(t)}{\mathrm{d}t} = a_0 x(t) - b_0 x^{\alpha}(t) + A\cos(\omega t) + N(t) \\ \langle N(t) \rangle = 0, \quad \langle N(t), N(0) \rangle = 2D\delta(t) \end{cases} \tag{7.1}$$

本章将普通分数次幂非线性系统记为 I 型分数次幂系统。在式(7.1)中，$A\cos(\omega t)$ 为微弱低频信号；$N(t)$ 为高斯白噪声；D 为噪声强度；参数 $a_0 > 0$ 和 $b_0 > 0$。系统幂次 $\alpha > 1$ 且 α 可以取整数值，也可以取分数值。I 型分数次幂系统存在一个不稳定平衡点 $x_0 = 0$；存在一个稳定平衡点 $x_1 = \sqrt[\alpha-1]{\dfrac{a_0}{b_0}}$ 或两个稳定平衡点 $x_{1,2} = \pm\sqrt[\alpha-1]{\dfrac{a_0}{b_0}}$。特别地，I 型分数次幂系统的形式取决于系统幂次 α。

基于分数阶偏置非线性系统的随机共振模型可表示为

$$\begin{cases} \dfrac{\mathrm{d}x(t)}{\mathrm{d}t} = a_0 x(t) - b_0 x(t) \,|\, x(t) \,|^{\alpha-1} + A\cos(\omega t) + N(t) \\ \langle N(t) \rangle = 0, \quad \langle N(t), N(0) \rangle = 2D\delta(t) \end{cases} \tag{7.2}$$

本章将分数阶偏置非线性系统记为 II 型分数次幂系统。在式（7.2）中，系统幂次 $\alpha > 1$ 且 α 是实数，可以取整数也可以取非整数。势函数表达式为

$$V = -\frac{1}{2}a_0 x^2 + \frac{b_0}{\alpha+1}\,|\,x\,|^{\alpha+1} \tag{7.3}$$

势垒高度为

$$\Delta V = \frac{1}{2}a_0\left(\frac{a_0}{b_0}\right)^{2\alpha-2} - \frac{b_0}{\alpha+1}\left(\pm\left(\frac{a_0}{b_0}\right)^{\alpha-1}\right)^{\alpha+1} \tag{7.4}$$

II 型分数次幂系统存在一个不稳定平衡点 $x_0 = 0$ 和两个稳定平衡点 $x_{1,2} = \pm\sqrt[\alpha-1]{\dfrac{a}{b}}$，

II 型分数次幂系统始终以双稳态形式呈现，和经典双稳态势函数具有完全相同的构型，经典的双稳态系统是 II 型分数次幂系统在 $\alpha = 3$ 时的特例，如图 7.1 所示。

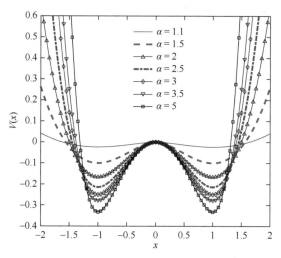

图 7.1 α 取不同值时的双稳势函数

参数为 $a = 1$，$b = 1$

7.1.2   I 型分数次幂系统的随机共振现象

为了分析 I 型分数次幂系统的随机共振响应，采用谱放大因子指标量化随机共振系统输出。谱放大因子指标[10]如式（7.5）所示：

$$\eta = \left(\frac{\bar{x}}{A}\right)^2 \tag{7.5}$$

式中，$\bar{x}$ 为激励频率 ω 处的随机共振响应幅值 Q 的均值，即 $\bar{x}=\dfrac{1}{n}\sum\limits_{i=1}^{n}Q_n$。为了使

计算结果更加准确，采用 1000 组高斯白噪声模拟随机过程。在频率 ω 处的响应

幅值 Q 可通过式（7.6）计算：

$$Q(\omega)=\sqrt{Q_{\sin}^{2}(\omega)+Q_{\cos}^{2}(\omega)} \qquad (7.6)$$

式中

$$Q_{\sin}(\omega)=\frac{2}{rT}\int_{0}^{rT}x(t)\sin(\omega t)\mathrm{d}t, \quad Q_{\cos}(\omega)=\frac{2}{rT}\int_{0}^{rT}x(t)\cos(\omega t)\,\mathrm{d}t \qquad (7.7)$$

其中，r 为足够大的正整数，此处取 $r=100$；T 为低频信号的周期。

1. 噪声诱导的随机共振现象

当信号幅值 A 和系统幂次 α 取不同值时，图 7.2 给出了谱放大因子与噪声强度的关系曲线。在图 7.2（a）中，当 $\alpha=1.4$，$A=0.05$ 和 $A=0.1$ 时，随着噪声强度增大，非线性系统出现微弱随机共振现象。当 $A=0.3$ 时，随着噪声强度增大，谱放大因子减小。换言之，对于幅值更大的低频激励，噪声不能诱导 I 型分数次幂系统出现随机共振现象。在图 7.2（b）和（f）中，当系统幂次分别为 $\alpha=2$ 和 $\alpha=4$ 时，随着噪声强度增大，I 型分数次幂系统随机共振响应快速发散。注意到，在图 7.2（a）、（b）、（c）、（e）、（f）、（g）中，α 的取值使分数次幂势函数仅有一个稳定平衡点和一个不稳定平衡点，易导致非线性系统响应发散。

在图 7.2（d）中，$\alpha=3$ 为典型的双稳态系统，谱放大因子随噪声强度的曲线表明了典型的随机共振现象。在图 7.2（h）中，$\alpha=5$ 时的 I 型分数次幂系统是一

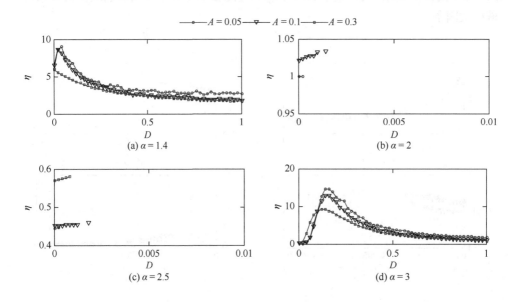

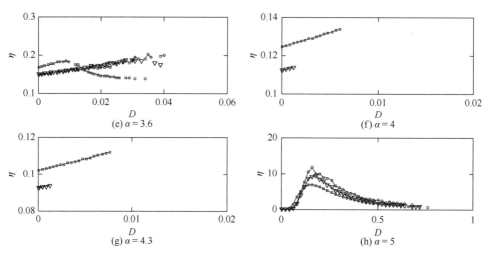

图 7.2　不同信号幅值和系统幂次下 I 型分数次幂系统谱放大因子 η 与噪声强度 D 的关系曲线

参数 $a=1$，$b=1$ 和 $\omega=0.1$

个具有双稳态势函数的五次方振子，系统输出的谱放大因子变化曲线也表现出典型的随机共振现象。比较图 7.2（f）和图 7.2（d）可知，较大的噪声强度使 I 型分数次幂系统更容易发散。较小的信号幅值可激励 I 型分数次幂系统输出较大的谱放大因子。图 7.2 的分析结果表明传统的双稳态系统仍然是诱导随机共振现象的最佳非线性系统。

　　为了更加清楚地阐明 I 型分数次幂系统随机共振现象，当系统幂次 α 和信号频率 ω 取不同值时，图 7.3 给出了谱放大因子与噪声强度的关系曲线。图 7.3 和图 7.2 中的结果基本一致，较小的信号频率更能激励 I 型分数次幂系统获得较大的谱放大因子。

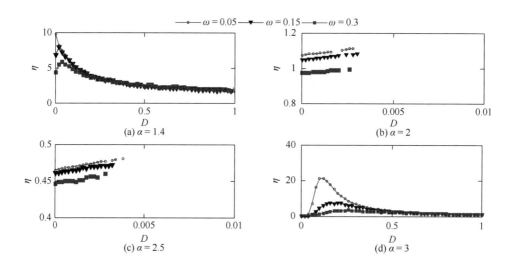

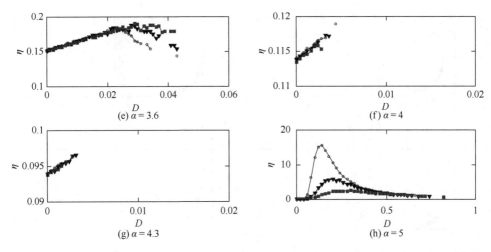

图 7.3　不同信号频率和系统幂次下 I 型分数次幂系统谱放大因子 η 与噪声强度 D 的关系曲线

参数 $a=1$，$b=1$ 和 $A=0.15$

2. 系统幂次 α 对 I 型分数次幂系统随机共振响应的影响

当噪声强度 D 和信号幅值 A 取不同值时，图 7.4 分析了系统幂次 α 对 I 型分数次幂系统谱放大因子的影响，图 7.4 中的结果仍然表现出发散特性。在特定的参数范围内，谱放大因子随着噪声强度增大而减小。当系统幂次 α 取值接近 1 时，谱放大因子获得较大值。系统幂次 α 越小，谱放大因子 η 越大。图 7.5 分析了噪声强度和信号频率取不同值时系统幂次 α 对谱放大因子的影响，其结果与图 7.4 所得结果一致。较小的系统幂次 α 和信号频率 ω 能够使 I 型分数次幂系统随机共振输出较大的谱放大因子。

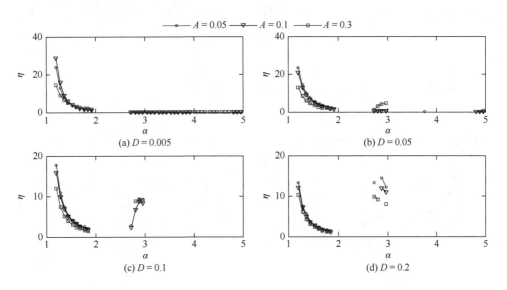

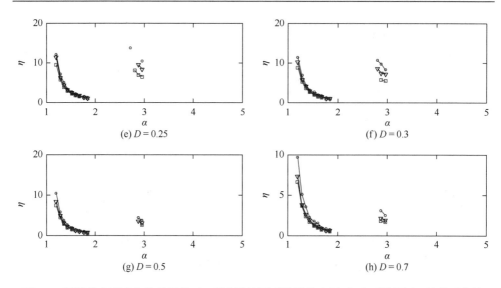

图 7.4　不同噪声强度和信号幅值下 I 型分数次幂系统谱放大因子 η 与系统幂次 α 的关系曲线

参数 $a=1$，$b=1$ 和 $\omega=0.1$

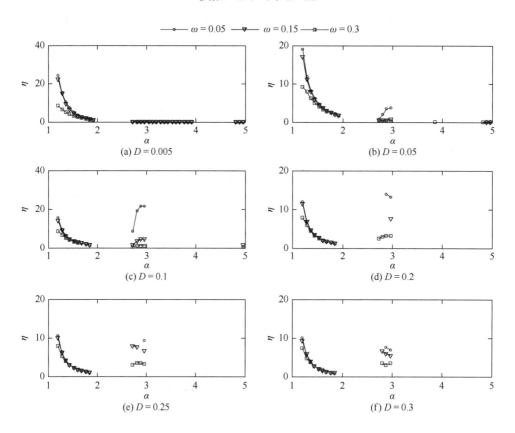

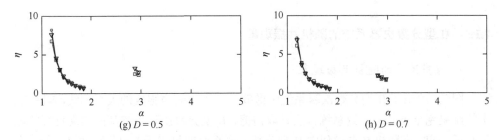

(g) $D = 0.5$ 　　　　　　　　　　　　　　(h) $D = 0.7$

图 7.5　不同噪声强度和信号频率下 I 型分数次幂系统谱放大因子 η 与系统幂次 α 的关系曲线

参数 $a = 1$，$b = 1$ 和 $A = 0.1$

3. I 型分数次幂系统的非线性影响

当系统幂次 α 较小时，图 7.6 通过研究谱放大因子与噪声强度的关系证明了 I 型分数次幂系统的非线性对随机共振响应的影响。当 $\alpha = 1$ 时，I 型分数次幂系统转化为一个随机线性系统，谱放大因子与噪声强度不具有非线性关系，因此随机噪声未能诱导 I 型分数次幂系统出现随机共振现象。当 $\alpha > 1$ 时，I 型分数次幂系统出现非线性项，$\alpha = 1.05$ 时谱放大因子表现出微弱的随机共振现象。随着 α 增大，随机共振现象越来越明显。因此，非线性项是诱导 I 型分数次幂系统出现随机共振现象的必要条件。然而，随机共振曲线中的最大谱放大因子随着系统幂次 α 增大而减小。因此，I 型分数次幂系统的非线性不是增强微弱低频信号的充分条件。

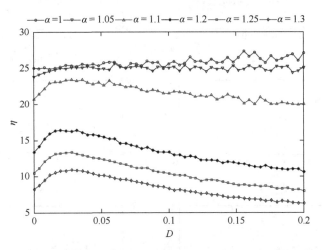

图 7.6　系统幂次 α 较小时 I 型分数次幂系统谱放大因子 η 与噪声强度 D 的关系曲线

参数 $a = 1$，$b = 1$，$A = 0.1$ 和 $\omega = 0.2$

7.1.3　II 型分数次幂系统的随机共振现象

1. 噪声诱导的随机共振现象

图 7.7 给出了 II 型分数次幂系统中谱放大因子与噪声强度的关系曲线,与图 7.2 中的结果完全不同。无论系统幂次 α 取何值,II 型分数次幂系统都能实现良好的随机共振响应。在随机共振模型中 II 型分数次幂系统明显优于 I 型分数次幂系统。在图 7.7 中,当 $\alpha = 1.4$ 和 2 时,较大的信号幅值(如 $A = 0.3$)致使 II 型分数次幂系统的随机共振现象消失。对于较小的信号幅值,II 型分数次幂系统随机共振能够获得较大的谱放大因子。换言之,微弱的信号特征更容易被 II 型分数次幂系统随机共振增强。而且,当系统幂次 α 从 1.4 变化到 5 时,表征最佳随机共振状态的谱放大因子逐渐减小。在图 7.8 中,随着信号频率增大,随机共振现象消失;对于较低的信号频率,II 型分数次幂系统能够获得较高的共振峰值。随着系统幂次 α 增大,表征最佳随机共振状态的谱放大因子逐渐减小,这与图 7.7 中的结论基本一致。图 7.8 和图 7.3 的对比结果表明,II 型分数次幂系统相对于 I 型分数次幂系统具有明显的优越性。

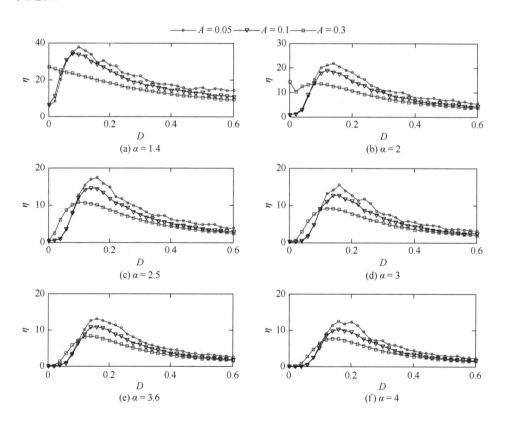

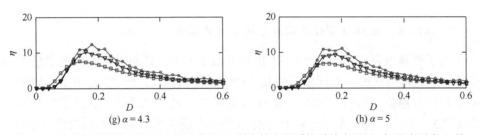

(g) $\alpha = 4.3$　　　　　　　　　　(h) $\alpha = 5$

图 7.7　系统幂次和信号幅值取不同值时 II 型分数次幂系统谱放大因子 η 与噪声强度 D 的关系曲线

参数 $a=1$，$b=1$，$\omega=0.1$

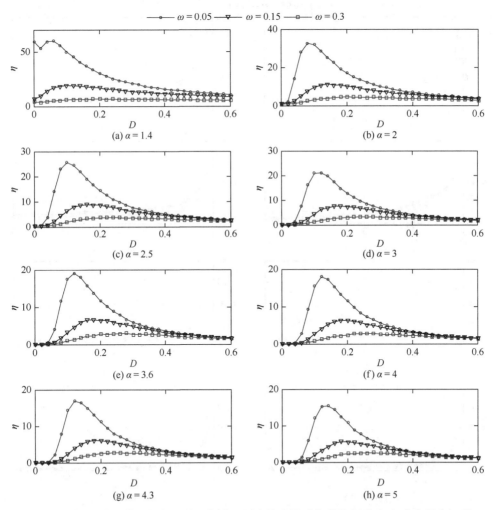

图 7.8　系统幂次和信号频率取不同值时 II 型分数次幂系统谱放大因子 η 与噪声强度 D 的关系曲线

参数 $a=1$，$b=1$，$A=0.15$

2. 系统幂次 α 对 II 型分数次幂系统随机共振响应的影响

为了清楚地表明系统幂次 α 对 II 型分数次幂系统随机共振响应的谱放大因子的影响,本节研究了不同模拟参数下的 $\eta\text{-}\alpha$ 关系曲线。图 7.9 给出了不同噪声强度和信号幅值下的谱放大因子 η 与系统幂次 α 的关系曲线,其结果完全不同于图 7.5。系统幂次 α 不会导致 II 型分数次幂系统发散。对于不同的信号幅值,随着系统幂次的增加,II 型分数次幂系统随机共振响应的谱放大因子逐渐减小。系统幂次对 II 型分数次幂系统随机共振响应的谱放大因子有较大影响。

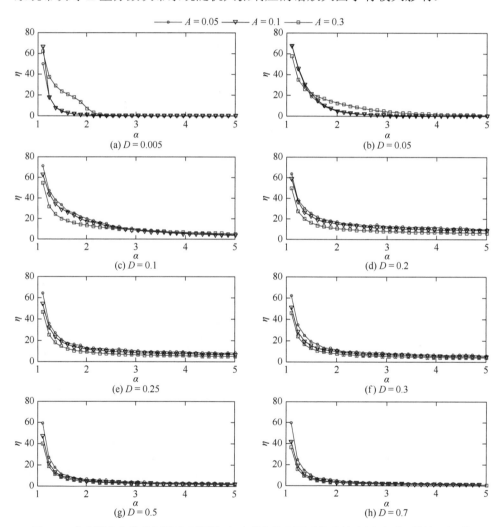

图 7.9　噪声强度和信号幅值取不同值时 II 型分数次幂系统谱放大因子 η 与系统幂次 α 的关系曲线

参数 $a=1$, $b=1$, $\omega=0.1$

　　图7.10中分析了噪声强度和信号频率取不同值时系统幂次 α 对 II 型分数次幂系统的谱放大因子的影响。微弱的低频信号更容易通过 II 型分数次幂系统随机共振实现放大。微弱噪声激励能够诱导 II 型分数次幂系统出现最佳随机共振响应，获得较大的谱放大因子。

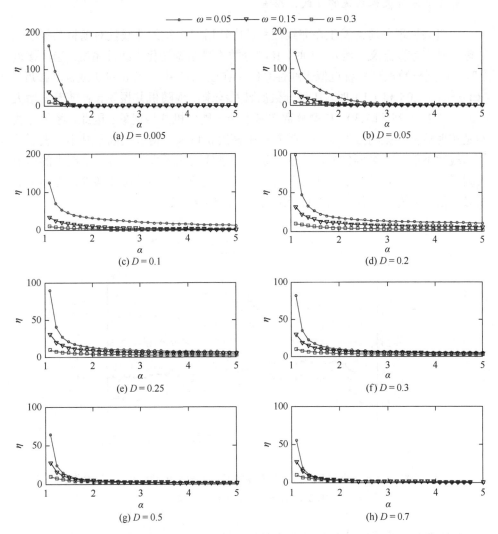

图 7.10　噪声强度和信号频率取不同值时 II 型分数次幂系统谱放大因子 η 与系统幂次 α 的关系曲线

参数 $a=1$，$b=1$，$A=0.15$

　　在实现随机共振的过程中，II 型分数次幂系统具有明显的优越性。I 型分数次幂系统的势函数形式取决于系统幂次 α。对于部分 α 值，I 型分数次幂系统没有足够大的吸引域，因此容易导致 I 型分数次幂系统随机共振响应发散。II 型分数次幂系统的势函数形式与 α 的取值无关，始终以双稳态形式呈现。II 型分数次幂系统具有较大的吸引域，因此基于 II 型分数次幂系统的随机共振响应不易发散。

3. II 型分数次幂系统的非线性影响

随机共振现象通常发生在非线性系统中，研究系统的非线性对随机共振响应的影响具有重要意义。当 $\alpha = 1$ 时，II 型分数次幂系统转化为线性系统；当 α 接近 1 时，II 型分数次幂系统近似于线性系统。在图 7.11 中，当 α 等于或极其接近 1（如 $\alpha = 1$、1.05 和 1.1）时，II 型分数次幂系统未出现随机共振现象；随着 α 增大（如 $\alpha = 1.2$、1.25 和 1.3），II 型分数次幂系统出现随机共振现象。因此，系统非线性是实现随机共振的必要条件。随着系统幂次 α 增大，谱放大因子减小，表明系统非线性不能放大微弱信号。线性系统中的谱放大因子大于非线性系统中的谱放大因子。因此，非线性是实现 II 型分数次幂系统随机共振的必要条件，而不是放大微弱信号的充分条件。图 7.11 和图 7.6 中的结果一致。

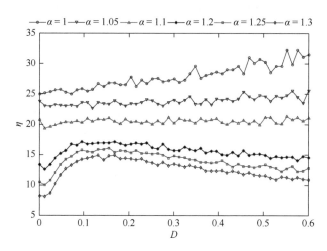

图 7.11　系统幂次 α 较小时 II 型分数次幂系统谱放大因子 η 与噪声强度 D 的关系曲线

参数 $a=1$，$b=1$，$A=0.1$，$\omega=0.2$

4. II 型分数次幂系统随机共振的理论分析

式（7.2）对应的 Fokker-Planck-Kolmogorov（FPK）方程[11, 12]为

$$\frac{\partial P(x,t)}{\partial t} = -\frac{\partial}{\partial t}((a_0 x - b_0 x|x|^{\alpha-1} + A\cos(\omega t))P(x,t)) + \frac{1}{2}\frac{\partial^2}{\partial t^2}(\sigma(x)P(x,t)) \quad (7.8)$$

该 FPK 方程的稳定解为

$$P(x) = Ce^{\frac{2}{\sigma}\left(\frac{1}{2}a_0x^2 - \frac{b_0}{\alpha+1}|x|^{\alpha+1} + Ax\cos(\omega t)\right)} \tag{7.9}$$

式中，C 为归一化常数。

当仅仅考虑噪声的作用时，质点在两个势阱间以 Kramers 逃逸速率 r_{K} 实现跃迁切换[13]，r_{K} 的表达式为

$$r_{\text{K}} = \frac{a_0\sqrt{\alpha-1}}{2\pi}e^{\frac{-2\Delta V}{\sigma}} \tag{7.10}$$

当系统同时受到周期激励和噪声作用时，系统势阱将发生周期性变化，则质点在两势阱间跃迁率将发生变化，修正后的 Kramers 逃逸速率 r_{K} 表达式为

$$r_{\text{K}} = \frac{a_0\sqrt{\alpha-1}}{2\pi}e^{-\frac{2}{D}(\Delta V \pm Ac\cos(\omega t))} \tag{7.11}$$

根据双态理论，系统输出 SNR 的近似表达式可写为

$$\text{SNR} = \left(\frac{\sqrt{2}a_0^{2\alpha-1}A^2}{\sigma^2 b_0^{2\alpha-2}}e^{-\frac{2\Delta V}{\sigma}}\right)\left(1 - \frac{\dfrac{4a_0^{2\alpha}A^2}{\pi^2\sigma^2 b_0^{2\alpha-2}}e^{-\frac{4\Delta V}{\sigma}}}{\dfrac{2a_0^2}{\pi^2}e^{-\frac{4\Delta V}{\sigma}} + \omega^2}\right)^{-1} \tag{7.12}$$

为了更直接地理解 SNR 和系统幂次 α 之间的关系，根据式（7.12）绘制了图 7.12。图 7.12 中，在不同的 A 处，信噪比先增大后减小，呈现出随机共振的现象。然而该结果与图 7.9 和图 7.10 所得的结果存在差异，这是因为在图 7.9 和图 7.10 中仅仅考虑了 $\alpha>1.2$ 时的情况，并没有发现系统幂次可以诱导出随机共振的现象。

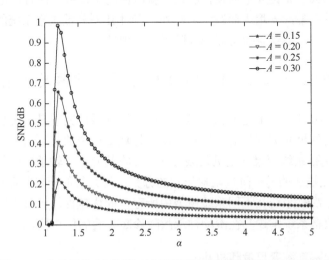

图 7.12　信号幅值取不同值时解析信噪比与系统幂次 α 的关系曲线

参数 $a=1$，$b=0.8$，$D=0.5$

为了验证该结果的正确性,通过数值仿真得到了图 7.13。从图 7.13 中依然得到了同样的结果。通过理论分析和数值仿真,说明了系统幂次也可以诱导出随机共振现象。

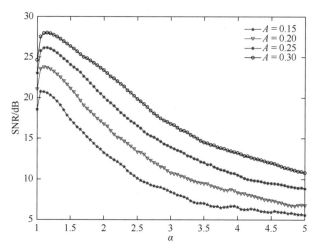

图 7.13　信号幅值取不同值时数值信噪比与系统幂次α的关系曲线

参数 $a=1$, $b=1$, $D=0.5$

本节主要研究了 I 型分数次幂系统和 II 型分数次幂系统中的随机共振现象。在 I 型分数次幂系统中,随机共振响应与系统幂次 α 的取值密切相关。对于某些 α 值, I 型分数次幂系统随机共振响应发散。而且, I 型分数次幂系统的谱放大因子低于相应的线性系统。在 II 型分数次幂系统中,随机共振响应也与系统幂次 α 的取值密切相关。无论 α 取何值,随机共振响应均不发散。而且,当 $α>1.2$ 时谱放大因子随系统幂次 α 增大而减小。此外,在对 II 型分数次幂系统的理论分析和数值仿真中可知,系统幂次可以诱导随机共振现象。

7.2　分数次幂系统变尺度随机共振及应用

由上述分析可知, II 型分数次幂系统在随机共振研究中具有明显的优越性。为了突破经典随机共振理论的小参数限制,处理工程中的高频信号,本节旨在发展 II 型分数次幂系统变尺度随机共振方法,并将其应用于轴承微弱故障特征的提取。7.1 节重点描述的是一阶过阻尼形式的分数次幂系统的随机共振现象,为了进一步说明分数次幂系统在不同系统模型中所存在的优越性,本节采用二阶欠阻尼形式的分数次幂系统阐述其在滚动轴承故障诊断方面的优越性。

7.2.1　分数次幂系统变尺度随机共振

由低频信号和高斯白噪声激励的欠阻尼分数次幂系统经典随机共振模型[14, 15]

可写为

$$\frac{\mathrm{d}^2 x(t)}{\mathrm{d}t^2}=a_0 x(t)-b_0 x(t)\,|\,x(t)\,|^{\alpha-1}-\gamma_0\frac{\mathrm{d}x(t)}{\mathrm{d}t}+A\cos(2\pi f_0 t)+\sqrt{2D}\xi(t) \quad (7.13)$$

式中，a_0、b_0、γ_0、f_0 均为小参数。

由高频信号和高斯白噪声激励的分数次幂系统随机共振模型可写为

$$\frac{\mathrm{d}^2 x(t)}{\mathrm{d}t^2}=a x(t)-b x(t)\,|\,x(t)\,|^{\alpha-1}-\gamma\frac{\mathrm{d}x(t)}{\mathrm{d}t}+A\cos(2\pi f t)+\sqrt{2D}\xi(t) \quad (7.14)$$

式中，a、b、γ、f 均为大参数。

引入替换变量 $x(t)=z(\tau)$，$\tau=mt$，并代入式（7.14），整理得

$$\frac{\mathrm{d}^2 z(\tau)}{\mathrm{d}\tau^2}=\frac{a}{m^2}z(\tau)-\frac{b}{m^2}z(\tau)\,|\,z(\tau)\,|^{\alpha-1}-\frac{\gamma}{m}\frac{\mathrm{d}z(\tau)}{\mathrm{d}\tau}+\frac{A}{m^2}\cos\left(2\pi\frac{f}{m}\tau\right)+\sqrt{\frac{2D}{m^3}}\xi(\tau)$$

$$(7.15)$$

令 $\dfrac{a}{m^2}=a_1,\dfrac{b}{m^2}=b_1,\dfrac{\gamma}{m}=\gamma_1,\dfrac{f}{m}=f_1$，代入式（7.15），整理得

$$\frac{\mathrm{d}^2 z(\tau)}{\mathrm{d}\tau^2}=a_1 z(\tau)-b_1 z(\tau)\,|\,z(\tau)\,|^{\alpha-1}-\gamma_1\frac{\mathrm{d}z(\tau)}{\mathrm{d}\tau}+\frac{A}{m^2}\cos(2\pi f_1\tau)+\sqrt{\frac{2D}{m^3}}\xi(\tau)$$

$$(7.16)$$

式中，a_1、b_1、γ_1、f_1 与式（7.13）中的 a_0、b_0、γ_0、f_0 含义相同，均为小参数。与式（7.13）相比，信号幅值和噪声均缩小 m^2 倍。因此将式（7.16）中的信号幅值和噪声放大 m^2 倍，得到

$$\frac{\mathrm{d}^2 z(\tau)}{\mathrm{d}\tau^2}=a_1 z(\tau)-b_1 z(\tau)\,|\,z(\tau)\,|^{\alpha-1}-\gamma_1\frac{\mathrm{d}z(\tau)}{\mathrm{d}\tau}+A\cos(2\pi f_1\tau)+\sqrt{2Dm}\xi(\tau)$$

$$(7.17)$$

式（7.17）与式（7.13）等价，均为小参数随机共振模型，可用于微弱低频信号处理。为了寻求式（7.17）对应的大参数随机共振模型，将式（7.14）中的信号幅值和噪声放大 m^2 倍，得到

$$\frac{\mathrm{d}^2 x(t)}{\mathrm{d}t^2}=a x(t)-b x(t)\,|\,x(t)\,|^{\alpha-1}-\gamma\frac{\mathrm{d}x(t)}{\mathrm{d}t}+m^2 A\cos(2\pi f t)+m^2\sqrt{2D}\xi(t) \quad (7.18)$$

式（7.18）即为 II 型分数次幂系统普通变尺度随机共振模型，可用于高频信号特征提取。式（7.18）与式（7.17）的动力学性质本质上相同。II 型分数次幂系统参数 $a=a_1 m^2$ 和 $b=b_1 m^2$，在自适应随机共振中 a_1 和 b_1 可通过群智能优化算法寻优得到，本节采用云自适应遗传算法优化 a_1 和 b_1。在分析工程实际中的高频信号时，只需要将目标信号和噪声放大 m^2 倍，再通过寻找合适的大参数 II 型分数次幂系统实现高频信号随机共振。

7.2.2 轴承微弱故障特征提取

1. 分数次幂系统参数分析

分数次幂系统最大的优点为参数 α 的可控性，α 的取值对信号特征提取具有重要的影响。为了分析分数次幂系统普通变尺度随机共振系统中的参数对随机共振响应的影响，采用式（3.1）所示的轴承外圈故障模拟信号激励式（7.18）所给出的大参数随机共振系统。相关参数设置为 $A = 0.1$，$f_n = 2000\text{Hz}$，$B = 120000$，$f_o = 100\text{Hz}$。

图 7.14 分析了不同噪声强度下分数次幂系统普通变尺度随机共振输出信噪比与系统幂次 α 的关系曲线。系统参数为 $a_1 = 1.5$ 和 $b_1 = 0.1$，尺度系数 $m = 550$，阻尼系数 $\gamma = 0.1$。为了保证结果的可靠性，图中每个数据点均通过 200 次平均得到。对于不同的噪声强度，分数次幂系统均表现出明显的随机共振现象，存在最佳的系统幂次 α 使随机共振系统输出信噪比达到最大，表明调节系统幂次 α 可实现随机共振。注意到，对于所有的噪声强度，最佳系统幂次均为 $\alpha = 1.9$，优于经典双稳态($\alpha = 3$)随机共振系统。在最佳幂次处，随着噪声强度增大，最优输出信噪比增大。较大的噪声更容易使分数次幂系统普通变尺度随机共振系统达到最优。

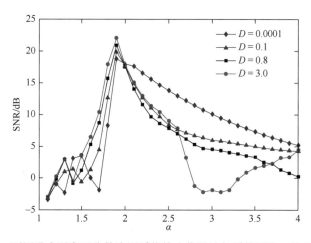

图 7.14   不同噪声强度下分数次幂系统输出信噪比与系统幂次 α 的关系曲线

图 7.15 给出了不同阻尼系数下分数次幂系统输出信噪比与系统幂次 α 的关系曲线。其中，系统参数 $a_1 = 1.5$ 和 $b_1 = 0.1$，尺度系数 $m = 550$，噪声强度 $D = 0.05$。无阻尼状态下($\gamma = 0$)，随机共振系统输出信噪比随 α 增大而逐渐增大。当阻尼 $\gamma < 0.5$ 时，随 α 的增大，系统输出信噪比先增大后减小。在 $\alpha = 2.0$ 时，信噪比出现峰值，表明分数次幂系统出现随机共振现象，阻尼在一定程度上能够促进随

机共振现象的产生。当阻尼 $\gamma > 0.5$ 时，系统输出信噪比随 α 增大缓慢增大，分数次幂系统随机共振响应与无阻尼状态下随机共振响应相似，未出现共振现象，表明阻尼在一定程度上抑制了系统产生最佳随机共振响应。分数次幂系统在小阻尼状态下，最优随机共振发生在 $\alpha = 2.0$ 时，与图 7.14 中所得的结论基本一致。

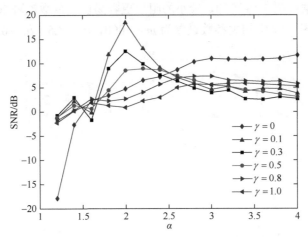

图 7.15　不同阻尼系数下分数次幂系统输出信噪比与系统幂次 α 的关系曲线

图 7.16 给出了分数次幂系统输出信噪比与噪声强度的关系曲线。相关参数设置为 $m = 1000$，$a_1 = 1.5$，$b_1 = 0.1$，$\gamma = 0.3$。当 $\alpha < 2$ 时，系统输出信噪比随 α 增大而缓慢增大；当 $\alpha > 2$ 时，系统输出信噪比随 α 增大而减小；当且仅当 $\alpha = 2$，$D = 0.2$ 时，分数次幂系统出现明显的随机共振现象。结果表明，在噪声强度一定时，调

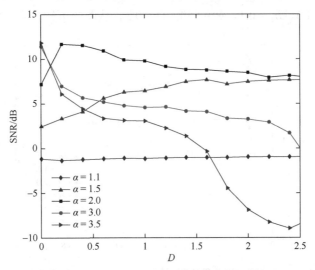

图 7.16　不同系统幂次下分数次幂系统输出信噪比与噪声强度 D 的关系曲线

节系统幂次能够实现随机共振，但是噪声强度和系统幂次之间存在较强的匹配关系，只有合适的噪声强度和系统幂次才能实现最佳随机共振响应。

图 7.17 表明当分数次幂系统的阻尼较小时，调节噪声强度可实现随机共振。这与图 7.15 中的结论基本一致。当 $\gamma = 0.5$ 时，系统输出信噪比随噪声强度先增大后基本不变。结合图 7.15 可知，较小的阻尼更容易促使分数次幂系统产生最佳随机共振输出。图 7.17 中相关参数设置为 $m = 1000$，$a_1 = 1.5$，$b_1 = 0.1$，$\alpha = 1.9$。

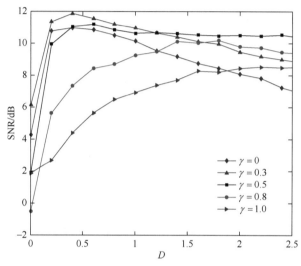

图 7.17　不同阻尼系数下分数次幂系统输出信噪比与噪声强度 D 的关系曲线

不同系统幂次下分数次幂系统输出信噪比与阻尼系数如图 7.18 所示，系统参数分别为 $a_1 = 1.5$，$b_1 = 0.1$，$m = 550$，$D = 0.3$。从图中可知，当系统幂次 $\alpha = 1.8$

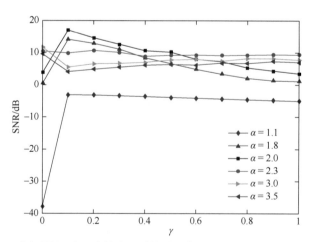

图 7.18　不同系统幂次下分数次幂系统输出信噪比与阻尼系数 γ 的关系曲线

和 $\alpha = 2.0$ 时，随着系统阻尼系数增大，分数次幂系统展现出明显的随机共振现象，在 $\gamma = 0.1$ 时出现信噪比峰值。表明较小的阻尼系数有助于系统产生随机共振，与图 7.15 和图 7.17 中的结论基本一致。

不同噪声强度下分数次幂系统随机共振输出信噪比与阻尼系数关系曲线如图 7.19 所示，参数设置为 $m = 550$，$a_1 = 1.5$，$b_1 = 0.1$，$\alpha = 1.9$。从图中可知，不同噪声强度下，调节系统阻尼均能实现随机共振，最佳随机共振响应发生在 $\gamma = 0.1$ 时，与图 7.18 中所得的最佳阻尼系数相同。注意到，在最佳随机共振响应处，随着噪声强度增大，最优输出信噪比增大。

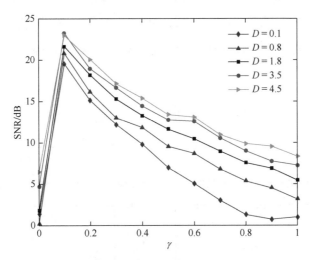

图 7.19　不同噪声强度下分数次幂系统输出信噪比与阻尼系数 γ 的关系曲线

综上所述，在分数次幂系统普通变尺度随机共振模型中，调节系统幂次、阻尼系数和噪声强度均可实现随机共振响应。最佳的系统幂次约为 $\alpha = 1.9$，较小的阻尼系数更容易激发分数次幂系统产生随机共振输出。上述分析结果表明最优随机共振发生在 $\alpha = 1.9$，$\gamma = 0.1$ 左右。为了验证分数次幂系统普通变尺度随机共振方法提取微弱故障特征的效果，图 7.20 给出了相应的随机共振输出频谱图。

在图 7.20 中分别给出了系统参数固定，系统参数通过 QPSO 算法和云自适应遗传算法优化的时域图和频谱图。从图 7.20（a）中明显看出，故障模拟信号被噪声完全淹没，故障特征无法识别。在图 7.20（b）中，当系统参数固定时，随机共振输出时域图出现明显衰减，频谱中虽然出现特征频率峰值，但未实现最佳随机共振输出。在图 7.20（c）中，相对于参数固定的随机共振，基于 QPSO 算法的自适应随机共振虽然提高了输出信噪比，但未提取到任何有效的故障特征信息，无益于故障诊断。在图 7.20（d）中，时域图虽然也出现衰减，但是频谱特征频率峰

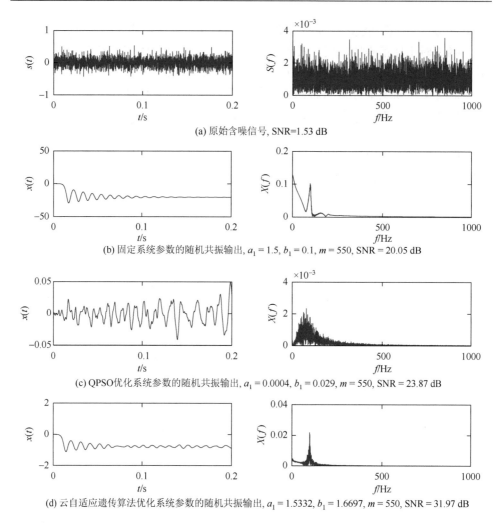

(a) 原始含噪信号，SNR=1.53 dB

(b) 固定系统参数的随机共振输出，$a_1 = 1.5$，$b_1 = 0.1$，$m = 550$，SNR = 20.05 dB

(c) QPSO优化系统参数的随机共振输出，$a_1 = 0.0004$，$b_1 = 0.029$，$m = 550$，SNR = 23.87 dB

(d) 云自适应遗传算法优化系统参数的随机共振输出，$a_1 = 1.5332$，$b_1 = 1.6697$，$m = 550$，SNR = 31.97 dB

图 7.20   分数次幂系统普通变尺度随机共振输出

值异常突出，不存在其他干扰频率成分。而且，基于云自适应遗传算法的自适应随机共振输出信噪比显著提高。结果表明，分数次幂系统普通变尺度随机共振模型可用于噪声背景下的微弱故障特征提取，云自适应遗传算法有较强的寻优能力，噪声能量在基于云自适应遗传算法的自适应随机共振中得到了充分利用。

2. 基于分数次幂系统普通变尺度随机共振的低速轴承故障特征提取

低速轴承在工程中应用广泛，大多数低速轴承工作在重载、恶劣的环境中。低速轴承出现故障时，其特征频率极其微弱[16]。而且，在振动信号的低频段出现大量幅值较大的干扰频率分量，严重影响了特征频率识别，致使滚动轴承故障特征提取更加困难。为了验证分数次幂系统普通变尺度随机共振在轴承故障诊断中的应用，本节以 N306E 和 NU306E 轴承为实验对象，采集了轴承外圈、内圈和滚动体故障信号，采样频率 $f_s = 5700\text{Hz}$，采样点数 $n = 40000$。实验轴承设计参数如表 7.1 所示。滚动体、内圈和外圈故障特征提取结果如图 7.21～图 7.23 所示。

表 7.1　故障轴承型号及设计参数

轴承型号	外径	内径	节径	厚度	滚子直径	滚子数量
N306E	72mm	30mm	52mm	19mm	10mm	11
NU306E	72mm	30mm	51mm	19mm	10.5mm	12

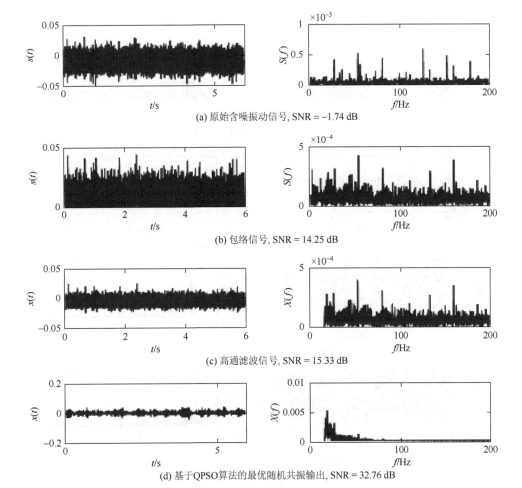

(a) 原始含噪振动信号, SNR = −1.74 dB

(b) 包络信号, SNR = 14.25 dB

(c) 高通滤波信号, SNR = 15.33 dB

(d) 基于QPSO算法的最优随机共振输出, SNR = 32.76 dB

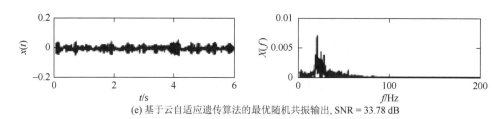

(e) 基于云自适应遗传算法的最优随机共振输出, SNR = 33.78 dB

图 7.21　滚动体故障特征提取

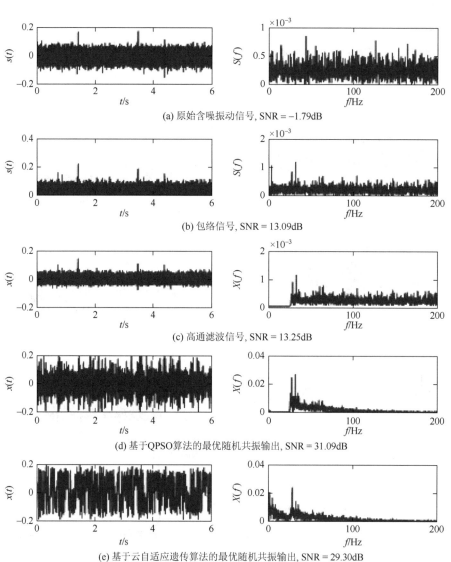

(a) 原始含噪振动信号, SNR = −1.79dB

(b) 包络信号, SNR = 13.09dB

(c) 高通滤波信号, SNR = 13.25dB

(d) 基于QPSO算法的最优随机共振输出, SNR = 31.09dB

(e) 基于云自适应遗传算法的最优随机共振输出, SNR = 29.30dB

图 7.22　内圈故障特征提取

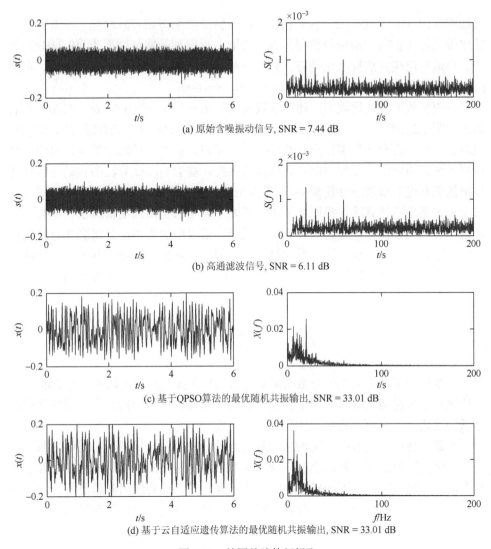

(a) 原始含噪振动信号, SNR = 7.44 dB

(b) 高通滤波信号, SNR = 6.11 dB

(c) 基于QPSO算法的最优随机共振输出, SNR = 33.01 dB

(d) 基于云自适应遗传算法的最优随机共振输出, SNR = 33.01 dB

图 7.23　外圈故障特征提取

　　图 7.21 给出了滚动轴承滚动体故障特征提取结果。表征轴承工作状态的振动信号完全被噪声淹没，信噪比较小。含噪振动信号经过希尔伯特解调后的时域图和频谱图如图 7.21（b）所示，轴承故障特征仍然无法清楚辨别。实验中电机转速为 240r/min，因此轴承理论故障特征频率约为 19.5Hz。由振动信号的包络谱可知，在理论故障特征频率的周围存在大量峰值突出的未知频率成分。因此采用高通滤波器滤除振动信号中的低频分量，减少干扰，提高故障诊断的准确性，结果如图 7.21（c）所示。采用希尔伯特解调和高通滤波器预处理振动信号能够进一步提高信噪比。利用分数次幂系统普通变尺度自适应随机共振模型分析滤波信号，结

果如图 7.21（d）和图 7.21（e）所示。故障特征频率得到有效增强，系统输出信噪比得到显著提高，故障特征得到有效提取，提取到的特征频率为 19.24Hz。基于云自适应遗传算法提取到的特征频率更加突出，输出信噪比进一步增大。自适应随机共振中相关参数为 $\alpha = 1.9$，$\gamma = 0.2$，$m = 600$。

在内圈故障特征提取中，相关参数设置为 $\alpha = 1.9$，$\gamma = 0.4$，$m = 2000$，提取结果如图 7.22 所示，提取到的故障特征频率为 27.79Hz。微弱的故障特征得到明显增强，输出信噪比显著提高。高频区域的噪声分量得到较好的抑制，说明分数次幂系统在微弱信号处理方面具有优越的性能。基于 QPSO 算法的自适应随机共振虽然能够提取出故障特征频率，但在其附近出现一个峰值较大的干扰频率分量。基于云自适应遗传算法的提取结果更加清晰，表明云自适应遗传算法在参数寻优和自适应随机共振实现方面具有良好的效果，信号中的噪声能量得到充分转化和利用。图 7.23 进一步验证了分数次幂系统普通变尺度自适应随机共振在滚动轴承故障诊断中的效果。提取到的外圈故障特征频率为 6.66Hz，相关参数为 $\alpha = 1.9$，$\gamma = 0.2$，$m = 600$。

7.3　本 章 小 结

本章讨论了两种类型的分数次幂系统的随机共振及其应用问题，尤其是 II 型分数次幂系统在随机共振应用中具有明显的优越性。本章的侧重点为随机共振，对于振动共振，分数次幂系统也会有丰富的共振行为。

本章在理论研究方面采用的是一阶过阻尼形式的系统模型，在应用方面采用的是二阶欠阻尼形式的系统模型，噪声模型采用的是高斯白噪声。分数次幂系统在不同的随机激励下，不同模型的随机共振现象的理论与应用问题值得进一步研究。另外，在硬件实现方面，分数次幂系统电路的搭建比经典的双稳态系统会更复杂。如何简化硬件搭建，实现自适应随机共振，也是值得深入研究的课题。

参 考 文 献

[1] Liu H，Han S，Yang J，et al. Improving the weak feature extraction by adaptive stochastic resonance in cascaded piecewise-linear system and its application in bearing fault detection. Journal of Vibroengineering，2017，19（4）：2506-2520.

[2] Fauve S，Heslot F. Stochastic resonance in a bistable system. Physics Letters A，1983，97（1/2）：5-7.

[3] Qiao Z，Lei Y，Lin J，et al. An adaptive unsaturated bistable stochastic resonance method and its application in mechanical fault diagnosis. Mechanical Systems and Signal Processing，2017，84：731-746.

[4] Zhang J，Hu W，Ma Y. The Klein-Gordon-Zakharov equations with the positive fractional power terms and their exact solutions. Pramana，2016，87（6）：93.

[5] Jesus I S，Machado J A T. Implementation of fractional-order electromagnetic potential through a genetic algorithm.

Communications in Nonlinear Science and Numerical Simulation，2009，14（5）：1838-1843.

[6]　　Machado J A T，Jesus I S，Galhano A，et al. Fractional order electromagnetics. Signal Processing，2006，86（10）：2637-2644.

[7]　　Kwuimy C A K，Litak G，Nataraj C. Nonlinear analysis of energy harvesting systems with fractional order physical properties. Nonlinear Dynamics，2015，80（1/2）：491-501.

[8]　　Yang J，Sanjuán M A F，Chen P，et al. Stochastic resonance in overdamped systems with fractional power nonlinearity. The European Physical Journal Plus，2017，132（10）：432.

[9]　　Lai Z，Leng Y. Weak-signal detection based on the stochastic resonance of bistable Duffing oscillator and its application in incipient fault diagnosis. Mechanical Systems and Signal Processing，2016，81：60-74.

[10]　　Dybiec B，Gudowskanowak E. Stochastic resonance：The role of alpha-stable noises. Acta Physica Polonica Series B，2006，37（5）：1479-1490.

[11]　　Chen L，Sun J Q. The closed-form solution of the reduced Fokker-Planck-Kolmogorov equation for nonlinear systems. Communications in Nonlinear Science and Numerical Simulation，2016，41：1-10.

[12]　　Umarov S. Fractional Fokker-Planck-Kolmogorov equations associated with SDES on a bounded domain. Fractional Calculus and Applied Analysis，2017，20（5）：1281-1304.

[13]　　Gammaitoni L，Hänggi P，Jung P，et al. Stochastic resonance. Reviews of Modern Physics，1998，70（1）：223-287.

[14]　　López C，Zhong W，Lu S，et al. Stochastic resonance in an underdamped system with FitzHug-Nagumo potential for weak signal detection. Journal of Sound and Vibration，2017，411：34-46.

[15]　　Zhang H，He Q，Kong F. Stochastic resonance in an underdamped system with pinning potential for weak signal detection. Sensors，2015，15（9）：21169-21195.

[16]　　Caesarendra W，Kosasih B，Tieu A K，et al. Acoustic emission-based condition monitoring methods：Review and application for low speed slew bearing. Mechanical Systems and Signal Processing，2016，72：134-159.

第8章　基于变尺度随机共振理论的未知信息识别

振动信号是滚动轴承健康信息的重要载体。当轴承发生故障时，通过测试设备采集的振动信号通常含有复杂的噪声干扰，导致故障特征信息难以提取。而且，运行中的轴承一旦发生故障，其故障特征完全未知。因此，基于前述的故障特征提取方法很难准确实现滚动轴承故障诊断。为此，本章发展了一种强噪声背景中滚动轴承未知故障特征自适应提取方法。

8.1　基于改进信噪比指标的随机共振

当滚动轴承故障类型和故障特征频率完全未知时，一些基于振动信号频域设计的随机共振评价指标也失去了作用，如传统信噪比[1]、谱放大因子[2]、加权功率谱峭度[3]等。而且，谱放大因子和加权功率谱峭度对振动信号中的噪声分量非常敏感。因此，频域指标很难评价由未知故障特征信号激励的随机共振响应。

为了克服频域指标在随机共振响应分析中的不足，相关峭度[4]和加权峭度[5, 6]等幅域指标在随机共振中得到了应用，然而它们易受噪声干扰。基于统计计算的脉冲指标和峰值指标在滚动轴承故障诊断中也有所涉及，据作者所知，目前还未有文献表明这些幅域指标在随机共振系统中的应用。因此，本章基于普通变尺度随机共振系统研究了改进的信噪比（improved signal-to-noise ratio，ISNR）指标[7]、分段均值（piecewise mean value，PMV）指标[8]和幅域指标等在轴承未知信息识别中的应用。进一步地发展基于幅域指标和频率搜索算法的滚动轴承未知故障诊断方法[9]，通过实验验证该搜索方法的正确性和有效性。

8.1.1　改进的信噪比指标

传统信噪比（SNR）指标必须事先知道精确的故障特征频率。在实际中，精确的故障特征频率不能提前预知。改进的信噪比指标不依赖精确的故障特征频率，只需通过相应的理论计算公式或工程经验得到近似于特征频率的值即可。由于该近似的特征频率与精确的特征频率之间有微小的偏差，因此通过变尺度随机共振可以在该近似值的小邻域内搜索到精确的故障特征频率，实现故障诊断。

传统 SNR 的定义在式（1.9）～式（1.11）进行了介绍，其含义为系统输出信号功率谱中信号频率处的幅值与同频背景噪声幅值均值之比对数的 10 倍。为了方便与 ISNR 比较，本节仍然给出传统 SNR 的定义式，其含义与式（1.11）完全相同。为和本节改进的信噪比公式进行对比，将基于传统定义的 SNR 公式重新列写如下：

$$
\begin{cases}
\text{SNR} = 10\lg \dfrac{P_S(f_a)}{P_N(f_a)} \\
P_S(f_a) = |X(k_a)|^2 \\
P_N(f_a) = \displaystyle\sum_{i=k_a-M}^{k_a+M} |X(i)|^2 - P_S(f_a)
\end{cases}
\tag{8.1}
$$

式中，f_a 表示输入信号精确的特征频率；k_a 表示 f_a 对应的数字序列；$X(\cdot)$ 表示随机共振系统输出信号频域的幅值；$X(k_a)$ 是 f_a 处对应的幅值；$P_S(f_a)$ 代表输出信号在精确特征频率处的能量；$P_N(f_a)$ 代表 f_a 附近的噪声能量，在计算中 $P_N(f_a)$ 为不包含 f_a 的区间 $[f_a-n_a\Delta f_a, \ f_a + n_a\Delta f_a]$ 中能量之和，Δf_a 表示输出信号频域分辨率。由式（8.1）可知，计算传统 SNR 时需要提前知道精确的故障特征频率 f_a。

在实际工况中，提前预知精确的故障特征频率 f_a 是十分困难的。因此，有必要构造 ISNR 指标。ISNR 的表达式为

$$
\begin{cases}
\text{ISNR} = 10\lg \dfrac{P_S(f_t)}{P_N(f_t)} \\
P_S(f_t) = \displaystyle\sum_{i=k_t-l}^{k_t+l} |X(i)|^2, \quad l \neq 0 \\
P_N(f_t) = \displaystyle\sum_{j=k_t-M}^{k_t+M} |X(j)|^2 - S(f_t)
\end{cases}
\tag{8.2}
$$

式中，f_t 为故障理论频率；k_t 为 f_t 对应的数字序号；$P_S(f_t)$ 表示以 f_t 为中心，区间 $[f_t-l\Delta f, f_t + l\Delta f]$ 中的总能量，也就是理论特征频域的一个邻域内的总能量，该邻域既足够小，又包含了真实的特征频率；$P_N(f_t)$ 表示在区间 $[k_t-M\Delta f, k_t + M\Delta f]$ 内不包括 $S(f_t)$ 的噪声总能量，计算方法与式（8.1）相同。本节所构造的 ISNR 与式（2.1）所给出的 ISNR 不同，式（2.1）仍在信号精确频率处计算信号能量；而式（8.2）是以与精确频率近似的理论频率为中心，在其小邻域内计算信号能量。式（2.1）所给的 ISNR 仍然需要提前知道精确的故障特征频率值；式（8.2）所给的 ISNR 不需要提前知道精确的故障特征频率，只需知道故障理论特征频率即可。本节的 ISNR 能够在故障理论频率附近快速方便地搜索到真实的故障特征频率。

8.1.2　ISNR 指标在滚动轴承故障诊断中的应用

本节基于 ISNR 的自适应随机共振分析滚动轴承故障实验信号，验证 ISNR 的有效性。故障实验信号来源于中国矿业大学智能诊断与预测团队（微信号：

PHM-CUMT）轴承故障仿真实验台，如图 3.13 所示。轴承故障类型为外圈划痕故障，划痕深度和宽度分别为 1.2mm 和 0.5mm。实验中，主轴转速为 1421r/min，制动扭矩为 30N·m（1.2A），采样频率为 12800Hz，采样点数为 64000。根据式（3.3）和 N306E 轴承的设计参数可计算出滚动轴承外圈故障理论频率为 105.208Hz。

在计算传统 SNR 和 ISNR 时，M 均设置为 500。由于轴承故障实际频率为 105Hz，故障实际频率 f_a 对应的数字序列为 $k_a = 526$。故障理论频率约为 105.2Hz，所以故障理论频率 f_t 对应的数字序列为 $k_t = 527$。采用高通滤波预处理振动信号时，通带频率和阻带频率分别设置为 100Hz 和 95Hz。在普通变尺度随机共振中，尺度系数 $m = 1000$，系统参数 a 和 b 采用随机权重粒子群优化算法优化。图 8.1（a）给出了高通滤波后的时域图和频谱图，从图中可以看出故障频率被强噪声完全淹没。

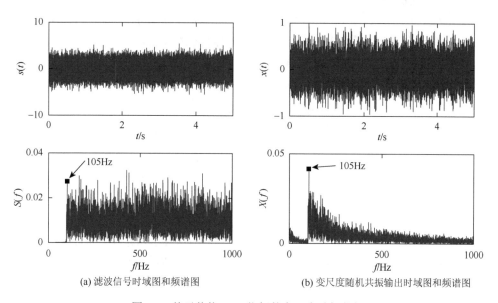

(a) 滤波信号时域图和频谱图　　　　　　　　(b) 变尺度随机共振输出时域图和频谱图

图 8.1　基于传统 SNR 指标的变尺度随机共振

$a = 51.869$，$b = 747.836$

采用基于传统 SNR 指标的变尺度随机共振处理含噪信号，变尺度随机共振系统输出信号的时域图和频谱图如图 8.1（b）所示，真实的故障频率清晰可辨。基于传统 SNR 指标的变尺度随机共振能够有效提取故障特征。

采用基于 ISNR 指标的变尺度随机共振分析相同的故障实验信号，选择 3 个范围计算 ISNR 指标。由于故障理论频率为 105.2Hz，因此 3 个计算范围分别设置为[104.2Hz，106.2Hz]、[103.2Hz，107.2Hz]和[102.2Hz，108.2Hz]，参数 l 的值分别设为 5、10 和 15。图 8.2 给出了 ISNR 指标变尺度随机共振在上述三种情形下的时域图和频谱图。表 8.1 列出了变尺度随机共振输出信号的传统 SNR 和 ISNR 值。从图 8.2 和表 8.1 中不难发现，基于 ISNR 指标的变尺度随机共振能够有效提取真实的故障特征频率，且 ISNR 得到显著提高。

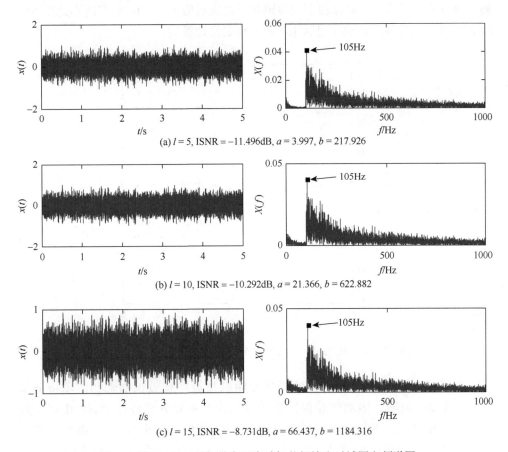

图 8.2　基于 ISNR 指标的变尺度随机共振输出时域图和频谱图

表 8.1　变尺度随机共振前后传统 SNR 和 ISNR 指标(f_t = 105.2Hz，Δf_t = 0.2Hz)

随机共振状态	SNR/dB ($l = 0$)	ISNR/dB ($l = 5$)	ISNR/dB ($l = 10$)	ISNR/dB ($l = 15$)
随机共振之前	−19.529	−14.373	−13.18	−11.507
随机共振之后	−16.724	−11.496	−10.292	−8.731

为了验证不同噪声强度下，ISNR 指标能够适用于小范围内变化的轴承故障频率提取，图 8.3 展现了变尺度随机共振之后故障频率的幅值和带宽的关系。在图 8.3 中，纵轴上三个离散的点代表不同噪声强度下基于传统 SNR 的变尺度随机

共振输出信号真实故障频率的幅值。当 Δf 不等于 0 时，自上至下三条带符号的线分别代表不同噪声强度下基于 ISNR 指标的变尺度随机共振输出信号真实故障频率的幅值。同一噪声强度下，基于 ISNR 的真实频率幅值与基于传统 SNR 的故障频率幅值基本一致。纵坐标轴上的故障频率幅值对应于 $l = 0$，它们既不是按传统 SNR 正确定义计算的，也不是按 ISNR 正确定义计算的。

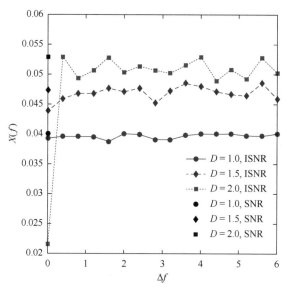

图 8.3 变尺度随机共振输出中故障实际频率处的幅值与带宽

为了验证基于 ISNR 指标的变尺度随机共振能有效识别未知故障特征频率，在外圈、内圈、滚动体和保持架故障理论频率处分别进行 ISNR 指标变尺度随机共振处理。当转速为 1425r/min 时，可以计算外圈、内圈、滚动体和保持架的故障理论频率分别为 105.5Hz、171.8Hz、119Hz 和 9.6Hz。图 8.4 给出了在上述四种故障理论频率处执行 ISNR 指标变尺度随机共振处理的结果。图 8.4（a）为在 105.5Hz 处、$l = 10$ 时的输出频谱图。实际中，故障实际频率和故障理论频率存在微小偏差。然而，图 8.4（a）中峰值频率 117.8Hz 与 105.5Hz 相差较大，且在峰值频率附近存在大量干扰频率。因此，初步确定未知故障不是外圈故障，峰值频率 117.8Hz 与滚动体的故障实际频率较为接近，初步猜测未知故障为滚动体故障。图 8.4（b）是在 171.8Hz 处、$l = 10$ 时执行 ISNR 指标变尺度随机共振处理的结果，变尺度随机共振未能有效实现，证明未知故障不是内圈故障。图 8.4（c）是在 119Hz 处、$l = 10$ 时执行 ISNR 指标变尺度随机共振处理的结果。从图 8.4（c）中可以看出峰值频率是 117.8Hz，与故障理论频率 119Hz 非常接近，因此确定未知故障是滚动体故障。图 8.4（d）是在 9.6Hz 处、$l = 10$

时执行 ISNR 指标变尺度随机共振处理的结果，变尺度随机共振失效，证明未知故障不是保持架故障。因此，图 8.4（a）、图 8.4（b）和图 8.4（d）中结果证明该未知故障不是外圈故障、内圈故障和保持架故障。图 8.4（a）和图 8.4（c）中结果证明该未知振动信号表征着滚动体故障，且故障实际频率为 117.8Hz。

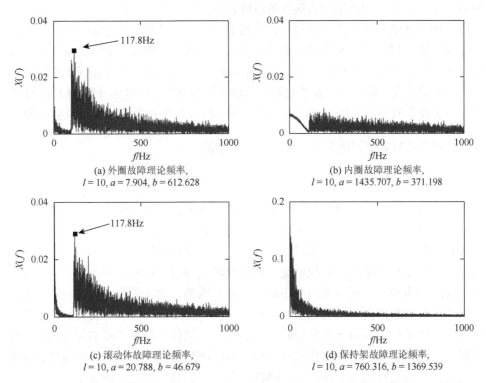

图 8.4　基于外圈、内圈、滚动体和保持架故障理论频率计算的 ISNR 指标的变尺度随机共振
输出频谱图

　　工程实际中，精确的故障实际频率不能提前知道，需要在故障实际频率处计算信噪比的变尺度随机共振方法不再适用。ISNR 指标是在故障理论频率小邻域内搜索故障实际频率，无须提前知道故障实际频率，且能搜索到精确的故障实际频率。而且，当精确的故障频率存在波动时，ISNR 指标也具有一定优势。例如，由于转速和载荷的不稳定性将会导致故障实际频率在小范围内波动。针对这种情况，可以在故障理论频率附近范围内搜索到故障实际频率的 ISNR 指标突显出优势。总的来说，基于 ISNR 指标的变尺度随机共振相较于基于传统 SNR 的变尺度随机共振方法，在信号处理和故障诊断方面更具有应用价值。

8.2　基于 PMV 指标的随机共振

强噪声背景通常导致目标信号特征难以识别，研究强噪声背景中未知信号恢复具有重要意义，能够准确实现设备故障诊断。

非线性系统利用噪声能量能够放大微弱信号，因此本节基于随机共振技术，通过构造新的量化指标和设计有效的参数估计策略实现强噪声背景下未知信号准确恢复。提出的未知信号恢复方法在电路系统[10]、生物系统[11]、机械系统[12]等可能具有重要的意义。进一步，基于构造的时域指标和集合经验模态分解（EEMD）[13]技术，实现不同故障形状的滚动轴承未知故障特征恢复和提取，实现故障诊断。

8.2.1　基于 PMV 指标随机共振的未知信号恢复

1. PMV 指标构造及分析

在实现随机共振的过程中，有效的量化指标能够反映随机共振的响应效果。传统随机共振中常采用信噪比和谱放大因子量化系统频域响应，然而在实际应用中确切的信号类型和频率无法预知，这限制了信噪比和谱放大因子在工程实际中的应用。基于相关峭度、加权峭度、脉冲和峰值的时域指标只能判断目标信号中是否含有冲击成分，而且对信号中的噪声异常敏感。由上述指标量化的随机共振响应不能很好地跟随未知输入信号的特征。基于上述分析，有必要构造一个新的时域指标来量化未知输入信号的随机共振响应。最佳的随机共振响应序列是一个双极性类余弦信号，因此根据随机共振的响应序列可以评价随机共振效果。本章将构造的时域指标称为分段均值（PMV）指标，具体的实现步骤如下：

（1）计算非线性系统时域响应序列的所有 0 交叉点，即响应序列与 0 水平线的交点，设响应序列的长度为 N，则 0 交叉点的个数为 i（$0 < i < N$）；

（2）非线性系统响应序列被 i 个 0 交叉点划分为 $i-1$ 个子段；

（3）分别计算 $i-1$ 个子段的幅值均值，记为 $x_k (k = 1, 2, \cdots, i-1)$；

（4）计算整个响应序列的幅值均值，记为 X_{mean}；

（5）计算 x_k 与 X_{mean} 的差值，求和并平均，记为 PMV。

因此，PMV 指标的数学表达式如下：

$$\text{PMV} = \frac{1}{i-1} \sum_{k=1}^{i-1} (x_k - X_{\text{mean}}) \tag{8.3}$$

根据 PMV 指标的实现步骤，一个全波信号的 PMV 值接近于 0，如正弦信号的 PMV 为 0。PMV 越小，表明所有子段的幅值均值的差别越小，非线性系统的输出越近似于全波信号。基于随机共振的非线性系统响应能够与系统输入保持相似的特征，因此基于随机共振恢复的信号与未知的输入信号具有相同的特征。PMV 指标在一定程度上反映了非线性系统响应幅值的离散程度,因此最小 PMV 表征了最优共振状态。

2. 未知信号恢复流程

基于双稳态非线性系统随机共振和 PMV 指标的未知信号恢复过程如图 8.5 所示。以正弦信号为例,向其加入强高斯白噪声,使其完全被噪声淹没,将含噪信号视为未知信号,该未知信号作为双稳态系统的随机激励诱导随机共振。根据式(8.3)计算随机共振响应序列的 PMV。同样地,计算不同噪声强度下的 PMV,绘制 PMV-D 曲线,以最小 PMV 对应的高斯白噪声激励非线性系统,获得最佳随机共振响应。然后,对最佳的随机共振响应进行多项式拟合,再配合合适的参数估计策略实现未知信号恢复和识别。

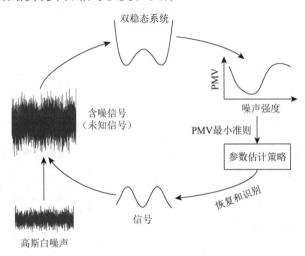

图 8.5　未知信号恢复过程

3. 参数估计策略

通过随机共振和 PMV 指标可以初步明确未知信号的类型,但是仅凭信号类型不足以证实信号特征。因此,设计参数估计策略估计未知信号的重要参数尤为必要。首先,对随机共振系统最佳输出时间波形进行多项式拟合,计算拟合曲线的 0 交叉点对应的采样时刻;然后,计算所有相邻 0 交叉点之间的时间差值,时间差值可以在一定程度上反映未知信号的周期信息;最后,计算时间差值序列的方差,其在一定程度上反映了时间差值序列的离散性。根据方差的量级可将时间差值序列分为 3 种类型,分别如下。

(1)当方差极其接近于 0 时,时间差值近似相等,因此将未知的目标信号视为周期信号。如果拟合曲线为光滑的简谐形式,则未知信号为简谐信号;如果拟合曲线的脉宽中存在一些小的余弦波动，则未知信号可视为方波周期信号。因为方波信号为一系列不同频率的简谐分量的叠加，简谐信号为方波信号的特例。未知信号的周期即为时间差值序列的均值。

（2）当方差远大于 0 时，表明时间差序列存在较大的离散性，结合拟合曲线形状，可将未知信号视为非周期信号。

（3）当方差略大于 0 时，根据拟合曲线和时间差值曲线可初步识别未知信号类型。通过计算时间差值序列的倒数并进行拟合，由拟合系数可识别未知信号的频率变化趋势。

最后，通过比较恢复信号和原始信号的频谱图验证提出的未知信号恢复方法的正确性。未知信号参数估计及信号类型识别策略如图 8.6 所示。

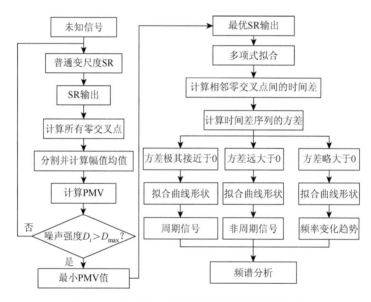

图 8.6　未知信号参数估计及信号类型识别流程

4. 未知信号恢复验证

考虑具有不同特征的简谐信号、非周期二进制信号和线性调频信号，见式（8.4），来验证未知信号恢复方法的可靠性。

$$s_H(t) = A_H \sin(2\pi f_H t)$$

$$S_B(t) = A_B \sum_{j=-\infty}^{\infty} qP(t - jT), \quad P(\cdot) = \begin{cases} 1, & \cdot \in [0, T] \\ 0, & \text{其他} \end{cases} \quad (8.4)$$

$$S_C(t) = A_C \cos(\pi\rho t^2 + 2\pi f_C t + \psi)$$

式中，信号幅值 $A_H = 0.5$，$A_B = 0.5$，$A_C = 0.6$；简谐信号频率 $f_H = 100\text{Hz}$；线性调频信号初始频率 $f_C = 1\text{Hz}$；变量 $q = \pm 1$ 随机产生；脉宽 $T = 20$；频率变化率 $\rho = 1$；相位 $\psi = 0$。对于高频信号，采用第 1 章介绍的普通变尺度随机共振方法处理。

　　不同噪声强度 D 下的 PMV 如图 8.7 所示。对于每一个目标信号，均存在一个表征非线性系统最优共振状态的最小 PMV（0.004，0.124，0.01），均近似于 0，所有的共振响应均为全波信号形式。对应于图 8.7 中最小 PMV 的噪声强度下的未知的简谐、非周期二进制和线性调频信号的恢复过程如图 8.8～图 8.10 所示，双稳态系统的参数分别为（0.9，1.8）、（0.5，1.5）和（0.6，1.5）。根据普通变尺度理论，尺度系数 m 是实现随机共振的重要因素。在简谐信号和线性调频信号的恢复中，尺度系数 $m = 1500$ 和 $m = 100$。因此，变尺度后的双稳态系统参数 $a = [1350,\ 0.5,\ 60]$ 和 $b = [2700,\ 1.5,\ 150]$。

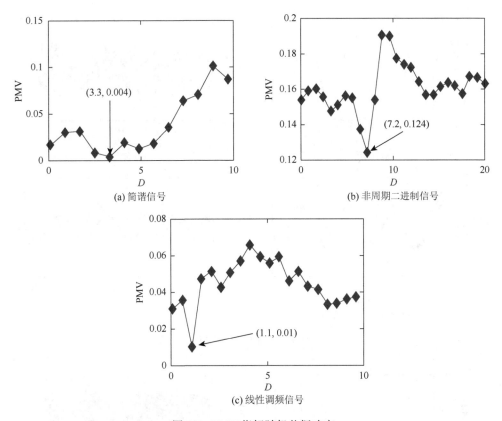

图 8.7　PMV 指标随机共振响应

　　图 8.8（b）、图 8.9（b）和图 8.10（b）分别给出了被高斯白噪声淹没的三种全波信号，信号特征无法识别，构成了未知信号状态。本节的目标是将这些未知

信号从强噪声背景中恢复成图 8.8（a）、图 8.9（a）和图 8.10（a）所示的形式。因此，将这些未知信号激励双稳态非线性诱导随机共振，充分利用噪声能量增强未知信号特征，消除噪声干扰。图 8.8（c）、图 8.9（c）和图 8.10（c）给出了随机共振系统输出时间序列，不难看出所有的输出时域图与原始输入信号高度相似，表明 PMV 指标能够使非线性系统的输出很好地跟随系统输入信号特征。对输出时域波形进行多项式拟合以更好地突显未知信号特征。拟合结果如图 8.8（d）、图 8.9（d）和图 8.10（d）所示，结果表明恢复出的信号相对于原始信号得到了明显增强。根据拟合信号，近似相等的 0 交叉点间的时间间隔表明未知信号可能是简谐信号（图 8.8（d））；不规律的 0 交叉点间的时间间隔和微小的余弦波动表明未知信号可能是非周期方波信号（图 8.9（d））；0 交叉点间的时间间隔随采样时刻增加表明未知信号的瞬时频率随时间变化（图 8.10（d））。

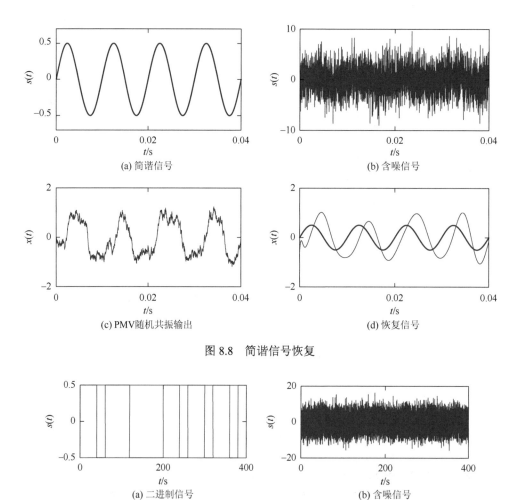

图 8.8　简谐信号恢复

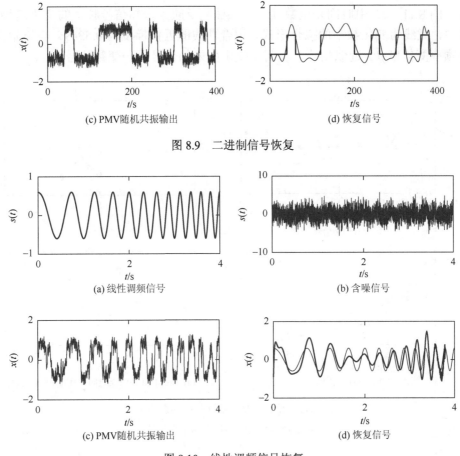

(c) PMV随机共振输出

(d) 恢复信号

图 8.9　二进制信号恢复

(a) 线性调频信号

(b) 含噪信号

(c) PMV随机共振输出

(d) 恢复信号

图 8.10　线性调频信号恢复

　　拟合信号相邻 0 交叉点之间的时间差如图 8.11（a）～（c）所示。在图 8.11（a）中，纵坐标值的量级为 10^{-3} 且时间差值序列的方差为 1.1358×10^{-6}，极其接近于 0，表明所有时间差值近似相等，恢复出的未知信号为一周期信号。时间差值序列的均值为 0.005，其倒数表示信号频率与原始信号频率 $f_H = 100\text{Hz}$ 相等，结合拟合曲线形状，表明未知信号是一频率为 100Hz 的简谐信号。在图 8.11（b）中，时间差值序列存在明显波动，表明未知信号没有明确的周期。时间差值序列的方差为 556.78，其远大于 0，结合拟合曲线形状，可将未知信号视为非周期方波信号。恢复出的信号时间差值与原始信号时间差值曲线完全重合，表明恢复出的未知信号完全正确。在图 8.11（c）中，时间差值序列的方差为 0.0046，略大于 0，而且随着采样的进行，时间差值逐渐减小。时间差值越小，则未知信号的频率变化越快。恢复出的信号的时间差值与原始信号时间差值曲线基本一致，表明恢复出的未知信号完全正确。为了估计信号参数，图 8.11（d）给出了图 8.11（c）中时间差倒数曲线，该曲线反映了未知信号频率的变化趋势，其中，虚线为变化频率的拟合形式，拟合曲线的近似梯度为 0.5949，与原始信号频率变化率 $\beta/2$ 近似相等，表明恢复出的未知信号是一变频信号。

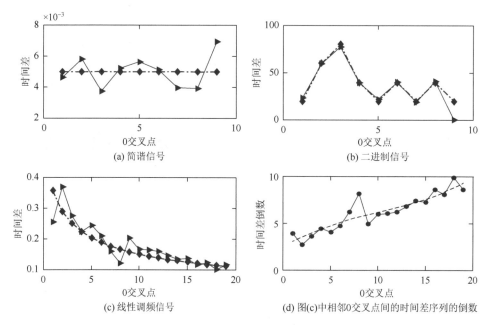

图 8.11　相邻 0 交叉点间的时间差序列

实线为恢复信号点，点划线为原始信号

　　通过分析表明，未知信号分别为频率为 100Hz 的简谐信号，随机非周期方波信号，频率变化率为 1.19 的线性调频信号，与原始信号完全一致。

　　图 8.12 给出了恢复出的信号与原始信号在频域中的对比，恢复信号的频谱图与原始信号频谱图完全一致，而且特征频率幅值得到明显放大。结果表明基于随机共振和 PMV 指标的未知信号恢复方法能够正确恢复强噪声背景中的未知信号。

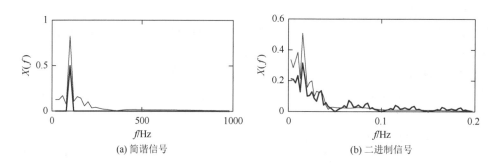

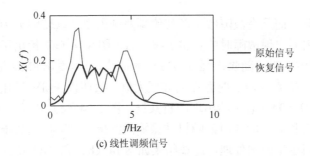

(c) 线性调频信号

图 8.12　恢复信号和原始信号频谱图

8.2.2　PMV 指标随机共振响应分析

为了阐明 PMV 指标量化非线性系统响应的效果，以滚动轴承内圈故障仿真信号激励二阶欠阻尼双稳态系统，受故障冲击信号和高斯白噪声作用的双稳态随机共振模型可写为

$$\frac{\mathrm{d}^2 x}{\mathrm{d}t^2} = ax - bx^3 - \gamma \frac{\mathrm{d}x}{\mathrm{d}t} + s(t) + N(t) \tag{8.5}$$

式中，$N(t)$ 为高斯白噪声，噪声强度为 D；$s(t)$ 为内圈故障仿真信号，如式（3.2）所示。仿真中相关参数设置为 $A_0 = 0.5$，$C = 1$，$f_r = 25\mathrm{Hz}$，$A = 1$，$B = 6 \times 10^5$，$f_n = 2000\mathrm{Hz}$，$f_i = 185\mathrm{Hz}$，采样点数 $n = 12000$，采样频率 $f_s = 12000\mathrm{Hz}$。内圈故障仿真信号如图 8.13 所示。

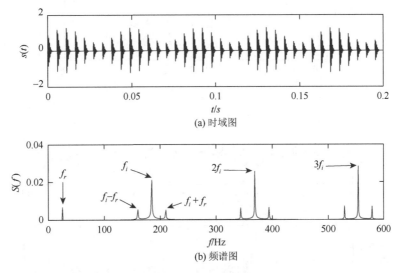

(a) 时域图

(b) 频谱图

图 8.13　滚动轴承内圈故障仿真信号

内圈故障脉冲幅值受轴承主轴转动频率调制。频域中既有转频 f_r，又有故障

频率 f_i 及其倍频，而且在故障频率及其倍频两侧出现了以转频 f_r 为间隔的频带，这与滚动轴承内圈出现故障时的真实工况一致。图 8.14（a）给出了内圈故障仿真信号激励下的 PMV 指标随噪声强度 D 变化的曲线，可以看出 PMV 指标在 $D=0.95$ 时出现最大值，在 $D=0.65$ 时存在局部极大值，表明以 PMV 量化的非线性系统在 $D=0.65$ 和 $D=0.95$ 时可能出现随机共振。图 8.14（c）和（e）中分别给出了对应于 $D=0.65$ 和 $D=0.95$ 时的随机共振输出结果。含噪内圈故障信号首先经希尔伯特解调和高通滤波预处理，滤波结果如 8.14（b）和（d）所示。在 $D=0.65$ 时的随机共振输出谱中虽然可以分辨出故障频率 f_i，但是在低频处存在大量未知峰值频率，未获得较好的随机共振效果。在 $D=0.95$ 时，故障特征频率 f_i 异常突出，在其周围不存在干扰频率分量，而且相对于 $D=0.65$ 时的特征频率幅值明显增强，表明非线性系统在 $D=0.95$ 时获得了较好的随机共振效果。图 8.14 表明 PMV 指标可以较好地量化随机共振响应，可用于滚动轴承故障特征信息提取。

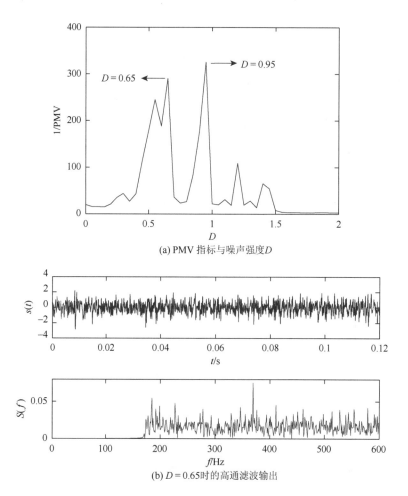

(a) PMV 指标与噪声强度 D

(b) $D=0.65$ 时的高通滤波输出

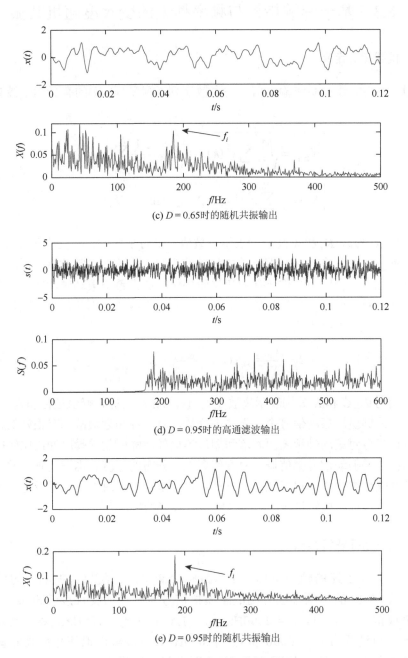

(c) $D = 0.65$时的随机共振输出

(d) $D = 0.95$时的高通滤波输出

(e) $D = 0.95$时的随机共振输出

图 8.14　PMV 指标随机共振响应

8.3 基于幅域指标与频率搜索的变尺度随机共振

8.3.1 幅域指标定义

设 $x(k)$ 为非线性系统输出信号的离散序列，则序列 $x(k)$ 的有量纲幅域参数可表示为

$$\begin{cases} X_{\text{rms}} = \sqrt{\dfrac{1}{N}\sum_{k=1}^{N} x^2(k)}, & X_{\text{abs}} = \dfrac{1}{N}\sum_{k=1}^{N} |x(k)| \\[3mm] K_u = \dfrac{1}{N}\sum_{k=1}^{N} x^4(k), & X_{\text{max}} = \max(x(k)) \end{cases} \tag{8.6}$$

式中，X_{rms}、X_{abs}、K_u 和 X_{max} 分别表示有效值、绝对平均值、峭度值和峰值；N 为离散序列 $x(k)$ 的长度。有量纲幅域参数对设备的工作条件非常敏感，会随着故障的发展而上升，会因为工作条件的变化而变化。通常希望滚动轴承的诊断参数对故障足够敏感，而对振动信号的幅值和频率变化不敏感，因此建立了无量纲幅域参数[14]，如式（8.7）所示：

$$I = \frac{X_{\text{max}}}{X_{\text{abs}}}, \quad C = \frac{X_{\text{max}}}{X_{\text{rms}}}, \quad K = \frac{K_u}{X_{\text{rms}}^4} \tag{8.7}$$

式中，符号 I、C 和 K 分别表示离散序列 $x(k)$ 的脉冲指标、峰值指标和峭度指标。脉冲指标能够检测振动信号中有无冲击分量，对点蚀和划痕故障有很好的检测效果；峰值指标对滚动轴承表面剥落和划痕等局部故障引起的瞬时冲击比较敏感；峭度指标度量振动信号幅值概率密度偏离正态分布的程度。当滚动轴承发生故障时，这些幅域指标能够很好地反映振动信号中是否有瞬时冲击分量及脉冲强度的量级。这些指标在旋转机械的故障诊断中有较好的性能[15]。

8.3.2 幅域指标随机共振

为了验证上述的幅域指标在轴承故障诊断中量化随机共振响应的效果，本节以式（3.1）的滚动轴承外圈故障模拟信号激励普通变尺度随机共振系统。在数值模拟中，$A = 1$，$f_n = 2000\text{Hz}$，$B = 12000$ 和 $f_o = 100\text{Hz}$。采样点数和采样频率分别设置为 $n = 12000$ 和 $f_s = 12000\text{Hz}$。由故障模拟信号激励的普通变尺度随机共振系统响应如图 8.15 所示，图中每个数据点均由 200 次平均得到。

图 8.15（a）给出了噪声强度 D 对不同幅域指标的影响，其中 $m = 5000$，$a_1 = 0.16$，$b_1 = 1.65$。图 8.15（b）给出了尺度系数 m 对不同幅域指标的影响，

其中 $D=0.018$，$a_1=0.15$，$b_1=1.45$。随着噪声强度 D 和尺度系数 m 增加，所有的幅域指标均表现出非单调变化趋势，表明随机共振现象发生。注意到，脉冲指标和峰值指标具有相同的变化趋势，但是脉冲指标的量化性能最优。峭度指标可以在一定程度上反映随机共振现象，但是效果较差。因此在普通变尺度随机共振中，脉冲指标具有良好的敏感性，可以优先考虑将其作为滚动轴承故障量化参数。

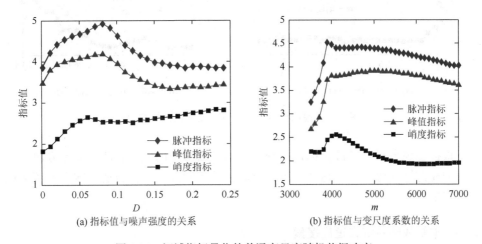

(a) 指标值与噪声强度的关系　　　　　　　(b) 指标值与变尺度系数的关系

图 8.15　幅域指标量化的普通变尺度随机共振响应

图 8.15（a）中非线性系统参数固定不变，这在一定程度上限制了最优随机共振响应的实现。为了验证幅域指标在变尺度随机共振中的优越性能，采用 QPSO 算法优化非线性系统参数 a_1 和 b_1，QPSO 算法的迭代次数为 50，种群数为 50，参数的寻优范围均为[0, 3]，相应的变尺度随机共振结果如图 8.16 所示。图 8.16（a）中尺度系数 $m=5000$，较小的噪声强度很难有效激励非线性系统，增强微弱信号特征。随着噪声强度增大，幅域指标值逐渐增大并趋于一个稳定值。稳定的系统输出表明变尺度随机共振方法总能得到最优的系统参数 a_1 和 b_1，实现不同含噪输入信号与系统之间的最优匹配。噪声强度增加导致输入信噪比减小，峭度指标的敏感性降低，而脉冲指标和峰值指标的敏感性增大。图 8.16（b）中噪声强度 $D=0.8$，随着尺度系数增加，输入信号幅值增大，普通变尺度随机共振系统得到有效激发。当尺度系数 $m>2000$ 时，脉冲指标和峰值指标均达到最优且几乎不变。然而，峭度指标变化明显并具有多个局部峰值。结果表明，脉冲指标和峰值指标有较好的稳定性。

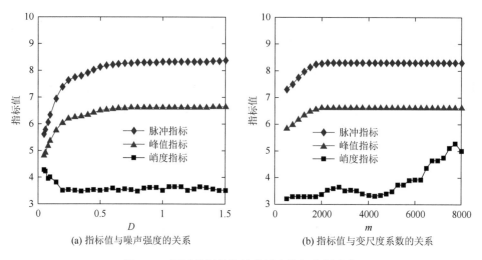

(a) 指标值与噪声强度的关系   (b) 指标值与变尺度系数的关系

图 8.16   幅域指标量化的变尺度随机共振响应

根据上述分析，脉冲指标在识别轴承振动信号中的振动和冲击成分方面具有最好的稳定性和敏感性，这些结果为滚动轴承未知故障特征自适应搜索的实现提供了基础。

8.3.3   未知故障特征自适应搜索

工程实际中，滚动轴承发生故障时，其故障类型和故障特征均未知。为了实现滚动轴承未知故障特征频率自适应搜索，实现未知工况下滚动轴承故障自适应诊断，基于普通变尺度随机共振理论提出一种自适应搜索方法。该方法详细步骤如下。

（1）工程实际中噪声不可避免，向轴承故障振动信号中添加适量的高斯白噪声以模拟真实工况；另外，噪声是诱导随机共振的重要因素。在合适的条件下，普通变尺度随机共振系统借助噪声激励可以增强微弱轴承故障特征。

（2）使用包络解调和高通滤波技术对故障振动信号进行预处理，突显故障特征和消除其他频率成分干扰。

（3）确定参数 a_1、b_1 和 m 的合适范围并选择合适的参数变化步长 h。由周期信号调制的双稳态系统具有一个临界幅值 $\sqrt{4a_1^3/(27b_1)}$，当周期信号幅值最大或者最小时，临界幅值的含义为调制的双稳态系统从双稳态切换到单稳态。由于工程应用中振动信号的幅值未知，因此参数 a_1 和 b_1 的范围设置为[0, 3]来确保势阱的切换速率为周期信号频率的两倍，进而实现随机共振现象。根据普通变尺度随机共振理论，尺度系数 m 能够将信号高频成分转换到低频区域，较小的尺度系数不能有效诱导随机共振增强微弱目标信号，较大的尺度系数可能会导致离散的随机共振输出，因此选择合适的尺度系数尤为重要。

（4）使 b_1 在 $[0, 3]$ 的范围内按照给定的步长 h 依次变化，得到 $b_{1i}(i = 1, 2, \cdots, M, M = 3 / h)$。

（5）选择脉冲指标作为自适应随机共振的量化指标。对于每一个确定的参数 b_{1i}，通过 QPSO 算法优化参数 a_1 和 m，这样将获得一系列最优参数组（a_{1i}，b_{1i}，m_i）。

（6）对每一组最优参数（a_{1i}，b_{1i}，m_i）执行一次自适应普通变尺度随机共振，找出每次随机共振输出频谱中最大幅值 H_i 及其对应的频率 f_i，记为（b_{1i}，H_i）和（b_{1i}，f_i），频率 f_i 视为可能的轴承故障频率。

（7）以 b_1 为横轴，H_i 和 f_i 分别为纵轴，分别画二维图 b_{1i}-f_i 和 b_{1i}-H_i。

（8）计算所有可能的故障频率 f_i 出现的概率，并与滚动轴承故障理论频率进行比较。

（9）确定真实故障频率和故障类型。如果搜索到的大概率故障频率与某一故障理论频率相接近，则视为故障实际频率，进而确定真实故障频率和故障类型。

普通变尺度随机共振方法总能以最优的系统参数匹配不同的输入信号，因此能够得到多组最优参数（a_{1i}，b_{1i}，m_i）。对于每组最优参数，普通变尺度随机共振总能找到最大幅值和其对应的频率，因此未知的故障特征频率可能得到多次增强和突显，故提出的未知故障特征自适应搜索方法可行。

8.3.4　滚动轴承故障特征自适应搜索验证

1. 微弱故障特征搜索

用从轴承故障仿真实验平台上采集的振动信号验证自适应搜索算法的正确性，关于实验台的具体介绍详见 3.3.2 节。与之前实验不同的是，在本节考虑了传感器的测点对测试结果的影响，如图 8.17 中的测点 A 和测点 B 所示。测点 A 位于失效轴承正上方，测点 B 位于失效轴承的侧方，测点 A 与测点 B 正交。

以 NU306E 轴承为实验对象，在转速为 1500r/min 和 900r/min 工况下分别测试内圈故障振动信号。径向力和转矩设置为 0，目的是分析提出的自适应搜索算法在无外部载荷时的搜索效率。轴承设计参数见表 7.1，当电机转速为 1500r/min 时，根据式（3.3）～式（3.5）计算外圈、内圈和滚动体的故障理论频率分别为 111.1Hz、180.9Hz 和 125.2Hz；相应地，当电机转速为 900r/min 时，外圈、内圈和滚动体的故障理论频率分别为 66.63Hz、108.5Hz 和 69.77Hz。

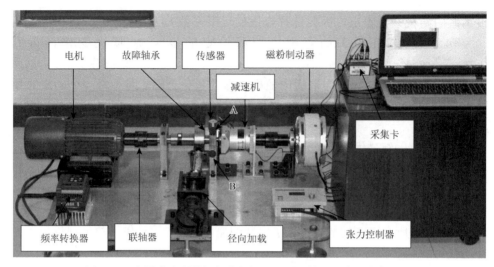

图 8.17　中国矿业大学智能诊断与预测团队轴承故障仿真实验台

图 8.18 给出了缺陷轴承和正常轴承的振动信号，振动信号被强噪声完全污染，故障特征无法准确识别，f_i 和 f_r 分别表示内圈故障频率和旋转频率。通过式（8.2）所示信噪比指标量化目标信号中的噪声分量。由于外部载荷和频率分辨率的影响，故障理论频率和故障实际频率之间存在微小偏差，因此取 $l = 5$，相应的 ISNR 在图 8.18 中给出。

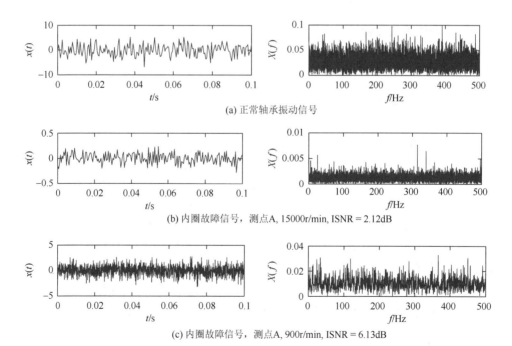

(a) 正常轴承振动信号

(b) 内圈故障信号，测点A, 15000r/min, ISNR = 2.12dB

(c) 内圈故障信号，测点A, 900r/min, ISNR = 6.13dB

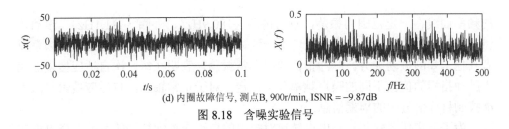

(d) 内圈故障信号, 测点B, 900r/min, ISNR = −9.87dB

图 8.18　含噪实验信号

利用提出的自适应搜索算法分析图 8.18 中的振动信号，相应的搜索结果如图 8.19～图 8.22 所示。尺度系数 m 和参数 b_1 分别在[5000, 10000]和[0, 3]中优化。尺度系数的存在是为了使高频信号的随机共振满足经典随机共振理论。通常双稳态系统的输出功率谱由信号功率和噪声功率组成。噪声功率服从洛伦兹分布，其功率谱能量集中在低频区域。因此，根据经典随机共振理论可知，可以诱导随机共振的信号频率不会太高，即可以产生随机共振谱峰的频率带被限制在一个较低的频率段。由前述的故障理论频率可知，所有目标特征频率不超过 200Hz，因此尺度系数的范围选为[5000, 10000]。参数 b_1 的变化步长取为 $h = 0.06$，故 b_1 的长度为 50。较小的 h 能提高搜索准确率，但会增加计算量；较大的 h 将会显著降低搜索准确率。

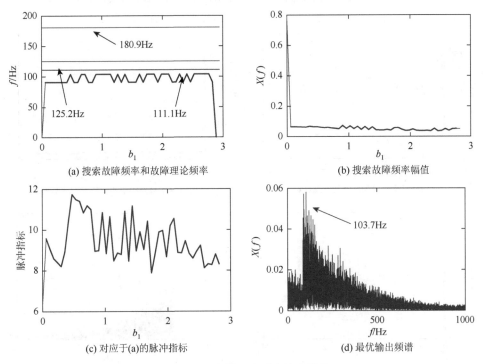

(a) 搜索故障频率和故障理论频率

(b) 搜索故障频率幅值

(c) 对应于(a)的脉冲指标

(d) 最优输出频谱

图 8.19　正常轴承自适应搜索结果

细实线为故障理论频率，粗实线为搜索故障频率

正常轴承的自适应搜索结果如图 8.19 所示，电机转速为 1500r/min。搜索到

的频率曲线在一定范围内振荡，且与内圈（180.9Hz）、外圈（111.1Hz）、滚动体
（125.2Hz）的故障理论频率曲线均不一致。搜索到的频率成分可能是噪声频率或
者其他未知的振动成分。脉冲指标曲线非常振荡，表明在每一次自适应搜索迭代
中脉冲指标的值由不同的噪声频率分量决定。对于正常轴承，自适应搜索算法不
能找到目标信号中的周期信息。

　　为了证实传感器测点和电机转速对提出的自适应搜索算法的影响，当电机转
速为 1500r/min 时，在测点 A 测得的内圈故障信号的分析结果如图 8.20 所示。当
电机转速为 900r/min 时，从测点 A 和 B 测得的内圈故障振动信号分析结果如图 8.21
和图 8.22 所示。图 8.20～图 8.22 中图（a）、（b）、（c）和（d）的含义与图 8.19 中
相同。在图 8.20 和图 8.21 中，自适应搜索结果表明，在搜索初始并未搜索到故障
特征频率。然而，随着参数 b_1 增加，可能的故障频率多次被搜索到。根据最大概率
准则，搜索到的故障频率分别为 182.2Hz 和 108.5Hz，而且搜索到的故障频率与故
障理论频率 180.9Hz 和 108.5Hz 极其接近。故障理论频率和故障实际频率之间存在
一定偏差，这是因为在计算故障理论频率时未考虑载荷和转矩的影响。因此，可认
为搜索的结果为真实故障频率。进一步，可以判断轴承故障为内圈故障。

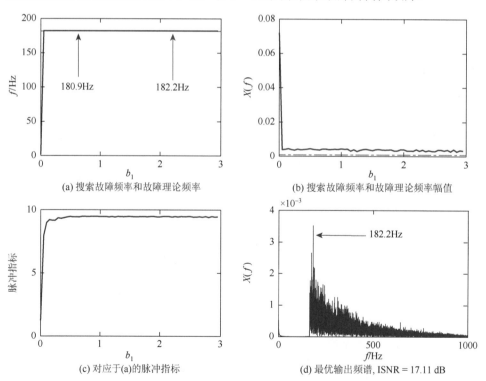

图 8.20　电机转速 1500r/min 时从测点 A 测试的内圈故障信号自适应搜索结果

点划线为故障理论频率，粗实线为搜索故障频率

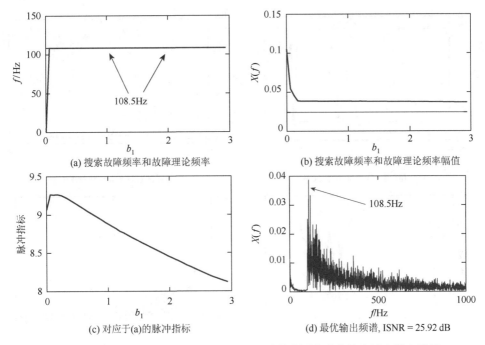

图 8.21　电机转速 900r/min 时从测点 A 测试的内圈故障信号自适应搜索结果
细实线为故障理论频率，粗实线为搜索故障频率

　　基于普通变尺度随机共振方法，非线性系统总能实现尺度系数 m 与系统参数 a_1 和 b_1 间的最优匹配。提出的自适应搜索方法能够有效增强未知故障频率成分，实现自适应故障诊断。搜索频率的幅值远大于原始的理论频率幅值说明微弱的信号特征得到明显放大。未知故障特征的增强和复杂噪声的衰减致使较大的脉冲指标值，这表明脉冲指标在诊断滚动轴承故障方面是可行的。图 8.20（d）对应的是搜索频率的最优的随机共振输出频谱，明显的故障频率峰值再一次证明了自适应搜索方法的可靠性，而且输出信噪比远大于图 8.18 所示的输入信噪比。

　　安装在垂直方向（测点 A）的失效轴承，轴承本身和旋转主轴的重力形成了失效轴承的径向载荷。因此，失效轴承的载荷区域位于重力方向的最低位置，如图 8.23 所示，由径向力造成的振动主要出现在重力方向上。所以，测点 A 是安装传感器最好的位置。测点 B 位于测点 A 的正交位置，当电机转速为 900r/min 时，从测点 B 测得的振动信号的分析结果如图 8.22 所示。通过自适应搜索算法搜索到的特征频率是 90Hz，与所有的故障理论频率均不一致。然而，搜索到的频率是主轴旋转频率（15Hz）的 6 倍频。在图 8.22（c）中，振荡的脉冲指标值表明在每一次自适应搜索过程中随机噪声都干扰了目标频率的识别。尽管输出信噪比被明显改善，但是搜索到的旋转频率对于失效轴承的故障诊断并无益处。换言之，由径向力造成的振动主要发生在重力方向上。

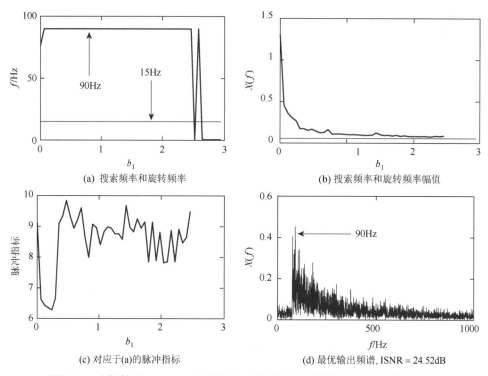

(a) 搜索频率和旋转频率

(b) 搜索频率和旋转频率幅值

(c) 对应于(a)的脉冲指标

(d) 最优输出频谱, ISNR = 24.52dB

图 8.22　电机转速 900r/min 时从测点 B 测试的内圈故障信号自适应搜索结果
细实线为主轴旋转频率，粗实线为搜索频率

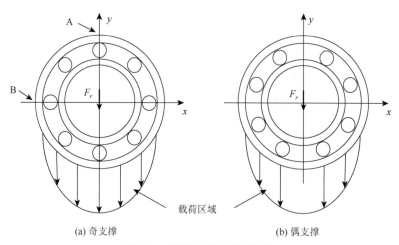

(a) 奇支撑

(b) 偶支撑

图 8.23　滚动轴承载示意图

　　为了避免搜索算法的偶然性，对于每一种工况下的试验振动信号执行了 10 次搜索，结果如图 8.24 所示。定义搜索率 η 为每次试验中成功搜索到故障频率的次数与执行的总搜索次数的比值，$\eta \leqslant 1$。从测点 B 采集到的振动信号的搜索率最低，这是因为测点 B 不是失效轴承主要的振动方向。对于从测点 A 采集到的振动信号，所有实验中的搜索率均接近于 1，表明自适应搜索方法能够准确有效地搜索到未知故障特征频率。测点 A 是测试失效轴承振动最好的位置。结果表明提出的自适应搜索算法是可靠有效的。

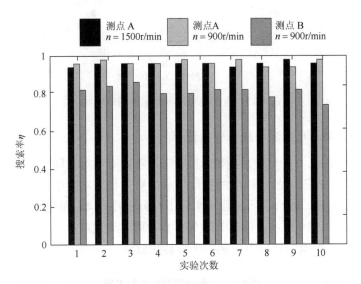

图 8.24　不同测点和电机转速下内圈故障信号搜索率与实验次数

　　工程实际中的噪声往往干扰滚动轴承故障特征频率的提取和识别，研究提出的自适应搜索算法对含噪振动信号的敏感性非常有必要。目标信号中的噪声分量通过信噪比参数标定。从图 8.25 可以看出提出的自适应搜索算法能够在很大的信噪比范围内有效提取故障特征频率。随着信噪比减小，信号噪声分量增加，足够大的噪声严重干扰了自适应搜索算法的搜索效果，搜索率急剧下降。然而，提出的自适应搜索算法在很大信噪比范围内仍然有效。特别地，对于早期的轴承故障特征搜索准确可靠。

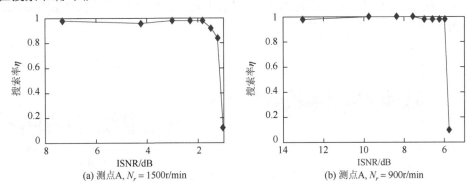

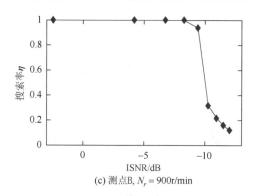

(c) 测点B, N_r = 900r/min

图 8.25   内圈故障特征搜索率与信噪比

2. 不同缺陷程度的滚动轴承特征搜索

在实际应用中，轴承发生故障时其故障严重程度不尽相同。为了研究提出的自适应搜索算法对不同故障程度的振动信号的有效性，实验中采用了三种不同故障直径的实验轴承，轴承设计参数和实验工况分别在表 4.1 和表 8.2 中给出，故障仿真实验台如图 3.10 所示。模拟故障为单点故障，通过电火花加工而成。实验中电机载荷是为了模拟由切向力引起的平滑转矩脉动。

表 8.2   内圈故障轴承实验工况

故障直径/in	电机载荷/hp	电机转速/(r/min)
0.007	1	1772
0.014	2	1750
0.021	3	1730

注：1hp = 0.7457kW。

不同工况下含有强噪声的振动信号如图 8.26 所示，表征轴承运行状态的故障特征完全被噪声淹没。随着电机载荷增加，电机转速下降，致使故障理论频率减小。不同故障直径使采集到的振动信号具有不同的强度，相关的分析结果如图 8.27～图 8.29 所示。

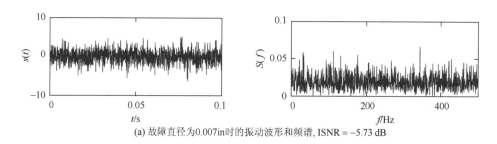

(a) 故障直径为0.007in时的振动波形和频谱, ISNR = −5.73 dB

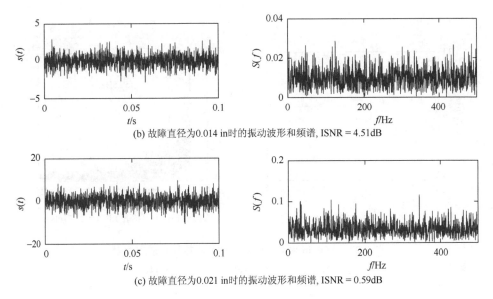

(b) 故障直径为0.014 in时的振动波形和频谱, ISNR = 4.51dB

(c) 故障直径为0.021 in时的振动波形和频谱, ISNR = 0.59dB

图 8.26　内圈故障含噪振动信号

不同故障程度下搜索到的故障特征频率与故障理论频率完全一致。随着故障直径增大，轴承故障特征频率越容易被搜索到。在图 8.27（b）、图 8.28（b）和图 8.29（b）中，搜索频率的幅值明显高于理论频率幅值，说明发生自适应随机共振现象。光滑的脉冲指标曲线表明，表征失效轴承故障特征的周期信息被准确搜索到。

图 8.27～图 8.29 中单一的搜索结果不能准确表明自适应搜索算法的有效性。为了达到重复性和统计的目的，对三种振动信号分别做了 10 次搜索实验，结果如图 8.30 所示。在所有的实验中，较小故障直径（0.007in）的振动信号的搜索率最低，较低的搜索率在一定程度上仍然可以识别故障特征频率。随着故障直径增大，振动信号强度增强，搜索率接近于 1。故障越严重，越容易成功实现自适应搜索算法。结果表明提出的自适应搜索算法可以有效地搜索不同故障水平下的故障特征频率。

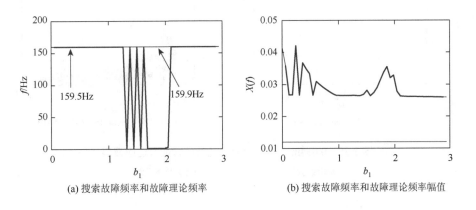

(a) 搜索故障频率和故障理论频率　　　　　　　　(b) 搜索故障频率和故障理论频率幅值

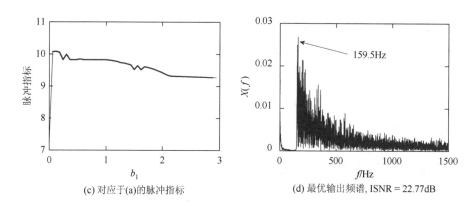

(c) 对应于(a)的脉冲指标

(d) 最优输出频谱, ISNR = 22.77dB

图 8.27   0.007in 内圈故障直径的故障特征自适应搜索

细实线为故障理论频率，粗实线为搜索故障频率

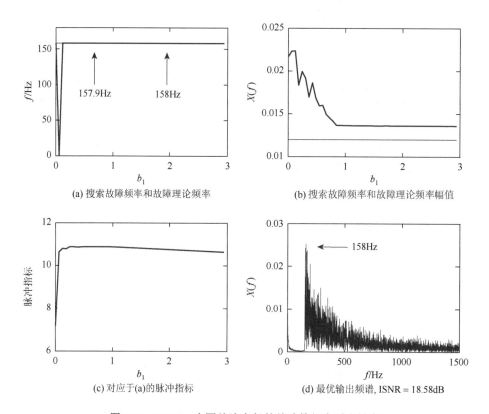

(a) 搜索故障频率和故障理论频率

(b) 搜索故障频率和故障理论频率幅值

(c) 对应于(a)的脉冲指标

(d) 最优输出频谱, ISNR = 18.58dB

图 8.28   0.014in 内圈故障直径的故障特征自适应搜索

细实线为故障理论频率，粗实线为搜索故障频率

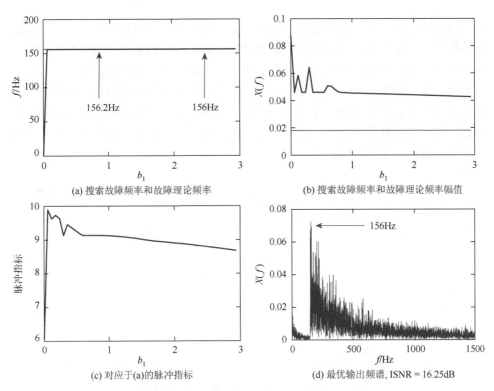

(a) 搜索故障频率和故障理论频率

(b) 搜索故障频率和故障理论频率幅值

(c) 对应于(a)的脉冲指标

(d) 最优输出频谱, ISNR = 16.25dB

图 8.29　0.021in 内圈故障直径的故障特征自适应搜索

细实线为故障理论频率，粗实线为搜索故障频率

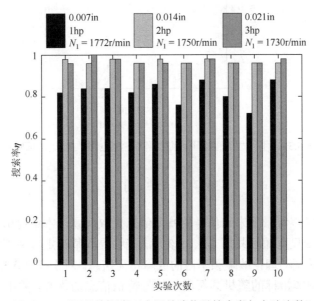

图 8.30　不同故障程度下内圈故障信号搜索率与实验次数

　　同样地，研究了提出的算法对噪声强度的敏感性，如图 8.31 所示。对于微弱振动信号（0.007in 和 0.014in），当信噪比较大时，故障特征频率能够准确搜索。当信噪比较小，噪声完全淹没信号且起主导作用时，搜索率明显降低。当故障水平继续增大（0.021in），随着信噪比减小，自适应搜索方法总能以较大的搜索率实现未知故障特征频率搜索，实现故障诊断。提出的自适应搜索算法总能在较大信噪比范围内实现自适应故障诊断，满足工程需求。提出的方法在不同故障水平的滚动轴承故障诊断中是稳定可靠的。

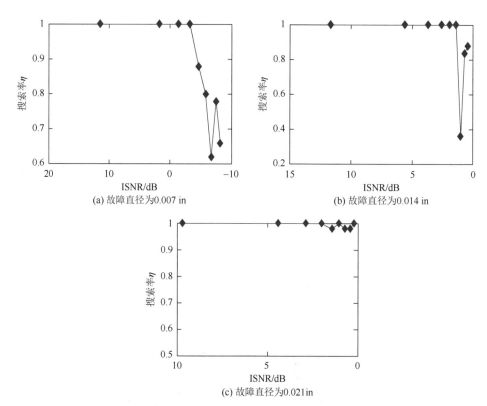

图 8.31　不同故障程度下内圈故障信号搜索率与改进的信噪比

8.4　本 章 小 结

　　为了解决噪声背景下未知信号的特征信息提取问题，本章提出了基于改进的信噪比指标的变尺度随机共振方法，该方法能够提取某给定频率邻域内的特征信息，如提取轴承振动理论故障频率内的故障特征信息。对于完全未知的特征信号，提出了基于 PMV 指标的随机共振用于信号特征信息的恢复，并用于滚动轴承的故障特征信息提取。在工程实际应用中，幅域指标在滚动轴承故障诊断领域应用广泛，基于幅域指标和智能优化算法提出了具有自适应搜索功能的随机共振算法，并用于滚动轴承故障特征信息提取，建立了理论研究和实际应用之间的桥梁。

虽然本章解决了一定的问题，但还有部分内容需要深入研究，例如，对于信号恢复问题，只是恢复出了信号的基本尺度特征，对信号的幅值特征还未进行考虑，能否精确恢复出完整的信号还需要进一步的研究。此外，本章恢复的是简单的信号，对于更加复杂的信号，如被噪声完全淹没的图像，能否用类似的方法进行恢复，也是值得深入研究的课题。

参 考 文 献

[1] Qiao Z, Lei Y, Lin J, et al. An adaptive unsaturated bistable stochastic resonance method and its application in mechanical fault diagnosis. Mechanical Systems and Signal Processing, 2017, 84: 731-746.

[2] Dybiec B, Gudowskanowak E. Stochastic resonance: The role of alpha-stable noises. Acta Physica Polonica B, 2006, 37 (5): 1479-1490.

[3] Wang J, He Q, Kong F. Adaptive multiscale noise tuning stochastic resonance for health diagnosis of rolling element bearings. IEEE Transactions on Instrumentation Measurement, 2014, 64 (2): 564-577.

[4] Jia F, Lei Y, Shan H, et al. Early fault diagnosis of bearings using an improved spectral kurtosis by maximum correlated kurtosis deconvolution. Sensors, 2015, 15 (11): 29363-29377.

[5] Li J, Chen X, He Z. Adaptive stochastic resonance method for impact signal detection based on sliding window. Mechanical Systems and Signal Processing, 2013, 36 (2): 240-255.

[6] Liu S, Hou S. Bearing fault detection based on L-kurtosis. Acta Scientiarum Polonorum Agricultura, 2013, 20 (4): 633-639.

[7] Zhang J, Yang J, Liu H, et al. Improved SNR to detect the unknown characteristic frequency by SR. IET Science, Measurement and Technology, 2018, 12 (6): 795-801.

[8] Huang D, Yang J, Zhou D, et al. Recovering an unknown signal completely submerged in strong noise by a new stochastic resonance method. Communications in Nonlinear Science and Numerical Simulation, 2019, 66: 156-166.

[9] Huang D, Yang J, Zhou D, et al. Novel adaptive search method for bearing fault frequency using stochastic resonance quantified by amplitude-domain index. IEEE Transactions on Instrumentation and Measurement, 2019, doi: 10.1109/TIM.2019.2890933.

[10] Bezrukov S M, Vodyanoy I. Noise-induced enhancement of signal transduction across voltage-dependent ion channels. Nature, 1995, 378: 362-364.

[11] Hänggi P. Stochastic resonance in biology how noise can enhance detection of weak signals and help improve biological information processing. Journal of Chemical Physics and Physical Chemistry, 2002, 3 (3): 285-290.

[12] McInnes C R, Gorman D G, Cartmell M P. Enhanced vibrational energy harvesting using nonlinear stochastic resonance. Journal of Sound and Vibration, 2008, 318 (4/5): 655-662.

[13] Wu Z, Huang N E. Ensemble empirical mode decomposition: A noise-assisted data analysis method. Advances in Adaptive Data Analysis, 2009, 1 (1): 1-41.

[14] Wang X, Zheng Y, Zhao Z, et al. Bearing fault diagnosis based on statistical locally linear embedding. Sensors, 2015, 15 (7): 16225-16247.

[15] Liu Z, Chen X, He Z, et al. LMD method and multi-class RWSVM of fault diagnosis for rotating machinery using condition monitoring information. Sensors, 2013, 13 (7): 8679-8694.

第9章　泊松白噪声背景下的变尺度随机共振
理论及应用

前面几章的研究内容主要是白噪声背景下的特征信息提取问题，白噪声是一种理想的噪声模型，除白噪声外，工程中还有多种更接近于真实工况的实噪声模型。本章主要研究一种典型的实噪声——泊松白噪声背景下的变尺度随机共振及轴承故障诊断问题。

9.1　泊松白噪声激励的随机共振系统变尺度分析

滚动轴承作为旋转机械的重要支承部件受到广泛关注和研究[1]。在传统的滚动轴承故障特征提取中，通常以高斯白噪声代替真实的工程噪声激励[2,3]。高斯白噪声是一种理想的、连续的噪声模型，其功率谱密度服从均匀分布。然而，工程实际中的随机激励并不总是连续且服从均匀分布的。因此，在实验研究中采用泊松白噪声模拟滚动轴承故障特征提取中的噪声背景可能更适合某些真实工况。泊松白噪声是一种不连续的随机干扰，由在随机时刻产生的具有随机幅值的脉冲序列构成，具有非均匀分布的功率谱密度[4]。例如，地震载荷[5]、车辆在崎岖道路上所受的激励[6]、车辆对桥梁施加的载荷[7]、飞机尾部的抖振[8]、移动荷载作用下梁的随机振动[9]等都属于泊松白噪声形式。

特别地，旋转机械出现故障时不仅受到自身的多源振动激励，还受到外部环境振动的影响。这些振动间断出现并通过机械结构传递给故障轴承形成复杂的背景噪声，相比高斯白噪声，该噪声背景更符合泊松白噪声形式。因此，研究泊松白噪声背景下的轴承微弱故障特征提取具有重要意义。

泊松白噪声在线性系统中的响应已有相关研究[10,11]。在非线性系统中，He等研究了由泊松白噪声和低频简谐信号激励的双稳态系统随机共振响应[12,13]。本节基于经典随机共振理论和第1章介绍的普通变尺度随机共振方法实现泊松白噪声背景下的变尺度随机共振。根据泊松统计过程，泊松白噪声可视为出现在随机时刻的独立同分布的脉冲序列，其定义如下：

$$\Gamma(t) = \sum_{i=1}^{N(t)} Y_i \delta(t - T_i) \tag{9.1}$$

式中，$N(t)$ 表示脉冲到达率为 β 的泊松计数过程；Y_i 表示服从独立同分布的第

i 个脉冲的随机幅值；Y_i 与脉冲到达时刻 T_i 无关，相邻两个 T_i 的差值服从指数分布；$\delta(\cdot)$ 为狄拉克 δ 函数；t 为时间变量。

令 $\varepsilon_i(t) = Y_i\delta(t - T_i)$，式（9.1）可写为

$$\Gamma(t) = \sum_{i=1}^{N(t)} \varepsilon_i(t) \tag{9.2}$$

由狄拉克 δ 函数的性质可知

$$\begin{cases} \delta(t - T_i) = \infty, & (t = T_i) \\ \delta(t - T_i) = 0, & (t \neq T_i) \end{cases}, \quad \int_{-\infty}^{\infty} \delta(t - T_i) = 1 \tag{9.3}$$

则狄拉克 δ 函数的脉冲幅值可近似估计为

$$\delta(t - T_i) = \frac{1}{\Delta t}, \quad \Delta t = \frac{1}{f_s} \tag{9.4}$$

式中，f_s 为采样频率。将式（9.4）代入式（9.2）可得

$$\Gamma(t) = \sum_{i=1}^{N(t)} \varepsilon_i(t), \quad \varepsilon_i(t) = \frac{Y_i}{\Delta t} \tag{9.5}$$

根据文献[14]可知泊松白噪声的二阶相关函数可写为

$$R^{(2)}[\Gamma(t_1), \Gamma(t_2)] = \beta E[Y^2]\delta(t_2 - t_1) \tag{9.6}$$

式中，$E[\cdot]$ 表示数学期望。为表述方便，假设脉冲幅值 Y_i 服从 0 均值高斯分布，因此泊松白噪声均值也为 0。泊松白噪声强度可表示为 $D = \beta E[Y^2]$。数学上，$V(Y) = E(Y^2) - E^2(Y)$，$V(\cdot)$ 表示方差。因此，脉冲幅值 Y_i 服从均值为 0、方差为 D/β 的高斯分布。进一步，由式（9.5）可知泊松脉冲 $\varepsilon_i(t) = Y_i/\Delta t$ 满足均值为 0、方差为 $D/(\beta\Delta t^2)$ 的高斯分布。泊松白噪声 $\Gamma(t)$ 可看作 $N(t)$ 个泊松脉冲 $\varepsilon_i(t)$ 叠加而成，因此 $\Gamma(t)$ 满足下述条件：

$$\langle \Gamma(t) \rangle = 0, \quad \langle \Gamma(t), \Gamma(0) \rangle = \frac{D}{\beta\Delta t^2}\delta(t) \tag{9.7}$$

考虑由低频周期信号和泊松白噪声激励的欠阻尼双稳态系统随机共振模型可写为

$$\frac{\mathrm{d}^2 x}{\mathrm{d}t^2} = a_0 x - b_0 x^3 - \gamma_0 \frac{\mathrm{d}x}{\mathrm{d}t} + A_0 \cos(2\pi f_0 t) + \Gamma(t) \tag{9.8}$$

式中，参数与前述章节中的参数含义相同。式（9.8）为欠阻尼经典随机共振模型，只能处理微弱低频信号。考虑微弱高频信号 $A\cos(2\pi ft)$，f 远大于 f_0，则大参数随机共振模型可写为

$$\begin{cases} \dfrac{\mathrm{d}^2 x}{\mathrm{d}t^2} = ax - bx^3 - \gamma \dfrac{\mathrm{d}x}{\mathrm{d}t} + A\cos(2\pi ft) + \Gamma(t) \\ \langle \Gamma(t) \rangle = 0, \quad \langle \Gamma(t), \Gamma(0) \rangle = \dfrac{D}{\beta\Delta t^2}\delta(t) \end{cases} \tag{9.9}$$

式中，参数与前述章节中的参数含义相同。为了实现由高频信号和泊松白噪声激励的随机共振系统变尺度分析，引入替换变量：

$$x(t) = z(\tau), \quad \tau = mt \tag{9.10}$$

将式（9.10）代入式（9.9），则式（9.9）可改写为

$$\begin{cases} \dfrac{\mathrm{d}^2 z}{\mathrm{d}\tau^2} = \dfrac{a}{m^2} z - \dfrac{b}{m^2} z^3 - \dfrac{\gamma}{m} \dfrac{\mathrm{d}z}{\mathrm{d}\tau} + \dfrac{A}{m^2} \cos\left(2\pi \dfrac{f}{m}\tau\right) + \dfrac{1}{m^2}\Gamma\left(\dfrac{\tau}{m}\right) \\[2mm] \langle \Gamma(\tau) \rangle = 0, \left\langle \Gamma\left(\dfrac{\tau}{m}\right), \Gamma(0) \right\rangle = \dfrac{Dm}{\beta \Delta t^2}\delta(\tau) \end{cases} \tag{9.11}$$

在式（9.11）中有

$$\begin{cases} \Gamma\left(\dfrac{\tau}{m}\right) = \sqrt{\dfrac{Dm}{\beta \Delta t^2}}\xi(\tau) \\[2mm] \langle \xi(\tau) \rangle = 0, \quad \langle \xi(\tau), \xi(0) \rangle = \delta(\tau) \end{cases} \tag{9.12}$$

令 $\dfrac{a}{m^2} = a_1, \dfrac{b}{m^2} = b_1, \dfrac{\gamma}{m} = \gamma_1, \dfrac{f}{m} = f_1$，并且代入式（9.11），则式（9.11）转化为

$$\begin{cases} \dfrac{\mathrm{d}^2 z}{\mathrm{d}\tau^2} = a_1 z - b_1 z^3 - \gamma_1 \dfrac{\mathrm{d}z}{\mathrm{d}\tau} + \dfrac{A}{m^2}\cos(2\pi f_1 \tau) + \sqrt{\dfrac{D}{\beta m^3 \Delta t^2}}\xi(\tau) \\[2mm] \langle \xi(\tau) \rangle = 0, \quad \langle \xi(\tau), \xi(0) \rangle = \delta(\tau) \end{cases} \tag{9.13}$$

参数 a_1、b_1、γ_1 和 f_1 同参数 a_0、b_0、γ_0 和 f_0 含义一样，均为较小参数。数学上通常以噪声方差客观描述噪声的实际大小，而真实的噪声强度受采样步长 Δt 影响。因此，尺度变换之前，式（9.7）的噪声方差为 $D/(\beta \Delta t^2)$，然而真实的噪声均方根值为 $\sigma_0 = \sqrt{D/(\beta \Delta t^3)}$。尺度变换之后，式（9.13）的噪声强度为 $D/(\beta m^3 \Delta t^2)$。合适的尺度系数 m 将高频 f 转化为低频 f_1，随着信号频率降低，采样步长变为原来采样步长的 m 倍。因此，变尺度后噪声的真实均方根值为 $\sigma_1 = \sqrt{D/(\beta m^4 \Delta t^3)}$。尺度变换前后噪声的真实均方根值缩小了 m^2 倍，即泊松白噪声被压缩了 m^2 倍。选择合适的尺度系数 m 即可实现泊松白噪声尺度变换，信号幅值和噪声均被压缩了 m^2 倍。为了使式（9.13）与式（9.8）等价，将式（9.13）中的信号幅值和噪声均放大 m^2 倍：

$$\dfrac{\mathrm{d}^2 z}{\mathrm{d}\tau^2} = a_1 z - b_1 z^3 - \gamma_1 \dfrac{\mathrm{d}z}{\mathrm{d}\tau} + A\cos(2\pi f_1 \tau) + \sqrt{\dfrac{Dm}{\beta \Delta t^2}}\xi(\tau) \tag{9.14}$$

式（9.14）满足经典随机共振的小参数限制。进一步，将式（9.9）中的信号幅值和噪声均放大 m^2 倍：

$$\dfrac{\mathrm{d}^2 x}{\mathrm{d}t^2} = ax - bx^3 - \gamma \dfrac{\mathrm{d}x}{\mathrm{d}t} + m^2 A\cos(2\pi ft) + \sqrt{\dfrac{Dm^4}{\beta \Delta t^2}}\xi(t) \tag{9.15}$$

式（9.15）与式（9.14）的动力学性质等价。式（9.15）是泊松白噪声激励下欠阻尼随机共振系统的普通变尺度标准形式，可以直接用于处理泊松白噪声背景下的高频信号，实现微弱特征放大和检测。通过上述分析可知，尺度变换后，较大参数 $a = a_1 m^2$，$b = b_1 m^2$，$\gamma = \gamma_1 m$。较小参数 a_1、b_1、γ_1 在随机共振中选为固定值，而在自适应随机共振中可通过 QPSO 算法寻优得到。因此，对于不同的输入信号，泊松白噪声背景下的自适应普通变尺度随机共振系统总能实现最优输出。本节仍以信噪比指标作为 QPSO 算法的适应度函数，量化普通变尺度随机共振系统响应，信噪比定义见式（1.9）。

9.2　泊松白噪声参数对随机共振响应的影响

本节以简谐信号 $s(t) = 0.1\cos(200\pi t)$ 为周期激励，分析泊松白噪声背景下的变尺度随机共振和普通变尺度自适应随机共振增强微弱信号特征的性能。为了保证结果的准确性，每个数据点均由 200 组不同的泊松白噪声平均得到。

9.2.1　欠阻尼普通变尺度随机共振系统响应

泊松白噪声的形式和强度主要由脉冲到达率 β 和噪声强度 D 决定。当脉冲到达率足够大时，泊松白噪声趋向于高斯白噪声且噪声强度为一定值。然而，具有较低脉冲到达率的泊松白噪声更适合描述工程应用中的真实随机激励。图 9.1 给出了不同脉冲到达率和噪声强度下的泊松白噪声形式。当噪声强度 $D = 0.2$ 时，随着脉冲到达率增大，脉冲数增加且脉冲幅值减小，泊松白噪声趋向于高斯白噪声。当脉冲到达率 $\beta = 10$ 时，脉冲数不变，随着噪声强度增大，脉冲幅值增大，与高斯白噪声性质一致。脉冲到达率 β 和噪声强度 D 对泊松白噪声的形式具有相反的影响。

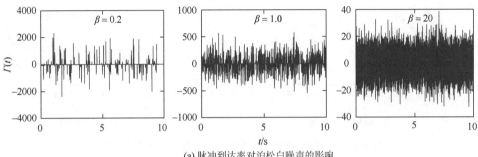

(a) 脉冲到达率对泊松白噪声的影响

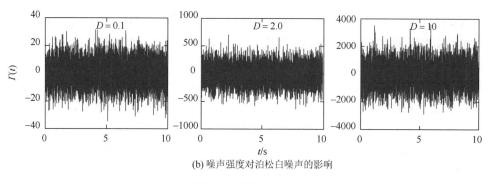

(b) 噪声强度对泊松白噪声的影响

图 9.1   泊松白噪声

将含有泊松白噪声的简谐信号输入欠阻尼普通变尺度随机共振系统，较小的系统参数为 $a_1 = 0.2$，$b_1 = 1.8$。相应地，较大的系统参数为 $a = 0.2m^2$，$b = 1.8m^2$。泊松白噪声的普通变尺度随机共振系统响应如图 9.2 所示，$m = 500$，$\gamma = 0.5$。由图 9.2（a）可知，对于不同的脉冲到达率均存在最优的噪声强度实现最优随机共振输出。随着脉冲到达率增大，随机共振现象逐渐削弱，而且需要更大的噪声强度诱导最优随机共振输出，说明脉冲到达率较小的泊松白噪声更容易诱导随机共振。由图 9.2（b）可知，对于不同的噪声强度，输出信噪比先增大后趋向于一定值，表明当随机共振系统被完全激发后脉冲到达率几乎不会影响输出信噪比。对于相同的脉冲到达率，随着噪声强度增加，输出信噪比先增大到最优后出现微弱衰减，这与图 9.2（a）中的结论基本一致。较大的噪声强度更容易诱导最优随机共振。

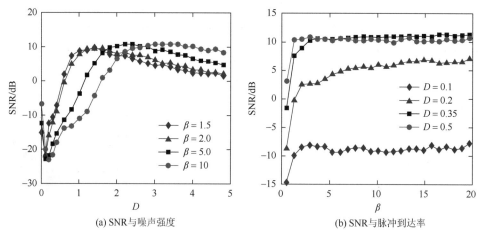

(a) SNR 与噪声强度   (b) SNR 与脉冲到达率

图 9.2   泊松白噪声激励的普通变尺度随机共振系统响应

基于不同的泊松白噪声形式，尺度系数 m 与随机共振输出信噪比如图 9.3

所示。在图 9.3（a）中 $\beta = 0.8$，$\gamma = 0.5$，不同噪声强度下的随机共振现象非常明显。随着噪声强度增大，随机共振输出信噪比先增大后减小，同时需要更小的尺度系数实现最优随机共振响应。这是因为普通变尺度随机共振系统势垒高度不变，较小的噪声强度不足以使粒子跃过势垒，故需要较大的尺度系数来放大信号幅值，使粒子顺利实现双势阱间的周期性往复振荡。脉冲到达率相同时，较大噪声强度的泊松白噪声拥有更多噪声能量使普通变尺度随机共振系统更容易实现最优输出。

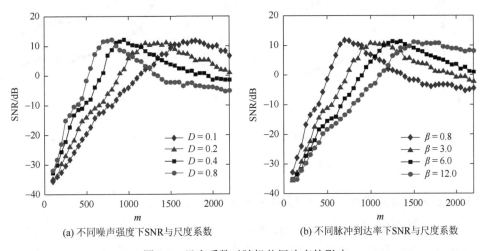

(a) 不同噪声强度下SNR与尺度系数　　　　　　(b) 不同脉冲到达率下SNR与尺度系数

图 9.3　尺度系数对随机共振响应的影响

在图 9.3（b）中 $D = 0.8$，$\gamma = 0.5$，随机共振现象也很明显。随着脉冲到达率增加，随机共振现象逐渐削弱，而且形成最优随机共振响应的尺度系数增大。当噪声强度相同时，较小的脉冲到达率更容易诱导随机共振。噪声强度和脉冲到达率对随机共振响应具有完全相反的影响。图 9.3 与图 9.2 的结果一致。

基于不同的泊松白噪声形式，阻尼系数 γ 与随机共振输出信噪比如图 9.4 所示。在图 9.4（a）中 $\beta = 0.8$，$m = 750$，存在最优的阻尼因子使普通变尺度随机共振系统达到最优输出。随着噪声强度增加，实现最优随机共振的阻尼因子增大且随机共振现象削弱。不同噪声强度下的最大信噪比近似相等。在图 9.4（b）中 $D = 0.45$，$m = 750$，脉冲到达率对随机共振输出的影响与噪声强度相反。当脉冲到达率较小时，需要较大阻尼因子诱导最优随机共振输出。脉冲到达率越小，脉冲幅值越大，需要较大的阻尼消耗更多的噪声能量来满足随机共振条件，即非线性系统的固有频率等于周期激励频率。

当势垒高度一定时，较大的噪声强度或者较小的脉冲到达率更容易诱导普通变尺度随机共振系统出现随机共振现象。而且，当其他参数固定时，调节尺度系

数 m、阻尼因子 γ、噪声强度 D 或者脉冲到达率 β 均能实现普通变尺度随机共振最优输出。

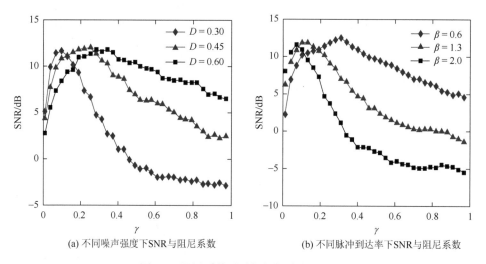

(a) 不同噪声强度下SNR与阻尼系数　　　　　　(b) 不同脉冲到达率下SNR与阻尼系数

图 9.4　阻尼系数对随机共振响应的影响

9.2.2　欠阻尼普通变尺度自适应随机共振系统响应

　　上述参数取固定值的普通变尺度随机共振系统具有不可变的势垒高度，限制了随机共振响应达到最优水平。对于不同形式的泊松白噪声，固定参数的普通变尺度随机共振系统不能实现自适应最优输出，只能通过人工调节相关参数达到最优系统输出，这显著降低了随机共振系统检测微弱信号特征的自适应性。因此，根据泊松白噪声的变尺度理论，对于不同的含噪输入信号，使用 QPSO 算法优化较小的系统参数 a_1 和 b_1，实现最优势垒匹配，从而实现自适应普通变尺度随机共振最优输出。

　　泊松白噪声的普通变尺度自适应随机共振系统响应如图 9.5 所示，$m = 3000$，$\gamma = 0.5$。在图 9.5（a）中，随着噪声强度增加，输出信噪比先减小后趋向于一定值。对于较小的脉冲到达率，需要较小的噪声强度实现最优输出。在达到最优输出之前，输出信噪比随噪声增加而减小，较小的噪声强度不能有效激励随机共振系统。当噪声强度相同时，脉冲到达率越大，泊松白噪声越接近于高斯白噪声，更多集聚的噪声能量导致更大的输出信噪比。相比于图 9.5，普通变尺度自适应随机共振优于参数固定的普通变尺度随机共振。

　　在图 9.5（b）中，当 $D = 0.4$ 时，普通变尺度自适应随机共振系统对于所有的脉冲到达率均能实现最优输出。当 $D < 0.4$ 时，随着脉冲到达率增加，输出信噪比先减小后趋于稳定值。当 $D > 0.4$ 时，输出信噪比先增加后趋于稳定值。脉冲到达率相同时，输出信噪比呈现非单调变化，并在 $D = 0.5$ 时达到局部最优。当 $\beta > 4$

时，普通变尺度自适应随机共振系统总能实现不同噪声强度下的最优输出。

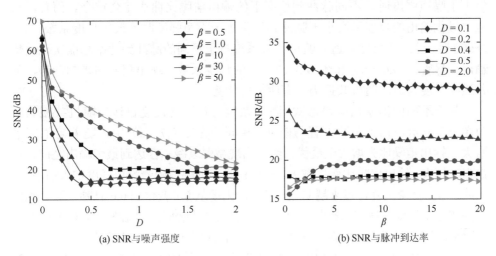

(a) SNR与噪声强度　　　　　　　　　　　　(b) SNR与脉冲到达率

图 9.5　泊松白噪声激励的普通变尺度自适应随机共振系统响应

图 9.6 给出了普通变尺度自适应随机共振输出信噪比与尺度系数 m 的关系曲线。为了方便比较，相关参数设置与图 9.3 相同。图 9.6（a）的结果与图 9.3（a）的结果一致。对于不同的噪声强度，随着尺度系数增加，非线性系统被有效激发直到实现最优输出；随后对于较小的噪声强度，输出信噪比出现微弱变化。相比图 9.3，在普通变尺度自适应随机共振中实现最优系统响应的尺度系数更小，这表明普通变尺度自适应随机共振优于参数固定的普通变尺度随机共振，且输出的最大信噪比显著提高。

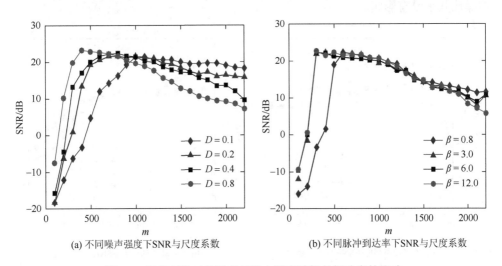

(a) 不同噪声强度下SNR与尺度系数　　　　　　(b) 不同脉冲到达率下SNR与尺度系数

图 9.6　尺度系数对普通变尺度自适应随机共振响应的影响

　　然而，图 9.6（b）的结果完全不同于图 9.3（b）中的结果。当脉冲到达率的值大于噪声强度时，不同脉冲到达率下的输出信噪比曲线完全重合。而且，对应于最优输出的尺度系数小于脉冲到达率等于噪声强度时的最优尺度系数。当 m ＞600 时，普通变尺度自适应随机共振系统对于不同的脉冲到达率总能实现最优输出。尽管图 9.6（b）和图 9.3（b）中的尺度系数表现出相同的影响趋势，但普通变尺度自适应随机共振仍具有明显的优势。

　　基于不同的泊松白噪声形式，阻尼系数与普通变尺度自适应随机共振响应如图 9.7 所示，相关参数设置与图 9.4 相同。在图 9.7（a）中，随着阻尼因子增大，输出信噪比先增大至最优，然后出现微弱衰减。在达到最优输出之前，噪声强度越大，输出信噪比变化越大。泊松白噪声的幅值随着噪声强度增大而增大。因此，输出信噪比变化越来越明显。当阻尼因子从 0.1 变化到 0.6 且噪声强度相同时，普通变尺度自适应随机共振总能实现最优系统响应。相比图 9.4（a）中的最优阻尼因子，普通变尺度自适应随机共振的优越性再一次得到证明。

　　在图 9.7（b）中，当 β = 0.6 时，输出信噪比随阻尼因子增大而减小。当 β = 1.3，2.0，20 时，输出信噪比随阻尼因子增大而增大至稳定值，随后减小。较小的脉冲到达率导致泊松白噪声的脉冲幅值变大。当脉冲幅值远大于信号幅值时，噪声在非线性系统中起主导作用。换言之，输出信噪比是噪声强度的单一函数。当阻尼消耗了系统的噪声能量后，噪声和信号达到很好的匹配，系统实现最优输出。当阻尼继续增大时，系统本身消耗了大部分噪声能量导致粒子不能在噪声的辅助下实现周期性跃迁，输出信噪比持续减小。随着脉冲到达率增大，输出信噪比曲线完全重合。在 γ = 0.05～0.6 时，系统输出最优。阻尼因子相同时，脉冲到达率对信噪比几乎没有影响。

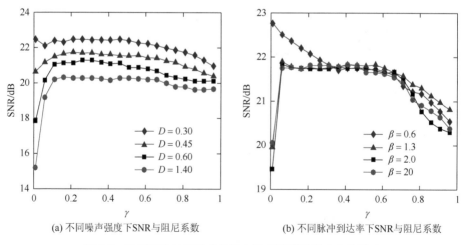

(a) 不同噪声强度下 SNR 与阻尼系数　　　　　　　(b) 不同脉冲到达率下 SNR 与阻尼系数

图 9.7　阻尼系数对普通变尺度自适应随机共振响应的影响

通过上述分析，泊松白噪声的形式由脉冲到达率和噪声强度共同决定。较小的脉冲到达率或者较大的噪声强度更容易诱导非线性系统实现最优输出，这与高斯白噪声完全不同。具有较小脉冲到达率的泊松白噪声更适合描述工程中的随机激励。

9.3　泊松白噪声在滚动轴承故障诊断中的应用

数值分析结果表明，普通变尺度自适应随机共振在提取泊松白噪声背景下微弱信号特征方面具有良好的效果。滚动轴承出现故障时，表征故障特征的通常是高频振动信号。本节通过普通变尺度随机共振系统实现泊松白噪声背景下的微弱故障特征提取。轴承故障仿真实验台如图 3.13 所示。内圈、滚动体和外圈振动信号分别基于 N306E 和 NU306E 型轴承采集，轴承设计参数如表 7.1 所示。采样点数和采样频率分别为 $n = 25600$ 和 $f_s = 12800\text{Hz}$。

图 9.8 给出了故障轴承内圈、滚动体和外圈振动信号的时域图与频谱图。时域图具有明显的周期性，且故障特征频率突出。在工程中，轴承故障振动信号中通常含有其他未知的振动分量，如机械冲击、螺栓松动、转子不对中等引起的异常振动。为了使研究结果更符合工程实际，向原始振动信号中加入泊松白噪声来模拟未知振动分量。

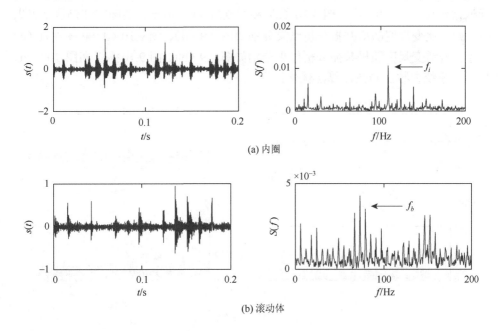

(a) 内圈

(b) 滚动体

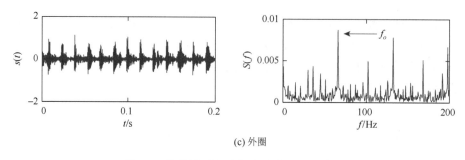

(c) 外圈

图 9.8　故障轴承振动信号时域图和频谱图

　　本节以归一化变尺度随机共振方法作为对比,突出普通变尺度随机共振方法的优点。对于不同的输入信号,归一化变尺度随机共振方法总以相同的势垒高度与之匹配,因此只能通过调节噪声强度实现最优随机共振输出,而普通变尺度随机共振方法总能以最优的势垒高度匹配不同的输入信号,总能实现最优输出。在泊松白噪声背景下,内圈、滚动体和外圈故障特征的提取结果如图 9.9～图 9.11 所示。在图 9.9 (a)、图 9.10 (a) 和图 9.11 (a) 中,泊松白噪声幅值远大于振动信号幅值,微弱的特征频率完全被噪声淹没。滚动轴承内圈和滚动体的故障频率通常被旋转频率所调制,因此采用希尔伯特解调预处理含噪振动信号。同时,使用高通滤波器滤除由不平衡、不对中、电流脉动、液压脉动等其他干扰振动源引起的低频干扰振动分量。希尔伯特解调结果如图 9.9 (b) 和图 9.10 (b) 所示,高通滤波结果如图 9.9 (c)、图 9.10 (c) 和图 9.11 (b) 所示,故障特征仍然难以识别。归一化变尺度随机共振分析结果分别如图 9.9 (d)、图 9.10 (d) 和图 9.11 (c) 所示,普通变尺度随机共振分析结果分别如图 9.9 (e)、图 9.10 (e) 和图 9.11 (d) 所示,系统参数由 QPSO 算法优化得到。

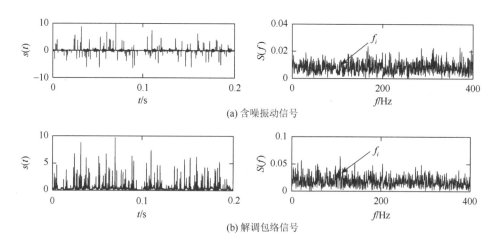

(a) 含噪振动信号

(b) 解调包络信号

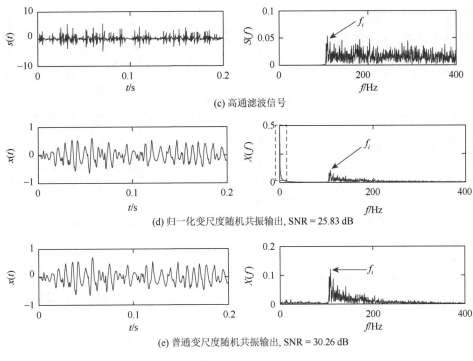

(c) 高通滤波信号

(d) 归一化变尺度随机共振输出, SNR = 25.83 dB

(e) 普通变尺度随机共振输出, SNR = 30.26 dB

图 9.9 泊松白噪声背景下内圈故障信号普通变尺度自适应随机共振提取

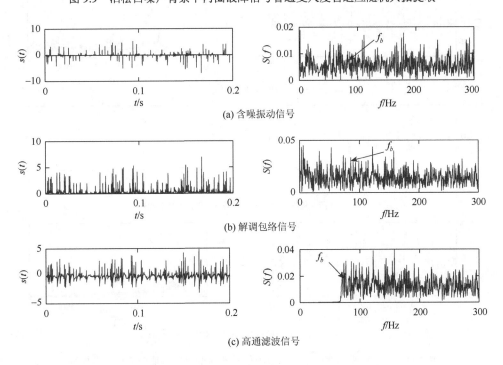

(a) 含噪振动信号

(b) 解调包络信号

(c) 高通滤波信号

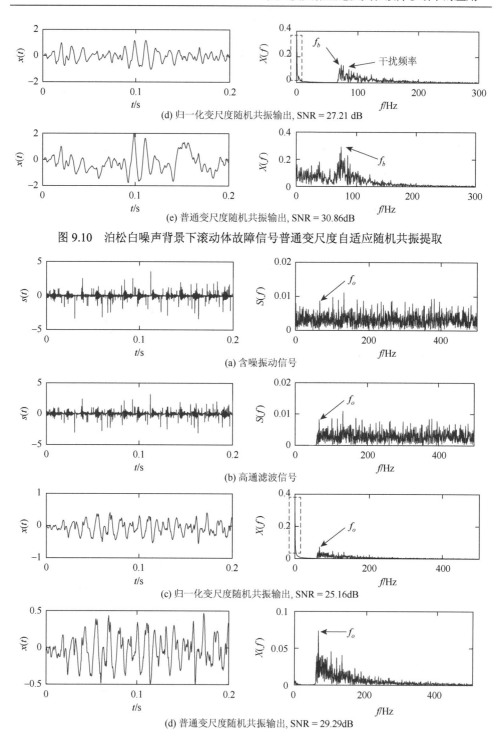

(d) 归一化变尺度随机共振输出, SNR = 27.21 dB

(e) 普通变尺度随机共振输出, SNR = 30.86dB

图 9.10 泊松白噪声背景下滚动体故障信号普通变尺度自适应随机共振提取

(a) 含噪振动信号

(b) 高通滤波信号

(c) 归一化变尺度随机共振输出, SNR = 25.16dB

(d) 普通变尺度随机共振输出, SNR = 29.29dB

图 9.11 泊松白噪声背景下外圈故障信号普通变尺度自适应随机共振提取

由于归一化变尺度随机共振方法未能实现最优随机共振响应,大量的噪声能量转化到零频率附近(图 9.9～图 9.11 中的矩形虚线框),故障特征频率周围存在大量干扰频率分量,故障特征未能得到有效增强。然而,普通变尺度随机共振处理结果得到明显改善,故障特征频率突出,输出信噪比显著提高。相比归一化变尺度随机共振方法,普通变尺度随机共振方法能有效提取泊松白噪声背景下不同振动信号的故障特征频率。

为了进一步验证普通变尺度随机共振方法的优势,以内圈振动信号为例,研究了噪声强度和脉冲到达率对归一化变尺度随机共振和普通变尺度随机共振系统输出信噪比的影响,如图 9.12 所示。在图 9.12(a)中,当脉冲到达率较小($\beta = 10$)时,随着噪声强度增大,输出信噪比急剧减小。当脉冲到达率较大($\beta = 50$)时,随着噪声强度增大,输出信噪比缓慢减小。在图 9.12(b)中,当噪声强度较大($D = 0.15$)时,随着脉冲到达率增大,输出信噪比先增加后趋向于一个稳定值。当噪声强度较小($D = 0.01$)时,输出信噪比几乎不随脉冲到达率变化。普通变尺度随机共振系统的输出信噪比始终优于归一化变尺度随机共振系统的,而且脉冲到达率和噪声强度对输出信噪比的影响完全相反,这与前述结论一致。

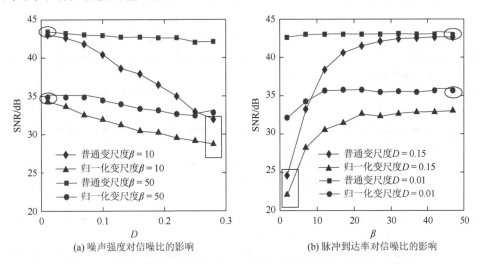

(a) 噪声强度对信噪比的影响　　　　　　(b) 脉冲到达率对信噪比的影响

图 9.12　普通变尺度随机共振和归一化变尺度随机共振系统输出信噪比

当噪声强度一定时,脉冲到达率越大,泊松白噪声越接近于高斯白噪声。相反,当脉冲到达率一定时,噪声强度越小,泊松白噪声越接近于高斯白噪声。相应地,在图 9.12 中当 $D = 0.01$ 和 $\beta = 50$(图 9.12 中椭圆)时,可以将泊松白噪声背景视为高斯白噪声背景。相比于泊松白噪声激励,输出信噪比在高斯白噪声激励下达到最大。高斯白噪声为功率谱均匀分布的连续随机扰动,容易诱导非线性系统产生最优随机共振输出,噪声能量被充分利用。即使噪声背景为高斯白噪声,普通变尺度随机共振仍然优于归一化变尺度随机共振。对于较大的噪声强度或者较小的脉冲到达率（图 9.12 中矩形框），此时的噪声背景均为典型的泊松白噪声，其是不连续的随机扰动。泊松白噪声背景和高斯白噪声背景下的系统输出完全不同，泊松白噪声更适合模拟工程应用中的随机激励。

9.4　本 章 小 结

本章主要基于变尺度随机共振方法研究泊松白噪声背景下的变尺度随机共振问题，并用于滚动轴承故障特征信息提取。目前该方面的研究成果较少，还有不少问题值得深入研究，例如，泊松白噪声下超谐频率成分的特征信息提取，这可对应螺栓松动情况下的故障特征信息提取问题。泊松白噪声下的 EMD 分解问题、未知特征信息提取问题等也值得进一步深入研究。

参 考 文 献

[1]　Rai A，Upadhyay S H. A review on signal processing techniques utilized in the fault diagnosis of rolling element bearings. Tribology International，2016，96：289-306.

[2]　Li J，Chen X，Du Z，et al. A new noise-controlled second-order enhanced stochastic resonance method with its application in wind turbine drivetrain fault diagnosis. Renewable Energy，2013，60：7-19.

[3]　Konar P，Chattopadhyay P. Bearing fault detection of induction motor using wavelet and support vector machines. Applied Soft Computing，2011，11：4203-4211.

[4]　Lin Y，Cai G . Probabilistic Structural Dynamics：Advanced Theory and Applications. New York：McGraw-Hill，1995：328-330.

[5]　Vere-Jones D. Stochastic models for earthquake occurrence. Journal of the Royal Statistical Society：Series B，1970，32：1-62.

[6]　Roberts J B. On the response of a simple oscillator to random impulses. Journal of Sound and Vibration，1966，4：51-61.

[7]　Tung C C. Response of highway bridges to renewal traffic loads. Journal of Engineering Mechanics Division，1969，95：41-58.

[8]　Liepmann H W. On the application of statistical concepts to the buffeting problem. International Journal of Aeronautical and Space Sciences，1952，19：793-800.

[9]　Ricciardi G . Random vibration of beam under moving loads. Journal of Engineering Mechanics，1994，120：2361-2380.

[10]　Roberts J B. System response to random impulses. Journal of Sound and Vibration，1972，24：23-34.

[11]　Grigoriu M，Samorodnitsky G . Stability of the trivial solution for linear stochastic differential equations with Poisson white noise. Journal of Physics A：Mathematical and General，2004，37：8913-8928.

[12]　He M，Xu W，Sun Z，et al. Characterization of stochastic resonance in a bistable system with Poisson white noise using statistical complexity measures. Communications in Nonlinear Science and Numerical Simulation，2015，28：39-49.

[13]　He M，Xu W，Sun Z，et al. Characterizing stochastic resonance in coupled bistable system with Poisson white noises via statistical complexity measures. Nonlinear Dynamics，2017，88：1-9.

[14]　Di P M，Vasta M. Stochastic integro-differential and differential equations of non-linear systems excited by parametric poisson pulses. International Journal of Nonlinear Mechanics，1997，32（5）：855-862.

第10章　有界噪声背景下的二次采样随机共振理论及应用

本章关注另一种常见形式的实噪声——有界噪声，研究有界噪声背景下的高频特征信息提取问题，采用的是信号变尺度的处理方法，即二次采样随机共振，并研究了如何通过振动共振方法进一步增强随机共振，进而提高系统的输出信噪比。

10.1　有界噪声模型

目前，随机共振的方法已经广泛应用于强噪声背景下的微弱信号特征提取和滚动轴承故障诊断。但是，在以前大多数的研究中，研究者主要关注于高斯白噪声[1, 2]。然而，在工程应用中包括了各种各样的噪声类型。其中，有界噪声是最常见和重要的噪声模型之一[3-6]。

有界噪声的模型可以表示为

$$N_B(t) = D\cos(2\pi f_c t + \sigma W(t) + \theta) \tag{10.1}$$

式中，D 表示有界噪声的强度；f_c 表示中心频率；σ 表示频率的随机干扰强度；$W(t)$ 表示单位维纳过程；θ 在（0, 2π）范围内服从均匀分布。

有界噪声的一维概率密度函数为

$$p(x) = \frac{1}{\pi\sqrt{D^2 - x^2}} \tag{10.2}$$

有界噪声的均值为零，均方值是固定值 $D^2/2$，其双边谱密度为

$$N_B(f) = \frac{(D\sigma)^2}{2\pi}\left(\frac{1}{4(f - f_c)^2 + \sigma^4} + \frac{1}{4(f + f_c)^2 + \sigma^4}\right) \tag{10.3}$$

有界噪声的编程思想如下[7]。

单位维纳过程增量为

$$\Delta W_i = W(t_{i+1}) - W(t_i), \quad i = 1, 2, \cdots \tag{10.4}$$

式中，$\Delta W_i = \varsigma(i)\sqrt{\Delta t}, i = 1, 2, \cdots$，其中 $\varsigma(i)$ 是服从均值为 0、标准正态分布的随机数，可以使用 MATLAB 中的 randn 命令直接生成。

$$N_B(t) = D\cos(H + \theta), \quad H = 2\pi f_c t + \sigma W(t) \tag{10.5}$$

$$H_i = H_{i-1} + 2\pi f_c \Delta t + \sigma dW_{i-1} \tag{10.6}$$

$$N_B(t_i) = D\cos(H_i + \theta) \tag{10.7}$$

式中，θ 为（0，2π）范围内以等概率随机选取的一个常量。

取有界噪声的强度 D 为 1，中心频率 f_c 为 10，随机干扰强度 σ 为 $\sqrt{0.2}$。设置采样频率为 50Hz，采样点数为 100000。产生有界噪声的 MATLAB 程序如下，有界噪声的频谱图如图 10.1 所示。

```
%设置初始条件
fs=50;                    %设置采样频率
N=100000;                 %设置采样点数
t=0:1/fs:(N-1)/fs;
dt=1/fs;
D=1;fc=10;
sig=sqrt(0.2);
%(0,2π)之间均匀分布
a=0;
b=2*pi;
r=a+(b-a).*rand;
save r.mat r
%按式(10.4)~式(10.7)编程
W=zeros(1,N);
H=zeros(1,N);
for i=2:N
    dW(i)=sqrt(dt).*randn;
    H(i)=H(i-1)+2*pi*fc.*dt + sig.*dW(i-1);
    NB(i)=D*cos(H(i)+r);
end
save NB.mat NB
```

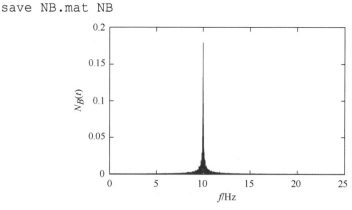

图 10.1　有界噪声的频谱图

计算有界噪声概率密度的 MATLAB 程序如下，其概率密度如图 10.2 所示。从图 10.2 中可以看出，其概率密度函数是非高斯概率分布。

```
%数值模拟求概率密度
dL=0.01;                     %进行数据统计时的组距
x1=-1:dL:1;                  %数据统计范围
load NB                      %加载有界噪声数据
f=hist(NB,x1);              %求频数
S=sum(f*dL);                %概率密度曲线包围的面积
f=f/S;                      %概率密度
plot(x1,f);
%数学解析求概率密度(根据式(10.2)):
D=1;
x=-1:0.001:1;
p=1./(pi.*sqrt(D.^2-x.^2));
plot(x,p)
```

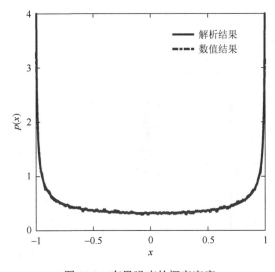

图 10.2 有界噪声的概率密度

数值计算有界噪声谱密度的 MATLAB 程序如下，其谱密度如图 10.3 所示。

```
%数值模拟求功率谱密度
load NB                      %加载有界噪声数据
fs=50;                       %设置采样频率
N=100000;                    %设置采样点数
```

```
Nfft=512;n=0:N-1;t=n/fs;          %数据长度、时间序列
window=hanning(256);              %选用的窗口
noverlap=128;                     %分段序列重叠的采样点数(长度)
dflag='none';                     %不做趋势处理
[Pxx,Pxxc,f]=psd(NB,Nfft,fs,window,noverlap,0.95);  %功率
谱估计
plot(f,10*log10(Pxx));            %绘制功率谱
xlabel('\itf\rm_c');ylabel('谱密度');
grid on;
%数学解析求噪声的功率谱密度(根据式(10.3))
D=1;
sig=sqrt(0.2);
fc=10;
w=0:0.001:25;
s=(D*sig)^2/(2*pi)*(1./(4.*(w-fc).^2+sig^4)+1./(4.*(w+fc).
^2+sig^4));
G=2.*s;
plot(w,10*log10(G))
```

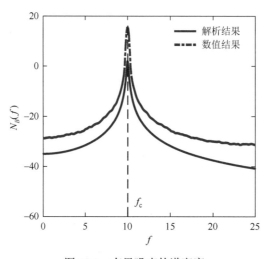

图 10.3　有界噪声的谱密度

　　从图 10.3 中可以看出，有界噪声的谱密度具有峰值，峰值位置由 f_c 确定。其带宽主要由 σ 决定，随着 σ 值变大，带宽将变大。在 σ 无限接近于零时，该噪声是一个窄带过程。在 σ 接近无限大时，该噪声趋向于具有恒定谱密度的白噪声[8]。

在图 10.2 和图 10.3 中，点划线表示通过数值模拟获得的数值结果。实线代表通过式（10.2）和式（10.3）得到的解析结果。从图中可以看出，解析结果和数值结果的趋势基本一致。

10.2 有界噪声背景下的随机共振

有界噪声是工程应用中较为常见和重要的一类噪声。而且，有界噪声具有一定的频率范围，它的能量大部分集中于中心频率周围。如果有界噪声的中心频率很小，则噪声的能量将主要分布在低频部分。在这种情况下，随机共振的方法是否有效？当有界噪声的中心频率远大于信号频率或接近信号频率时，能否通过随机共振的方法从有界噪声背景中提取出特征信息？本节将对上述几个问题进行分析研究。

10.2.1 有界噪声背景下的二次采样随机共振分析流程

针对有界噪声背景，采用二次采样随机共振进行研究，模型为双稳态随机共振模型，以经典信噪比作为评价指标。首先，在信号输入随机共振系统之前采用二次采样法将较高频率转换为较低频率，也就是将信号进行了尺度变换。接着，将变换后的信号输入小参数随机共振系统中。然后，根据二次采样的频率压缩比恢复输出信号的时间尺度。最后，得到随机共振处理过的原尺度信号，进行特征信息提取。基于二次采样法的随机共振具体步骤如下：

（1）选择首次采样频率 f_s，采集振动信号。

（2）确定采样频率压缩比 m，得到二次采样的采样频率 $f_{so} = f_s/m$。通过二次采样对高频信号进行重采样来实现信号的重构。通过这种方法，高频信号被转换成低频信号。

（3）用随机共振方法分析二次采样得到的低频信号。

（4）将步骤（3）中输出信号的时间尺度除以频率压缩比 m，恢复出原尺度的信号。

（5）进行时域和频域相关分析，提取特征信息。

10.2.2 简谐特征信号提取

仿真信号是余弦信号与有界噪声相结合的含噪信号，该余弦信号的表达式为

$$s(t) = A\cos(2\pi f t) \tag{10.8}$$

式中，$A = 0.1$；$f = 20\text{Hz}$。分析仿真信号时，采样频率 f_s 和采样点数 n 都设置为10000。将有界噪声的强度 D 从 0 取到 3，间隔为 0.05，σ 设置为 1。随机共振的系统参数 a 和 b 都设置为 1。

1. 有界噪声频率 f_c 远大于信号频率 f

在研究有界噪声频率远大于信号频率的情况时，将有界噪声的频率分别设置为 100Hz、150Hz 和 200Hz。采样频率的压缩比率 m 设置为 2500，此时二次采样的采样频率 $f_{so} = f_s/m$，步长 h 设置为 $1/f_{so}$。SNR 与有界噪声强度 D 的关系如图 10.4 所示。

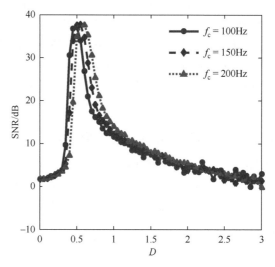

图 10.4　当 $f_c \gg f$ 时，SNR 和噪声强度之间的关系(一)

在图 10.4 中，SNR 先增大至出现共振峰，然后随着噪声强度的继续增大而逐渐下降。当 SNR 达到最大值时，随机共振的效果最佳。换言之，此时信号、噪声和系统在共振峰处达到最佳匹配。SNR 峰值顶点处对应的噪声强度在 0.5 左右。当有界噪声的频率取 160Hz，噪声强度设置为 0.5 时，图 10.5 和图 10.6 分别给出了随机共振处理前后的时域图和频谱图。本章如无特别说明，则 SNR 代表信号频率处的信噪比。

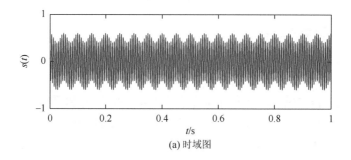

(a) 时域图

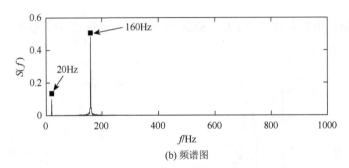

(b) 频谱图

图 10.5　当 $f_c \gg f$ 时，含噪信号的时间序列（一）

SNR = 20.004dB

在图 10.5 中，信号频率幅值远小于有界噪声的频率幅值。在图 10.6 中，通过随机共振处理后信号频率变得较明显且易于识别。同时，在信号频率处的 SNR 得到了改善，这是因为高频处的噪声能量大部分被转移到信号频率中。因此，在这种情况下，随机共振的方法取得了较好的效果。

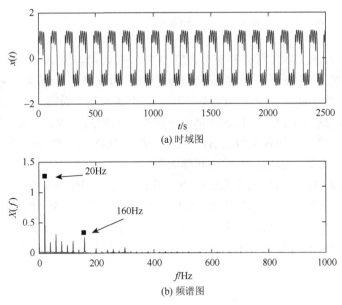

(a) 时域图

(b) 频谱图

图 10.6　当 $f_c \gg f$ 时，双稳态系统随机共振的最优输出（一）

SNR = 39.66dB

2. 有界噪声频率 f_c 略大于信号频率 f

在研究有界噪声频率略大于信号频率的情况时，将有界噪声的频率分别设置为 25Hz、30Hz 和 35Hz。采样频率的压缩比 m 设置为 2000，二次采样的采样频率

即为 $f_{so} = f_s/m$，步长 h 设置为 $1/f_{so}$。SNR 与有界噪声强度 D 的关系如图 10.7 所示。

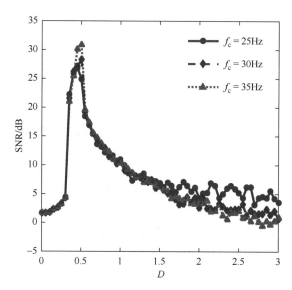

图 10.7　当 f_c 略大于 f 时，SNR 和噪声强度之间的关系（一）

在图 10.7 中，SNR 与有界噪声强度 D 的关系规律与图 10.4 给出的相同。当有界噪声频率为 25Hz 时,对应最高点的噪声强度为 0.45。当有界噪声强度为 30Hz 和 35Hz 时，对应最高点的噪声强度均为 0.5。上述的三个最高点就是图 10.8 中的两个尖峰点，这几个最高点代表该情况下随机共振的最佳效果。取最高点对应的参数，即当有界噪声的频率为 25Hz，噪声强度为 0.45 时，图 10.8 和图 10.9 分别给出了随机共振处理前后的时域图和频谱图。

在图 10.8 中，信号的频率幅值较小，很难识别。在图 10.9 中，通过随机共振处理后，信号的频率可以较清晰地被识别出来，但同时有界噪声的频率也很明显。这是因为随机共振的方法是将高频处的噪声能量转移到信号频率所在的低频处，但此时有界噪声的能量并不集中于高频处，而是集中于接近信号频率的稍高频处，

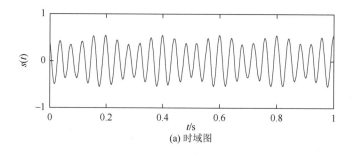

(a) 时域图

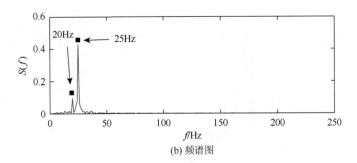

(b) 频谱图

图 10.8　当 f_c 略大于 f 时，含噪信号的时间序列（一）

SNR = 20.477dB

此时噪声能量很难被完全转移到故障信号中去，因此信号的故障频率较随机共振处理之前有所改善，但有界噪声的频率依然很明显，在这种情况下，随机共振的效果并没有完全体现出来。

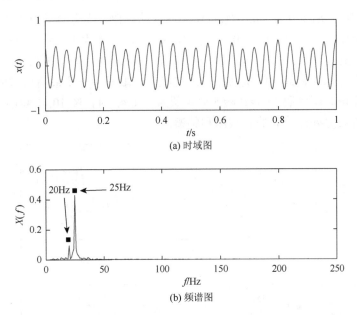

(a) 时域图

(b) 频谱图

图 10.9　当 f_c 略大于 f 时，双稳态系统随机共振的最优输出（一）

SNR = 27.534dB

3. 有界噪声频率 f_c 略小于信号频率 f

在研究有界噪声频率略小于信号频率的情况时，将有界噪声的频率分别设置为 15Hz、10Hz 和 5Hz。采样频率的压缩比 m 设置为 1000，则二次采样的频率为 $f_{so} = f_s/m$，步长 h 设置为 $1/f_{so}$。SNR 与有界噪声强度 D 的关系如图 10.10 所示。

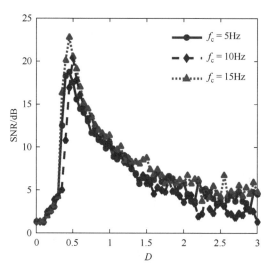

图 10.10   当 f_c 略小于 f 时，SNR 和噪声强度之间的关系（一）

图 10.10 给出了和图 10.7 及图 10.4 一样的规律。当有界噪声的频率为 15Hz 时，对应最高点的噪声强度为 0.45；当有界噪声的频率为 10Hz，对应最高点的噪声强度为 0.5；当有界噪声的频率为 5Hz 时，对应最高点的噪声强度为 0.4。图中这三个最高点都代表此时随机共振的最佳状态。取其中一个最高点对应的参数，即当有界噪声的频率取 15Hz，噪声强度设置为 0.45 时，图 10.11 和图 10.12 分别给出了随机共振处理前后的时域图和频谱图。

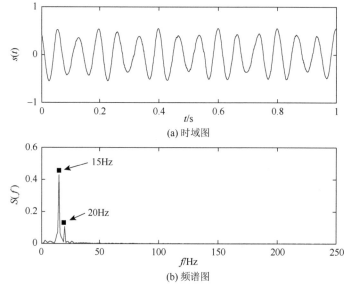

图 10.11   当 f_c 略小于 f 时，含噪信号的时间序列（一）

SNR = 21.422dB

从图 10.11 和图 10.12 中可以发现，经过随机共振之后，信号的频率依然淹没在噪声中很难识别，而且有界噪声的频率十分明显。这是因为有界噪声的能量集中于比信号频率还低的低频段，而随机共振的作用是将高频段的能量转移到低频段，所以有界噪声的能量不能被转移到信号中。因此，在这种情况下随机共振并不能发挥作用。

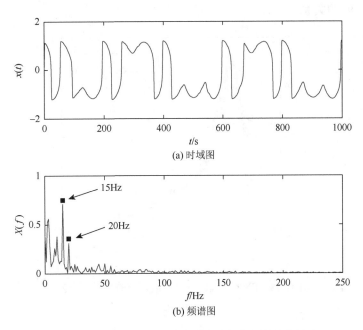

(a) 时域图

(b) 频谱图

图 10.12　当 f_c 略小于 f 时，双稳态系统随机共振的最优输出（一）

SNR = 21.278dB

10.2.3　振动共振增强随机共振

在有界噪声频率 f_c 略小于信号频率 f 的情况下随机共振的效果并不理想，因此将尝试引进振动共振（vibrational resonance，VR）的方法进行改善。根据前述，经典随机共振是采用在非线性系统中输入微弱信号和合适的噪声激励使三者达到最佳匹配来产生共振，而使微弱信号放大[9, 10]。振动共振和随机共振的原理非常相似，不同点在于这两种方法的激励不同[11]。如果用一个高频信号替代噪声，会发生和随机共振类似的现象，即振动共振。振动共振现象由 Landa 和 McClintock 提出[12]，通过调节辅助高频辅助信号，来提高双稳态系统对弱低频信号的响应效果[13, 14]。本节引入振动共振来改善该情况下随机共振中的效果，在原含噪信号的基础上，再添加高频辅助信号，其表达式为 $A_h \cos(2\pi f_h t)$，其中 f_h 远大于 f。

　　首先研究在辅助信号频率 f_h 固定时，SNR 与辅助信号幅值之间的关系。有界噪声的频率设置为 15Hz，σ 设置为 1。有界噪声的强度分别设置为 0.05、0.1 和 0.2。辅助信号的强度 A_h 从 0 取到 3，间隔为 0.05。辅助信号的频率 f_h 设置为 100Hz。采样频率的压缩比 m 设置为 1000，则二次采样的采样频率为 $f_{so} = f_s/m$，步长 h 设置为 $1/f_{so}$。随机共振的系统参数 a 和 b 都设置为 1。图 10.13 给出了 SNR 与辅助信号幅值之间的关系。

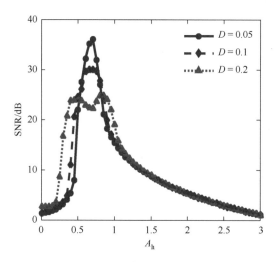

图 10.13　SNR 与辅助信号幅值之间的关系（一）

$f_h = 100$Hz

　　在图 10.13 中，当有界噪声强度为 0.05 或 0.1 时，辅助信号的幅值大约是 0.7，SNR 达到最大值，说明此时的共振效果较好。接着研究当有界噪声的强度 D 固定时，SNR 与辅助信号频率的关系。根据图 10.13，取最高点对应的参数，有界噪声的频率设置为 15Hz，噪声强度设置为 0.05，σ 设置为 1。辅助信号的幅值 A_h 分别设置为 0.4、0.7 和 1。辅助信号的频率 f_h 从 50Hz 取到 400Hz，间隔为 10Hz。采样频率的压缩比 m 设置为 1000，则二次采样的采样频率为 $f_{so} = f_s/m$，步长 h 设置为 $1/f_{so}$。随机共振的系统参数 a 和 b 都设置为 1。图 10.14 展示了 SNR 和辅助信号频率之间的关系。这里需要注意的是，SNR_1 代表信号频率处的信噪比，SNR_2 代表有界噪声频率处的信噪比。

　　在图 10.14 中，当 $A_h = 0.7$，$f_h = 100$Hz 时，SNR_1 与 SNR_2 的差值达到最大值，即信号频率处的信噪比远大于有界噪声频率处的信噪比。此时该点具有最佳的共振效果，因为辅助信号的能量大多转移到特征信号中而不是有界噪声中，增强了特征信号的显现。根据图 10.13 和图 10.14 最优点处的参数，设置有界噪声的频率 f_c 为 15Hz，噪声强度 D 为 0.05，辅助信号的频率 f_h 和幅值 A_h 分别设置为 100Hz

和 0.7。图 10.15 和图 10.16 给出了在上述参数下加入辅助信号后，用 SR 和 VR 结合方法处理前后的时域图和频谱图。

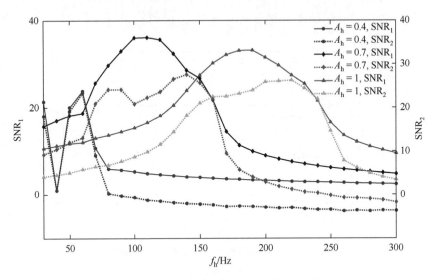

图 10.14　SNR 和辅助信号频率的关系

$D = 0.05$

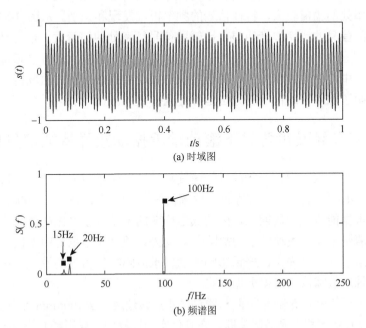

(a) 时域图

(b) 频谱图

图 10.15　加入辅助信号后，含噪信号的时间序列（一）

SNR = 17.11dB

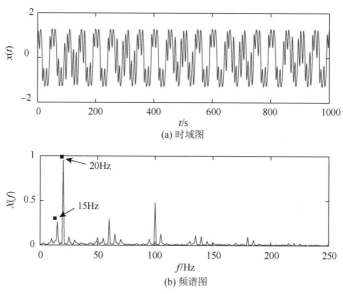

(a) 时域图

(b) 频谱图

图 10.16　SR 与 VR 结合的方法处理后的最优输出（一）

SNR = 36.18dB

　　从图 10.15 中可以看出，特征信号频率及有界噪声频率处的幅值都较小，辅助信号频率处的幅值较大，特征信号的频率很难发现和识别。从图 10.16 中可以看出，故障信号的频率清晰明显，比辅助信号频率处的幅值大，很容易识别。同时，SNR 较图 10.12 也有较大提高，这是因为辅助信号的大部分能量都能被转移到故障信号中。在这种情况下，随机共振与振动共振结合的方法取得了较好的效果，也证明了加入辅助信号的方法是可行且有效的。

10.3　有界噪声背景下滚动轴承振动故障特征信息提取

　　在实际工程应用中，一些以低转速旋转的滚动轴承也在大型工业机械中起着重要作用，如钢厂起重机、堆垛机、挖掘机等[15, 16]。当转速小于 600r/min 时，采集的振动数据能量低、周期长，因此低速旋转的滚动轴承产生的故障信号非常微弱，无法清楚地识别滚动轴承的故障[17]。此外，滚动轴承信号中不仅包含故障特征信息，还包含各种噪声，严重影响滚动轴承故障特征信息的提取。在这些情况下，滚动轴承故障诊断变得更加困难。

　　本节主要研究有界噪声背景下，滚动轴承旋转速度大于 100r/min 且小于 600r/min 情况下的特征频率提取及故障诊断。在具体实施过程中，采用经典的双稳态随机共振模型，信噪比作为评价指标。针对经典双稳态随机共振只能处理小参数的限制条件，采用二次采样的方法进行变尺度。在有界噪声的背景下，具体讨论三种情况，分别是有界噪声频率远大于信号频率的情况、有界噪声频率大于且接近信号频率的情况和有界噪声频率接近且小于信号频率的情况。当有界噪声频率小于信号频率时，双稳态随机共振效果不佳，将引入辅助信号和振动共振的方法提高提取效率。

10.3.1　低转速滚动轴承振动故障特征信息提取

实验台仍采用第 3 章所描述的本实验室搭建的实验台，采集分析的实验数据从该实验台上获得。这里采用滚动轴承的内圈故障为例进行故障诊断。该内圈故障为划痕故障，划痕宽度为 1.2mm，深度为 0.5mm。故障轴承类型为 NU306E。在实验中，电机转速为 236.9r/min，制动力矩为 0N·m，径向力为 200N。根据式（3.4）和轴承结构参数，计算得到内圈故障理论频率为 28.567Hz。

由于在实验室采集得到的实验数据中背景噪声是比较理想的，为了符合实际工程中存在有界噪声的情况，将有界噪声添加到实验信号中。在分析实验信号时，采样频率设置为 5700，采样点数设置为 28500。有界噪声的强度 D 从 0 取到 0.2，间隔为 0.01，σ 取 1。采样频率的压缩比 m 设置为 400，此时二次采样的采样频率为 $f_{so} = f_s/m$，步长 h 设置为 $5/f_{so}$，系统参数 a 和 b 的值分别设置为 6.85 和 5.29。

1. 有界噪声频率 f_c 远大于信号频率 f

在研究有界噪声频率远大于信号频率的情况时，将有界噪声的频率分别设置为 150Hz、200Hz 和 250Hz。SNR 和有界噪声的强度关系如图 10.17 所示。在图 10.17 中，随着有界噪声强度的增加，SNR 先增加后减少。当有界噪声强度大约在 0.04 时，随机共振的效果达到最佳状态。取图 10.17 中最优点对应的参数，当有界噪声的频率为 169Hz，有界噪声的强度为 0.04 时，图 10.18 和图 10.19 分别给出了

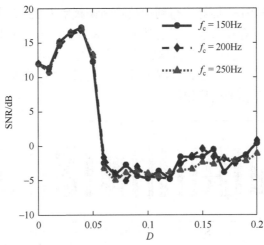

图 10.17　当 $f_c \gg f$ 时，SNR 和噪声强度之间的关系（二）

随机共振处理前后的含噪信号的时域图和频谱图。由于滚动轴承内圈故障信号具有调制现象，因此在随机共振之前进行了解调预处理。

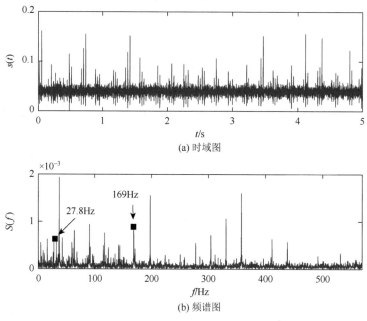

(a) 时域图

(b) 频谱图

图 10.18   当 $f_c \gg f$ 时，含噪信号的时间序列（二）

SNR = −0.865dB

从图 10.18 中可以看出，由于滚动轴承故障信号包含的频率成分十分复杂，再加上有界噪声的影响，故障频率成分很难识别。从图 10.19 可以清晰地看出频谱图中最高点为 27.8Hz，而计算得到的故障理论频率为 28.567Hz，故障理论频率和故障实际频率之间存在误差属于正常现象。从图 10.19 中可以看出，由于随机共振的效果较好，噪声能量大多转移到故障信号中，故障实际频率 27.8Hz 可以明显地识别出来。与仿真信号在该情况下的结果类似，当有界噪声频率远大于故障信号频率时，随机共振的效果较好。

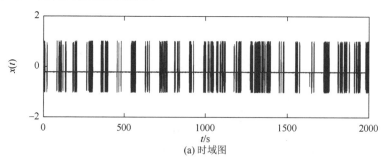

(a) 时域图

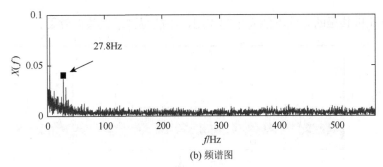

(b) 频谱图

图 10.19　当 $f_c \gg f$ 时，双稳态系统随机共振的最优输出（二）

SNR = 18.22dB

2. 有界噪声频率 f_c 略大于信号频率 f

在研究有界噪声频率略大于信号频率的情况时，将有界噪声的频率分别设置为 34Hz、39Hz 和 44Hz。SNR 与有界噪声强度 D 的关系如图 10.20 所示。在图 10.20 中，SNR 和有界噪声强度的关系类似于图 10.17。当有界噪声强度大约在 0.04 时，随机共振的效果达到最佳状态。

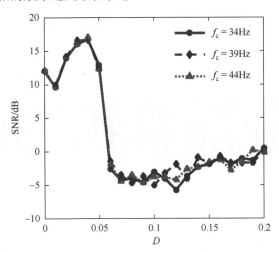

图 10.20　当 f_c 略大于 f 时，SNR 和噪声强度之间的关系（二）

取图 10.20 中最优点对应的参数，即当有界噪声频率为 34Hz，噪声强度为 0.04 时，图 10.21 为原含噪信号的时域图和频谱图。图 10.22 为采用随机共振方法对原含噪信号处理后的时域图和频谱图。图 10.21 中，故障频率淹没在各种频率成分及噪声中，很难识别。从图 10.22 中可以看出，通过随机共振方法处理后，实验信号的故障频率可以被识别出来，但在故障频率周围仍有一些干扰成分，这是因为低频部分的噪声不能完全转移到信号中。与仿真信号在该情况下的结果类似，因此在这种情形下随机共振的方法不能完全起作用，不能得到最佳共振效果。

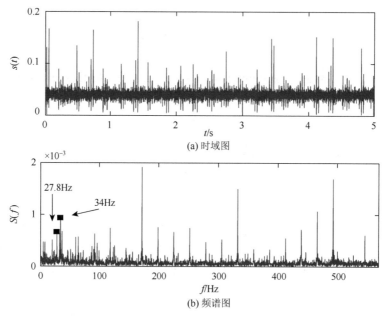

(a) 时域图

(b) 频谱图

图 10.21　当 f_c 略大于 f 时，含噪信号的时间序列（二）

SNR = −0.34dB

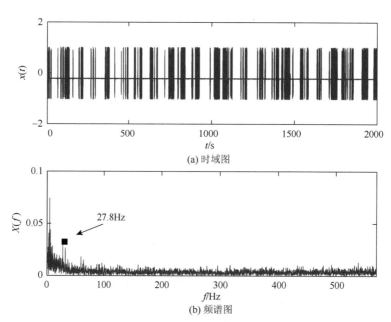

(a) 时域图

(b) 频谱图

图 10.22　当 f_c 略大于 f 时，双稳态系统随机共振的最优输出（二）

SNR = 15.72dB

3. 有界噪声频率 f_c 略小于信号频率 f

在研究有界噪声频率略小于信号频率的情况时，将有界噪声的频率分别设置为 12Hz、17Hz 和 22Hz。SNR 与有界噪声强度 D 的关系如图 10.23 所示。在图 10.23 中，它给出了和图 10.17、图 10.20 一样的规律。当有界噪声强度大约在 0.04 时，随机共振达到最佳状态。取图 10.23 中最优点对应的参数，即当有界噪声的频率为 22Hz，有界噪声强度为 0.04 时，图 10.24 给出了原含噪信号的时域图和频谱图，图 10.25 给出了采用随机共振方法处理后的时域图和频谱图。

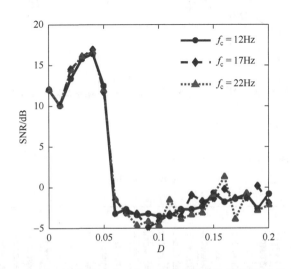

图 10.23 当 f_c 略小于 f 时，SNR 和噪声强度之间的关系（二）

10.3.2 振动共振增强滚动轴承振动故障特征信息提取效率

从图 10.24 和图 10.25 中可以发现，实验信号的故障频率在随机共振处理后依然不明显，和该情况下的仿真信号类似，这是因为有界噪声能量集中于比信号故障频率还低的低频段，随机共振并不能发挥作用。为了改进随机共振处理后效果依然不理想的情况，引入了振动共振的理论并加入一个辅助信号。该辅助信号的表达式与仿真信号分析中一致。

当辅助信号的频率 f_h 保持不变时，首先研究 SNR 与辅助信号强度的关系。有界噪声的频率设置为 22Hz，σ 取 1。有界噪声强度分别设置为 0.01、0.02 和 0.04。辅助信号的幅值 A_h 从 0 取到 0.1，间隔为 0.001。辅助信号的频率 f_h 设置为 250Hz。图 10.26 给出了 SNR 与辅助信号幅值的关系。

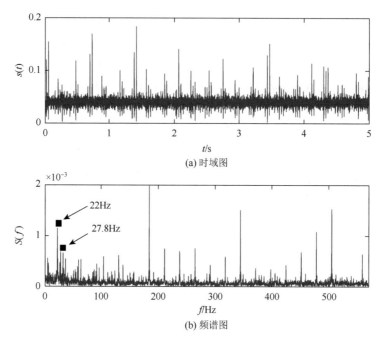

(a) 时域图

(b) 频谱图

图 10.24　当 f_c 略小于 f 时，含噪信号的时间序列（二）

SNR = −0.07dB

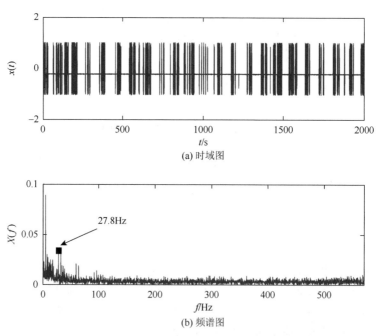

(a) 时域图

(b) 频谱图

图 10.25　当 f_c 略小于 f 时，双稳态系统随机共振的最优输出（二）

SNR = 17.16dB

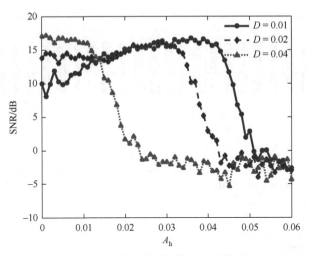

图 10.26　SNR 与辅助信号幅值之间的关系（二）

$f_h = 250\text{Hz}$

从图 10.26 中可以看出，最高点位于 $D = 0.04$，$A_h = 0.001$ 处，此时共振效果最佳。根据图 10.26，取最优点对应的参数，即将有界噪声的频率 f_c 设置为 22Hz，有界噪声强度 D 设置为 0.04。辅助信号的频率 f_h 和强度 A_h 分别设置为 250Hz 和 0.001。图 10.27 和图 10.28 分别给出了随机共振与振动共振方法结合前后的时域图和频谱图。

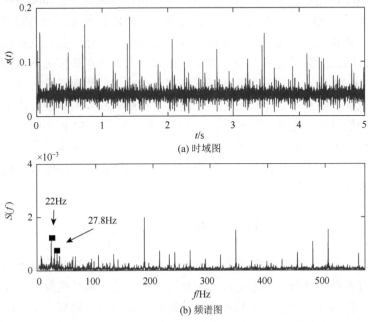

图 10.27　加入辅助信号后，含噪信号的时间序列（二）

SNR = −0.06dB

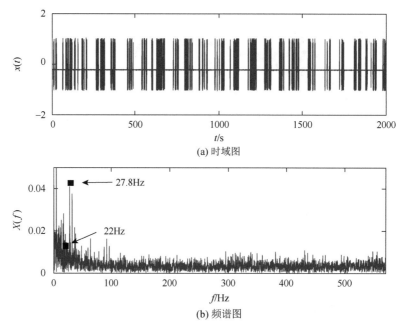

(a) 时域图

(b) 频谱图

图 10.28　SR 与 VR 结合的方法处理后的最优输出（二）

SNR = 18.96dB

从图 10.27 和图 10.28 可以看出，原来淹没在各种频率成分和噪声中的滚动轴承故障频率经过 SR 与 VR 结合的方法处理后，故障频率变得较为明显，易于识别和提取，SNR 也有所提高，这是因为辅助信号的能量通过振动共振被转移到故障信号中，因此所提的随机共振与振动共振结合的方法在该情况下是可行且有效的。在图 10.28 中，在故障频率附近存在有一个较大的频率成分，该频率是旋转频率的倍数，在实验中是不可避免的，因此并不影响故障的识别。由于滚动轴承的故障振动信号较为复杂，在分析实验信号时未给出反映 SNR 与辅助信号频率的关系图。根据图 10.26 中的参数设置引入了辅助信号，结果也较为理想。与该情况下的仿真信号类似，所提的随机共振与振动共振结合的方法能较好地提取出有界噪声背景下的故障特征信息。

10.4　本 章 小 结

在大型工程机械中，实噪声背景下低速滚动轴承是非常普遍且不容忽视的，因此提取有界噪声背景下低速旋转的滚动轴承故障特征信息提取方法非常重要。本章针对三种情况下的仿真信号和低速滚动轴承实验信号研究了这一问题，得到了相同的结果。当有界噪声的中心频率远大于故障频率时，随机共振的效果较好。当有界噪声的中心频率略大于故障频率时，故障频率仍能识别但在该频率周围也存在较多干扰成分。当有界噪声的中心频率略小于故障频率时，随机共振不能发挥作用，效果较差。在这种情况下，随机共振效果欠佳，此时采用振动共振方法，引入一个高频辅助信号来增强随机共振进而实现微弱特征信息的提取。仿真信号和实验信号的结果表明该方法是可行且有效的。本章的结论对有界噪声背景下低速滚动轴承的故障特征信息提取具有潜在应用价值。本章采用的是二次采样法随机共振，对于变尺度法如何得到系统的变尺度方程，值得进一步研究。

参 考 文 献

[1] Zhu H T. Multiple-peak probability density function of non-linear oscillators under Gaussian white noise. Probabilistic Engineering Mechanics，2013，31：46-51.

[2] Hu D L，Liu X B，Chen W. Moment Lyapunov exponent and stochastic stability of binary airfoil under combined harmonic and Gaussian white noise excitation. Nonlinear Dynamics，2017，89（1）：539-552.

[3] Fang C J，Yang J H，Liu X B. Moment Lyapunov exponent of three-dimensional system under bounded noise excitation. Applied Mathematics and Mechanics-English Edition，2012，33（5）：553-566.

[4] Huang Z L，Zhu W Q. Stochastic averaging of quasi-integrable Hamiltonian systems under bounded noise excitations. Probabilistic Engineering Mechanics，2004，19（3）：219-228.

[5] Long F，Guo W，Mei D C. Stochastic resonance induced by bounded noise and periodic signal in an asymmetric bistable system. Physica A，2012，391（22）：5305-5310.

[6] Yue X L，Xu W，Wang L，et al. Transient and steady-state responses in a self-sustained oscillator with harmonic and bounded noise excitations. Probabilistic Engineering Mechanics，2012，30：70-76.

[7] 刘雯彦，陈忠汉，朱位秋. 有界噪声激励下单摆——谐振子系统的混沌运动. 力学学报，2003，35（5）：634-640.

[8] Wu J C，Li X，Liu X B. On the pth moment stability of the binary airfoil induced by bounded noise. Chaos Solitons and Fractals，2017，98：109-120.

[9] Qiao Z J，Lei Y G，Lin J，et al. Stochastic resonance subject to multiplicative and additive noise：The influence of potential asymmetries. Physical Review E，2016，94：052214.

[10] Qiao Z J，Lei Y G，Lin J，et al. An adaptive unsaturated bistable stochastic resonance method and its application in mechanical fault diagnosis. Mechanical Systems and Signal Processing，2017，84：731-746.

[11] Jeevarathinam C，Rajasekar S. Theory and numerics of vibrational resonance in Duffing oscillators with time-delayed feedback. Physical Review E，2011，83：066205.

[12] Landa P S，McClintock P V E. Vibrational resonance. Journal of Physics A：Mathematical and General，2000，33（45）：433-438.

[13] Yang J H，Zhu H. Bifurcation and resonance induced by fractional-order damping and time delay feedback in a Duffing system. Communications in Nonlinear Science and Numerical Simulation，2013，18：1316-1326.

[14] Liu Y B，Dai Z J，Lu S L，et al. Enhanced bearing fault detection using step-varying vibrational resonance based on duffing oscillator nonlinear system. Shock and Vibration，2017，3：1-14.

[15] Caesarendra W，Kosasih B，Tieu A K，et al. Application of the largest Lyapunov exponent algorithm for feature extraction in low speed slew bearing condition monitoring. Mechanical Systems and Signal Processing，2015，50-51：116-138.

[16] Widodo A，Yang B S，Kim E Y，et al. Fault diagnosis of low speed bearing based on acoustic emission signal and multi-class relevance vector machine. Nondestructive Testing and Evaluation，2009，24（4）：313-328.

[17] 阳建宏，黎敏，丁福焰，等. 滚动轴承诊断现场实用技术. 北京：机械工业出版社，2015.

第 11 章　非周期二进制信号激励下的变尺度随机共振

为进一步研究随机共振，本章在分数阶系统中研究非周期随机共振现象，以慢变和快变非周期二进制信号为特征信号，分别探究分数阶非线性系统的非周期随机共振现象，讨论分数阶导数以及噪声强度对系统动力学特性的影响规律。

11.1　慢变信号激励下分数阶系统的非周期随机共振

考虑到真实的外部信号通常具有非周期性，Collins 等[1,2]提出了非周期随机共振（aperiodic stochastic resonance，ASR）理论，即噪声也可以通过非线性系统增强弱非周期输入信号。随着对该技术的进一步研究，目前非周期随机共振技术已在许多方面得到应用，如哺乳动物皮肤感受器[3]、存储器和逻辑门实现[4]、基带二进制信号传输[5-7]、数字水印[8]、光信号处理[9]等。

近年来，随着分数阶微积分理论的深入发展，分数阶系统在诸多领域得到了广泛的应用，如工业过程控制[10,11]、信号处理[12]、故障诊断[13]、细胞力学[14]等。基于不同的分数阶系统，学者对随机共振现象进行了多方面的研究[15-19]。结果表明，除了调节噪声强度或系统参数外，通过调节系统阶数也可以实现随机共振，分数阶系统呈现出更为丰富的非线性随机动力学行为。

考虑受非周期二进制慢变信号激励的双稳态分数阶系统：

$$\frac{\mathrm{d}^\alpha x}{\mathrm{d}t^\alpha} = ax - bx^3 + s(t) + N(t), \quad \alpha \in (0,2) \tag{11.1}$$

式中，α 是分数阶数；a 和 b 是数量级为 1 的系统参数；$s(t)$是需要增强的非周期二进制慢变信号，表达式为

$$s(t) = A\sum_{j=0}^{\infty} q_j P(t - jT)$$

$$P(t) = \begin{cases} 1, & t \in [0,T] \\ 0, & t \notin [0,T] \end{cases} \tag{11.2}$$

其中，A 为振幅；T 为最小脉冲宽度；$q_j = \pm 1$ 为具有独立分布的随机数。分数微积分有几种不同的定义，为便于数值离散和计算，此处采用 Grünwald-Letnikov 定

义[20]。关于 $x(t)$ 的 Grünwald-Letnikov 分数阶导数定义为

$$\left.\frac{\mathrm{d}^\alpha x(t)}{\mathrm{d}t^\alpha}\right|_{t=kh} = \lim_{h\to 0}\frac{1}{h^\alpha}\sum_{j=0}^{k}(-1)^j\binom{a}{j}x(kh-jh) \tag{11.3}$$

式中，h 是时间步长；二项式系数 $\binom{a}{j}$ 具有以下性质：

$$\binom{a}{0}=1, \quad \binom{a}{j}=\frac{\Gamma(\alpha+1)}{\Gamma(j+1)\Gamma(\alpha-j+1)}, \quad j\geqslant 1 \tag{11.4}$$

$\Gamma(\cdot)$ 表示伽马函数。引入记号 x_k 代替 $x(kh)$，并将式（11.3）代入式（11.1），得到分数阶随机系统的离散化方程为

$$x_k = -\sum_{j=1}^{k-1}w_j^\alpha x_{k-j} + h^\alpha(f(x_{k-1})+s_{k-1}+N_{k-1}) \tag{11.5}$$

对于非周期信号，通常使用互相关系数 C_{sx} 来度量随机共振的发生。互相关系数反映了输入和输出之间的相似度。如果输入和输出越相似，那么互相关系数 C_{sx} 就越大，反之亦然。C_{sx} 的取值在 $-1\sim 1$。如果输出波形与输入波形大致相同，则 C_{sx} 接近 1。因此，当发生随机共振时，C_{sx} 将具有较大的数值。事实上，互相关系数取值大是发生随机共振的必要非充分条件。互相关系数 C_{sx} 表示为

$$C_{sx} = \frac{\displaystyle\sum_{j=1}^{n}(s(j)-\overline{s})(x(j)-\overline{x})}{\sqrt{\displaystyle\sum_{j=1}^{n}(s(j)-\overline{s})^2\sum_{j=1}^{n}(x(j)-\overline{x})^2}} \tag{11.6}$$

式中，$\overline{s}$ 和 $\overline{x}$ 分别为输入和输出的均值。

由于系统阶数和噪声是诱发随机共振现象的重要因素，所以主要关注分数阶数和噪声强度对非周期随机共振现象的影响。首先探究噪声强度对分数阶系统响应的影响，选用了三个阶数值，分别为 0.8、1 和 1.5，研究不同分数阶数下噪声强度对非周期随机共振现象的影响，如图 11.1 所示。从图 11.1 中可以看出，分数阶系统（$\alpha=0.8, 1.5$）的曲线变化趋势与整数阶系统的曲线变化趋势相似（$\alpha=1$）。这说明，分数阶数并不从本质上影响噪声对非周期随机共振的变化规律。对应图 11.1 中的曲线（$\alpha=1.5$），图 11.2 给出了输入非周期信号和高斯白噪声激励下分数阶系统的不同噪声强度时的输出时间序列。当噪声较小时，即 $D=0.025$，系统的输出难以实现两个势阱之间的穿越。随着噪声的增强，当 $D=0.225$ 时，互相关系数此时达到一个局部最大值，系统输出和非周期信号在两势阱间实现了同步穿越，微弱非周期信号在非线性分数阶系统中得到优化和放大，此时的噪声强度为实现系统最优输出的最佳噪声强度。随着噪声的进一

步增大，弱输入信号会被噪声所淹没，输出信号表现不佳。从图 11.1 中也可以看到，分数阶数越大，对应的最佳噪声强度越小，非周期随机共振越容易发生。因此，这对实现最佳分数阶随机共振的参数调节有一定的参考意义。

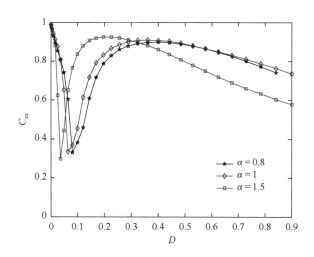

图 11.1　不同分数阶数下的 C_{sx}-D（一）

计算参数为 $a = 1$，$b = 1$，$A = 0.22$，$h = 0.2$，$T = 200$

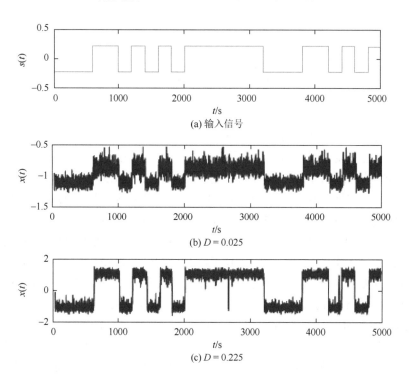

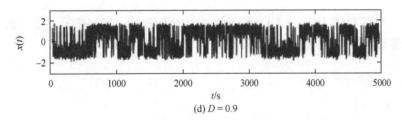

(d) $D = 0.9$

图 11.2　输入信号与不同噪声强度下的系统输出

计算参数为 $\alpha = 1.5$，$a = 1$，$b = 1$，$A = 0.22$，$h = 0.2$，$T = 200$

接着，进行分数阶数对分数阶系统响应的影响研究。类似地，选择三个噪声强度，分别为 0.05，0.2 和 0.45，将分数阶数作为调节变量。图 11.3 给出互相关系数 C_{sx} 与分数阶数 α 的关系曲线。对于 $D = 0.05$，C_{sx}-α 曲线明显呈现双峰状。当噪声强度为 $D = 0.2$ 时，互相关系数函数退化为单峰。如果进一步提高噪声强度，互相关系数函数曲线趋于平缓。换言之，当噪声强度逐渐增加时，分数阶数对响应的影响会减弱。此外，对于 $D = 0.05$ 的情况，在区间[0.3，0.7]和[1.3，1.9]中，互相关系数随 α 的增加而增加。然而，在区间[0.2，0.3]、[0.7，1.3]和[1.9，2)中，互相关系数随 α 的增加而减小。

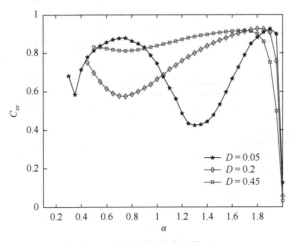

图 11.3　不同噪声强度下的 C_{sx}-α

计算参数为 $a = 1$，$b = 1$，$A = 0.3$，$h = 0.1$，$T = 100$

对应图 11.3 中的曲线（$D = 0.2$），图 11.4 描述了五个输出信号的时间序列。输入的非周期信号如图 11.4（a）所示。在图 11.4（c）中，$\alpha = 0.7$，它对应于图 11.3 中曲线的第一个峰值。在图 11.4（e）中，$\alpha = 1.9$，它对应于图 11.3 中曲线的第二个峰值。从图 11.4（e）中可以看出，输出信号与输入信号波形基本相同，且输出信号振幅明显放大，可以表明此时实现了最佳非周期共振。而对于其他分数阶值，如图 11.4（b）～（d）和（f）中的时间序列，输出信号不能与输入信号同步地穿过势阱。在这些情况下，输出信号出现了失真。

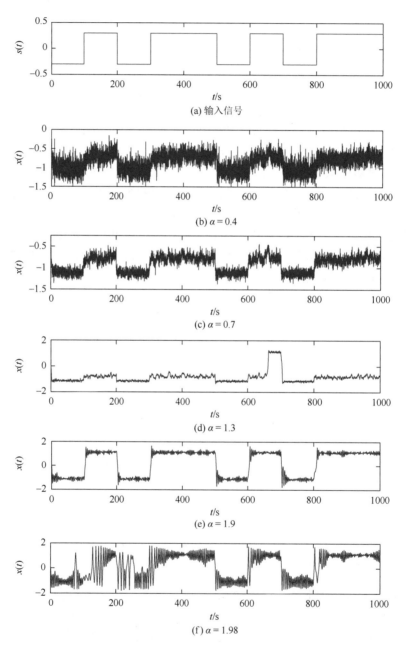

图 11.4　输入信号与不同分数阶数下的系统输出

计算参数为 $D = 0.05$，$a = 1$，$b = 1$，$A = 0.3$，$h = 0.1$，$T = 100$

从图 11.4 中可以看出，随机共振能通过噪声的激励，增强低频或慢变信号，这属于经典随机共振[21]。在经典随机共振理论中，系统参数 a 和 b 的量级往往为 1，且被激励的信号为低频信号。另外，从上述分析可以看出，噪声强度 D 和分数阶数 α 都能诱导非周期随机共振。其中，噪声引起的共振能有效地提高互相关系数，降低信号失真。换言之，噪声诱导的非周期随机共振对输入信号的保真度起着重要作用。此外，当分数阶系统阶数越大时，引起共振的最佳噪声强度往往越小。

11.2　快变信号激励下分数阶系统的变尺度随机共振

基于经典的分数阶随机共振理论，非周期双极二进制信号在有噪声的情况下容易从原始信号中被分离。本节继续利用几种不同的非周期双极性二进制信号来测试和实现分数阶非周期随机共振，以确定经典分数阶非周期随机共振在处理快变二进制信号时是否仍然有效[22]。系统方程仍为式（11.1），$s(t)$ 是需要增强的非周期二进制快变信号，这些信号的脉冲宽度较小，最小脉冲宽度 $T=0.4$。为从普遍性角度阐述问题，$s(t)$ 选取三种不同波形的非周期二进制信号波形，分别命名三种波形为信号 1、信号 2 和信号 3，如图 11.5 所示。

如果能够实现经典分数阶随机共振现象，共振曲线将出现在图 C_{sx}-D 中。换言之，当噪声强度达到一个特定值时，C_{sx} 可以达到一个接近 1 的较大值。图 11.6 给出了将信号输入双稳态分数阶系统后得到的 C_{sx}-D 关系曲线。显然，无论如何选择噪声强度和分数阶数，都无法获得理想的 C_{sx} 值。这说明分数阶随机共振现象不可能出现，也说明经典分数阶随机共振理论在非周期信号增强中失效。

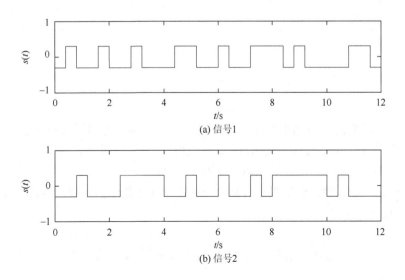

(a) 信号1

(b) 信号2

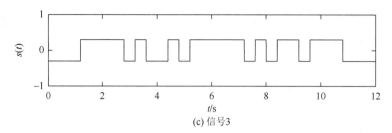

(c) 信号3

图 11.5　三种不同波形的非周期二进制信号

计算参数为 $A = 0.3$，$T = 0.4$

——— 信号1　– – – 信号2　–·–·– 信号3

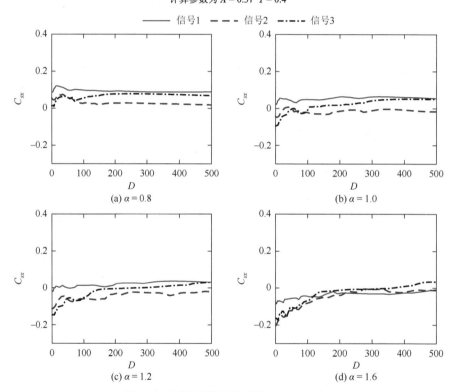

(a) $\alpha = 0.8$　　　　　　　　　　　(b) $\alpha = 1.0$

(c) $\alpha = 1.2$　　　　　　　　　　　(d) $\alpha = 1.6$

图 11.6　不同分数阶数下的 C_{sx}-D（二）

计算参数为 $a = 1$，$b = 1$

　　为解决经典的分数随机共振不能处理快速变化的二进制信号的问题，引入普通变尺度[23]（general scale transformation，GST）方法。首先，令

$$z(\tau) = x(t), \quad \tau = mt \tag{11.7}$$

式中，m 是尺度系数。然后根据分数阶导数在尺度变化中的性质，将式（11.7）代入式（11.1），得到

$$\frac{\mathrm{d}^{\alpha} z}{\mathrm{d}\tau^{\alpha}} = \frac{a}{m^{\alpha}} z - \frac{b}{m^{\alpha}} z^3 + \frac{1}{m^{\alpha}} s\left(\frac{\tau}{m}\right) + \frac{1}{m^{\alpha}} N\left(\frac{\tau}{m}\right) \tag{11.8}$$

令 $a_1 = \dfrac{a}{m^\alpha}$，$b_1 = \dfrac{b}{m^\alpha}$。很明显，原来信号的所有频率分量转化为低频分量。进一步，将激励恢复到原来的强度，得到

$$\frac{\mathrm{d}^\alpha x}{\mathrm{d}t^\alpha} = m^\alpha a_1 x - m^\alpha b_1 x^3 + m^\alpha s(t) + m^\alpha N(t) \tag{11.9}$$

为验证普通变尺度方法在分数阶随机共振中的有效性，给出图 11.7 和图 11.8，其中输入信号与图 11.5 中一致。在图 11.7 中，曲线最初快速下降，然后逐渐上升至一个极大值点，接着又缓慢下降。为了清楚地描述不同噪声强度和不同分数阶下的最佳输出，以信号 2 为例，绘制其输出结果，如图 11.8 所示。从图 11.8 中可以看出，信号输出与纯净信号相似，其输出振幅是纯净信号的两倍。这意味着，微弱非周期二进制快变信号能够通过分数阶随机共振被放大。显然，不同的分数阶数都可以出现共振。因此，这也表明了普通变尺度方法在分数阶随机共振中的有效性。然而，从图 11.7 中也可以发现，当 $D = 0$ 时，互相关系数 C_{sx} 的值稍大，几乎接近 1。虽然输入和输出之间有着密切的相似性，但是在这种情况下，分数阶随机共振并不会出现，这可以从图 11.8（虚线）中观察到。

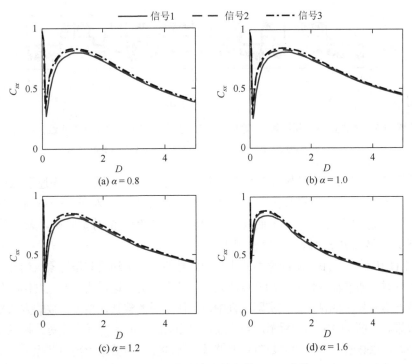

图 11.7　普通变尺度方法下的 C_{sx}-D 曲线

计算参数为 $a_1 = 1$，$b_1 = 1$，$m = 100$

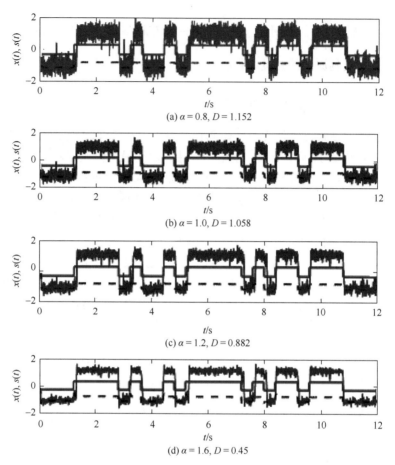

(a) $\alpha = 0.8$, $D = 1.152$

(b) $\alpha = 1.0$, $D = 1.058$

(c) $\alpha = 1.2$, $D = 0.882$

(d) $\alpha = 1.6$, $D = 0.45$

图 11.8   输入信号（粗实线）、输出 $D = 0$（虚线）和最佳输出（细实线）（一）

计算参数为 $a_1 = 1$，$b_1 = 1$，$A = 0.3$，$T = 0.4$，$m = 100$

为了研究非周期信号振幅对分数阶随机共振的影响，图 11.9 描述了三个不同振幅的信号时分数阶随机共振的 C_{sx}-D 曲线。可以看出，对于几个不同的分数阶数，共振状态也出现在 C_{sx}-D 曲线中。而对于一个确定的分数阶数，输入信号的振幅越大，最佳共振点的 C_{sx} 值也越大。

图 11.10 给出了不同脉冲宽度的非周期信号的分数阶随机共振现象。当分数阶数保持不变时，随着输入信号脉冲宽度的减小，共振减弱。这说明脉冲宽度影响分数阶随机共振信号处理的性能。在实际工程中，往往采用调整其他相关参数的方法来提高共振效果。如图 11.10（a）所示，当分数阶数相对较小时，脉冲宽度对共振状态的影响很小。这意味着小取值的分数阶数能够减少脉冲宽度对分数阶随机共振的影响。所以，要想改善这种情况，可以通过选择一个较小的分数阶数。图 11.11 通过改变尺度系数，展现了三种不同脉冲宽度信号的分数随机共振现象。在图 11.11 中，每个分数

阶的共振状态比图 11.10 中的共振状态好。为了进一步验证这种现象的有效性，给出了图 11.12。对应于 $\alpha=1.6$ 的极值点，输入及其最佳输出分别存在。从时间序列来看，无论哪种脉冲宽度较小的信号，都可能发生分数阶随机共振。因此，当处理的信号变化很快时，实现更佳的分数阶随机共振的另一种方法是调整尺度系数 m。

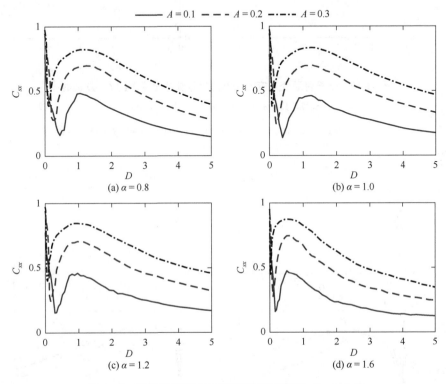

图 11.9　基于普通变尺度方法不同振幅下的 C_{sx}-D 曲线

计算参数为 $a_1=1$，$b_1=1$，$T=0.4$，$m=100$

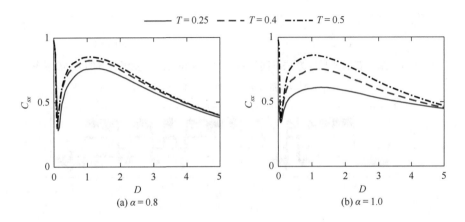

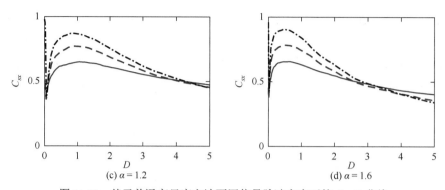

(c) α = 1.2   (d) α = 1.6

图 11.10   基于普通变尺度方法不同信号脉冲宽度下的 C_{sx}-D 曲线

计算参数为 $a_1 = 1$，$b_1 = 1$，$A = 0.3$，$m = 100$

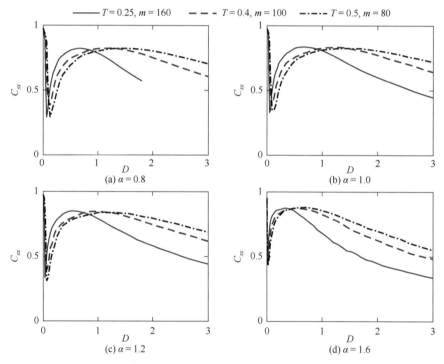

(a) α = 0.8   (b) α = 1.0

(c) α = 1.2   (d) α = 1.6

图 11.11   基于普通变尺度方法不同信号脉冲宽度和时间尺度组合下的 C_{sx}-D 曲线

计算参数为 $a_1 = 1$，$b_1 = 1$，$A = 0.3$

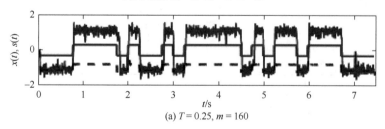

(a) T = 0.25, m = 160

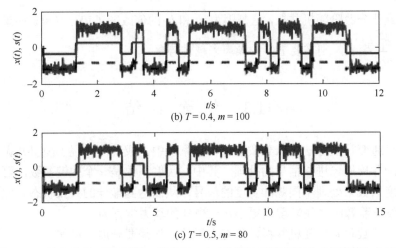

(b) $T = 0.4$, $m = 100$

(c) $T = 0.5$, $m = 80$

图 11.12　输入信号（粗实线）、输出 $D = 0$（虚线）和最佳输出（细实线）（二）

计算参数为 $a_1 = 1$，$b_1 = 1$，$A = 0.3$，$\alpha = 1.6$

在图 11.13 中，绘制了三组系统参数的 C_{sx}-D 曲线。对于任何分数阶数 α，任意一组系统参数的极值都是不同的。这意味着系统参数会改变最佳噪声强度，从

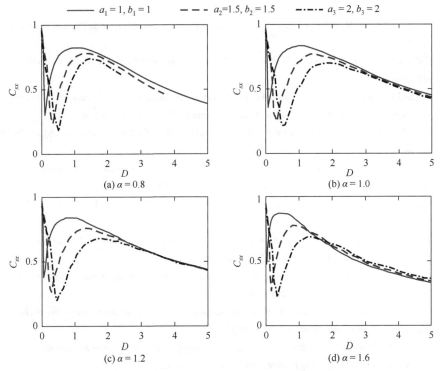

$a_1 = 1, b_1 = 1$　　　　$a_2 = 1.5, b_2 = 1.5$　　　　$a_3 = 2, b_3 = 2$

(a) $\alpha = 0.8$　　　　　　　　　　　　　(b) $\alpha = 1.0$

(c) $\alpha = 1.2$　　　　　　　　　　　　　(d) $\alpha = 1.6$

图 11.13　基于普通变尺度方法不同系统参数组合下的 C_{sx}-D 曲线

计算参数为 $T = 0.4$，$m = 100$，$A = 0.3$

而产生最佳分数阶随机共振，这是因为 a_1 和 b_1 的值改变了势垒高度。如果势垒高度 $\Delta V = \dfrac{a_1^2}{4b_1}$ 变大，则需要更多的噪声来越过势垒。

11.3　本　章　小　结

将普通变尺度方法引入分数阶双稳态系统中，成功地实现了随机共振对小脉冲宽度的非周期二进制信号的处理。其中，尺度系数是一个关键参数，可以通过调整尺度系数来处理不同脉冲宽度的信号，从而达到最佳的共振状态。此外，分数阶系统比整数阶系统表现出更丰富、更佳的动力学行为。

关于分数阶系统随机共振，仍有大量的工作需要开展。例如，提高分数阶系统随机共振的计算效率，可以通过改进分数阶随机微分方程的算法或者采用硬件电路代替软件计算来实现。分数阶系统的其他类型共振现象，如逻辑随机共振等，也值得进一步探究。

参 考 文 献

[1]　Collins J J, Chow C C, Imhoff T T. Aperiodic stochastic resonance in excitable systems. Physical Review E, 1995, 52 (4): 3321-3324.

[2]　Collins J J, Chow C C, Capela A C, et al. Aperiodic stochastic resonance. Physical Review E, 1996, 54 (5): 5575-5584.

[3]　Collins J J, Imhoff T T, Grigg P. Noise-enhanced information transmission in rat SA1 cutaneous mechanoreceptors via aperiodic stochastic resonance. Journal of Neurophysiology, 1996, 76 (1): 642-645.

[4]　Kohar V, Sinha S. Noise-assisted morphing of memory and logic function. Physics Letters A, 2012, 376 (8/9): 957-962.

[5]　Duan F, Rousseau D, Chapeau-Blondeau F. Residual aperiodic stochastic resonance in a bistable dynamic system transmitting a suprathreshold binary signal. Physical Review E, 2004, 69 (1): 011109.

[6]　Duan F, Abbott D. Binary modulated signal detection in a bistable receiver with stochastic resonance. Physica A, 2007, 376: 173-190.

[7]　Liu J, Li Z, Guan L, et al. A novel parameter-tuned stochastic resonator for binary PAM signal processing at low SNR. IEEE Communications Letters, 2014, 18 (3): 427-430.

[8]　Sun S, Lei B. On an aperiodic stochastic resonance signal processor and its application in digital watermarking. Signal Processing, 2008, 88 (8): 2085-2094.

[9]　Li X, Cao G, Liu H. Aperiodic signals processing via parameter-tuning stochastic resonance in a photorefractive ring cavity. AIP Advances, 2014, 4 (4): 047111.

[10]　Monje C A, Vinagre B M, Feliu V, et al. Tuning and auto-tuning of fractional order controllers for industry applications. Control Engineering Practice, 2008, 16 (7): 798-812.

[11]　Bohannan G W. Analog fractional order controller in temperature and motor control applications. Journal of Vibration and Control, 2008, 14 (9/10): 1487-1498.

[12]　Sheng H，Chen Y Q，Qiu T S. Fractional Processes and Fractional-order Signal Processing：Techniques and Applications. Berlin：Springer Science & Business Media，2011.

[13]　Yau H T，Wu S Y，Chen C L，et al. Fractional-order chaotic self-synchronization-based tracking faults diagnosis of ball bearing systems. IEEE Transactions on Industrial Electronics，2016，63（6）：3824-3833.

[14]　Craiem D，Magin R L. Fractional order models of viscoelasticity as an alternative in the analysis of red blood cell （RBC）membrane mechanics. Physical Biology，2010，7（1）：013001.

[15]　He G，Luo M K. Weak signal frequency detection based on a fractional-order bistable system. Chinese Physics Letters，2012，29（6）：060204.

[16]　Yu T，Zhang L，Luo M K. Stochastic resonance in the fractional Langevin equation driven by multiplicative noise and periodically modulated noise. Physica Scripta，2013，88（4）：045008.

[17]　Litak G，Borowiec M. On simulation of a bistable system with fractional damping in the presence of stochastic coherence resonance. Nonlinear Dynamics，2014，77（3）：681-686.

[18]　Zhong S，Ma H，Peng H，et al. Stochastic resonance in a harmonic oscillator with fractional-order external and intrinsic dampings. Nonlinear Dynamics，2015，82（1/2）：535-545.

[19]　Yang J H，Sanjuán M A F，Liu H G，et al. Stochastic P-bifurcation and stochastic resonance in a noisy bistable fractional-order system. Communications in Nonlinear Science and Numerical Simulation，2016，41：104-117.

[20]　Monje C A，Chen Y Q，Vinagre B M，et al. Fractional-order Systems and Controls：Fundamentals and Applications. London：Springer，2010.

[21]　Wu C，Lv S，Long J，et al. Self-similarity and adaptive aperiodic stochastic resonance in a fractional-order system. Nonlinear Dynamics，2018，91（3）：1697-1711.

[22]　Wu C，Jiao Q，Tian F. Aperiodic Stochastic resonance in the fractional-order bistable system. Fluctuation and Noise Letters，2019：2050014.

[23]　Huang D，Yang J，Zhang J，et al. An improved adaptive stochastic resonance method for improving the efficiency of bearing faults diagnosis. Proceedings of the Institution of Mechanical Engineers，Part C：Journal of Mechanical Engineering Science，2018，232（13）：2352-2368.

第12章　调频信号激励下的变尺度随机共振

本章研究线性调频信号激励系统中的随机共振现象。由于频率是受时间调制的，用传统的随机共振理论很难实现随机共振。为了解决这一技术难题，在信号满足传统随机共振理论的前提下，本章引入分段处理的思想对整个信号进行处理。

12.1　分段变尺度处理思想

线性调频信号是一种频率连续线性变化的信号，其常被应用于雷达、声呐技术中。在工程应用中，如雷达信号处理[1]、正交频分系统中载波间干扰抑制[2]等问题中，目标信号都为线性调频信号，但接收信号中往往还掺杂了其他噪声干扰。因此，恢复提取噪声污染下的线性调频信号具有重要意义。随机共振是通过噪声和特征信号的协作而发展起来的新的微弱信号检测技术[3]。随机共振能处理多种类型的特征信号，如非周期二进制信号[4, 5]、高频简谐信号[6, 7]、成分复杂的机械故障信号[8-11]等。尽管随机共振的研究取得了不少进展，然而，对于广泛应用的非周期线性调频信号研究仍较少[12-15]。本章旨在提出新的随机共振分析方法，使其能提取噪声中的微弱线性调频信号，进一步发展随机共振，扩大其在信号处理中的应用。

经典随机共振的双稳态方程为

$$\frac{\mathrm{d}x}{\mathrm{d}t} = ax - bx^3 + s(t) + N(t) \tag{12.1}$$

式中，系统参数 $a>0$，$b>0$；$N(t)$ 是均值为零的高斯白噪声，满足

$$\langle N(t)\rangle = 0, \quad \langle N(t), N(0)\rangle = 2D\delta(t) \tag{12.2}$$

D 是噪声强度；$s(t)$ 是线性调频信号，其表达式为

$$s(t) = A\cos(\pi\kappa t^2 + 2\pi ft + \phi) \tag{12.3}$$

A 是振幅，κ 是调频速率，f 是中心频率，ϕ 是初相位，瞬时频率 f_t 为

$$f_t = \kappa t + f \tag{12.4}$$

变频信号频率随时间逐渐增大，使其不满足小参数条件。基于本书介绍的变尺度方法，给处理这一类信号提供了思路。然而，线性调频信号的瞬时频率随着时间的增加而增大，信号前后瞬时频率相差很大，因而难以直接使用普通变尺度随机共振来处理。

为解决这一问题，提出分段变尺度思想。首先，将整个信号分成几个信号段。

在每段中，选择不同的尺度系数，产生新的信号段。然后，把各段分别输入系统进行随机共振，输出新的各段时间序列。最后，连接各段输出时间序列得到最终的响应。该方法即为分段变尺度随机共振方法。

　　根据分段变尺度随机共振方法，本节将该信号等分为 5 个信号段，即每个分段的长度是相同的。段数的选择只需保证每个信号段前后的瞬时频率相差不大即可。然后，确定每一信号段的尺度系数。对于每个信号段，定义一个尺度系数 m 为

$$m=m_0(\kappa t_{ei} + f) \tag{12.5}$$

式中，尺度系数基数 m_0 为一常数；t_{ei} 表示第 i 个信号段的末尾时刻。再将每一信号段输入系统中进行不同尺度的随机共振，即

$$\frac{\mathrm{d}x}{\mathrm{d}t} = max - mbx^3 + ms(t) + mN(t) \tag{12.6}$$

注意，a 和 b 是小参数，ma 和 mb 是大参数。

12.2　以互相关系数为指标的分段变尺度随机共振

　　互相关系数 C_{sx} 是量化随机共振的常见指标，具体定义可见式（11.6）。这里直接构造一典型的线性调频信号 $s(t)$，如图 12.1 所示。系统输出采用四阶龙格-库塔法对随机微分方程进行数值计算得出。

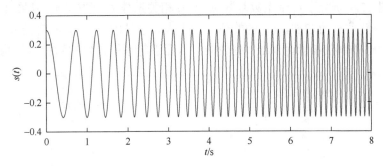

图 12.1　线性调频信号时域图

$A = 0.3$, $\kappa = 1$, $f = 1$, $\phi = 0$

　　为了进一步确定分段变尺度随机共振方法中相关参数具体的设置，首先研究不同的 t_{ei} 选择对互相关系数的影响。在图 12.2 中，定义了三种不同情况的尺度系数。情况 1、情况 2、情况 3 的 t_{ei} 分别对应每个时间段的起始时刻、中间时刻、结束时刻。从图 12.2 可以看出，随机共振现象已经发生了。这意味着，通过分段变尺度随机共振方法，可以实现线性调频信号的随机共振。换言之，通过噪声与非线性系统的配合，可以改善线性调频信号。另外，可以看出情况 3 相较于其他两种情况可以使互相关系数值更大，使随机共振达到更好的共振效果。因此，可

以确定分段变尺度随机共振方法中 t_{ei} 的设置。

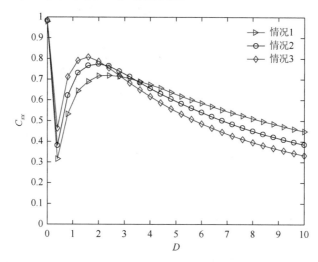

图 12.2　三种情况下基于分段变尺度随机共振的 C_{sx}-D 曲线

计算参数为 $a=1$，$b=1$，$m_0=600$，$A=0.3$，$\kappa=1$，$f=1$，$\phi=0$

图 12.3 绘制出了不同输入信号振幅下的随机共振现象。从图 12.3 中可以发现，若信号激励振幅变大，则可以得到一个更大的互相关系数峰值，即随机共振效果更佳。图 12.4 研究了尺度系数基数 m_0 对互相关系数 C_{sx} 的影响。从图 12.4 中可以看出，随着 m_0 的增加，C_{sx} 的峰值可能更大。这是因为，当 m_0 值较大时，变尺度后的瞬时频率在任意时间点 t 处较低，从而引起系统较好的随机共振响应。

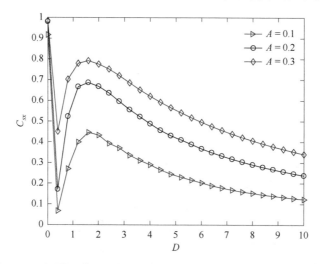

图 12.3　不同输入信号振幅下基于分段变尺度随机共振的 C_{sx}-D 曲线

计算参数为 $a=1$，$b=1$，$m_0=600$，$\kappa=1$，$f=1$，$\phi=0$

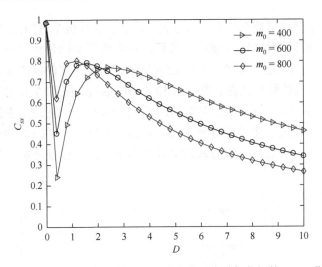

图 12.4　不同尺度系数基数下基于分段变尺度随机共振的 C_{sx}-D 曲线

计算参数为 $a=1$，$b=1$，$A=0.3$，$\kappa=1$，$f=1$，$\phi=0$

为了进一步说明线性调频信号激励下的随机共振现象，图 12.5 给出了图 12.4最大峰值对应的时间序列。从图 12.5 中可以看出，输入和输出基本同步，且输出比输入有更大的振幅。同时也可以看出，输出时间序列中，随着时间的推移，输出的波形效果逐渐降低。这是由于这里求得的最优 D 值是几个信号段平均意义下的结果，而实际上并不能保证每个时间段都能达到最优的随机共振。因此，要达到整个信号的最优随机共振，需要求出每个分段的共振最优噪声强度。

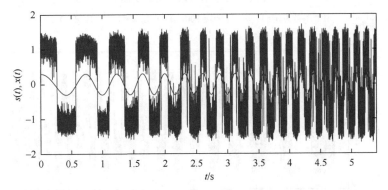

图 12.5　输入信号与基于整个信号的最优随机共振输出时域图

计算参数为 $a=1$，$b=1$，$m_0=800$，$A=0.3$，$\kappa=1$，$f=1$，$\phi=0$

为了进一步得到最优随机共振，采用了一种更合适的方法来提高互相关系数。

具体来说，首先仍然将整个信号分成 5 段。然后，计算每个时间段的互相关系数，来找到每个时间段最佳的噪声强度。最后，将各段所有的最优输出连接起来，得到整个信号的最优输出。显然，如图 12.6 所示，需要不同的噪声强度来匹配每一段，以达到其最佳的随机共振。根据图 12.6 中的曲线，图 12.7 显示了最佳随机共振输出。对比图 12.7 和图 12.5，从时间序列上可以看出，图 12.7 中的随机共振输出确实有更好的波形。图 12.5 时间序列的 C_{sx} 值为 0.8343，图 12.7 时间序列的 C_{sx} 值为 0.8687，也可以看出采取分段求最佳噪声强度的方法使随机共振输出得到了进一步改善。

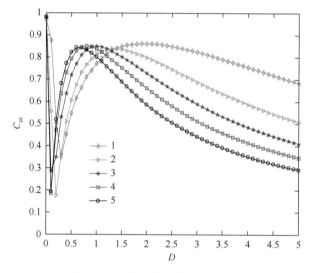

图 12.6　各个信号段的 C_{sx}-D 曲线

计算参数为 $a=1$，$b=1$，$m_0=800$，$A=0.3$，$\kappa=1$，$f=1$，$\phi=0$

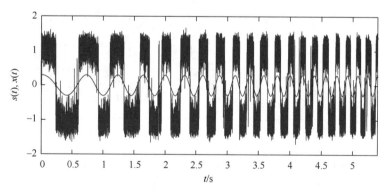

图 12.7　输入信号与基于各个信号的最优随机共振输出时域图

计算参数为 $a=1$，$b=1$，$m_0=800$，$A=0.3$，$\kappa=1$，$f=1$，$\phi=0$

12.3　以谱放大因子为指标的分段变尺度随机共振

针对线性调频信号，除了以经典指标互相关系数来表征随机共振之外，这里提出一个新的指标来衡量其效果，即谱放大因子 η。输出振幅的放大是系统发生共振的必要条件，因此谱放大因子可以用于描述输出信号的放大程度。另外，由于线性调频信号的瞬时频率是随时间逐渐增加的，没有单一的频率值，换言之，其频谱是连续的。因此在定义谱放大因子描述信号放大程度时，不能将输出与输入在单一频率处幅值的比值作为表达式。综上分析，谱放大因子可以具体被定义为

$$\eta = \frac{\dfrac{1}{f_{\text{end}} - f_{\text{start}}} \displaystyle\int_{f_{\text{start}}}^{f_{\text{end}}} X_x(f)\mathrm{d}f}{\dfrac{1}{f_{\text{end}} - f_{\text{start}}} \displaystyle\int_{f_{\text{start}}}^{f_{\text{end}}} X_s(f)\mathrm{d}f} = \frac{\displaystyle\sum_{j=p}^{q} X_x(j)}{\displaystyle\sum_{j=p}^{q} X_s(j)} \tag{12.7}$$

式中，f_{start} 和 f_{end} 分别表示频谱图上频率起始频率和终止频率；$X_x(\cdot)$ 和 $X_s(\cdot)$ 分别是系统输出和输入信号的离散频谱；p 对应离散频谱中的 f_{start}；q 对应离散频谱中的 f_{end}。从式（12.7）可以看出，谱放大因子可以很好地在平均水平上描述线性调频信号在非线性系统和噪声的协同作用下被放大的程度。而当 $\eta > 1$ 时，可以认为线性调频信号被放大了。下面用谱放大因子作为指标来进行随机共振研究。同时，将互相关系数与新指标进行对比。

图 12.8 分别给出了以谱放大因子和互相关系数为指标的共振图。需要注意的

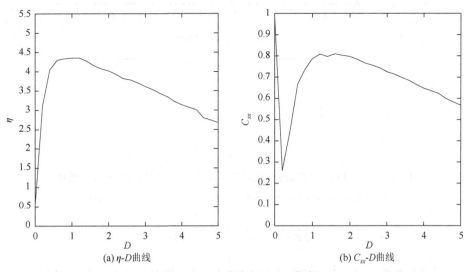

(a) η-D 曲线　　　　　　(b) C_{sx}-D 曲线

图 12.8　η-D 曲线和 C_{sx}-D 曲线

计算参数为 $a = 1$，$b = 1$，$m_0 = 600$，$A = 0.3$，$\kappa = 1$，$f = 1$，$\phi = 0$

是，为简化处理，这里得到的全局最优噪声强度。从图 12.8 中可以看出，谱放大因子和互相关系数得到的最优噪声强度基本相同。这说明，谱放大因子同样可以描述随机共振的发生，实现最佳随机共振。图 12.9 给出了输入信号的时域图和频谱图，以及最佳共振强度处的输出时域图和频谱图。通过对比它们的时域图和频谱图可以发现，输入和输出有着相似的波形，同时频谱图也基本接近。这表明通过谱放大因子得到的最优共振强度处确实发生了随机共振现象。因此，谱放大因子能够表征和量化线性调频信号激励下的随机共振现象。

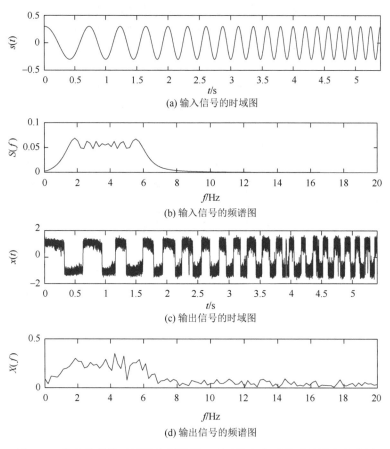

图 12.9   输入信号的时域图和频谱图，以及输出信号的时域图和频谱图

计算参数为 $a = 1$，$b = 1$，$m_0 = 600$，$D = 1.1$，$A = 0.3$，$\kappa = 1$，$f = 1$，$\phi = 0$

12.4   本 章 小 结

本章主要提出了一种增强线性调频信号方法，即分段变尺度随机共振方法。根据分段变尺度随机共振方法，首先通过对每个信号段进行变尺度，使每一段信

号均能发生随机共振。然后，将各输出段连接得到最终输出，实现了对整段输入信号的最佳随机共振。在此过程中，分别利用经典指标互相关系数和新指标谱放大因子来量化由线性调频信号激励的随机共振现象，实现最佳随机共振。

　　本章只是调频信号的初步研究，后续有大量的工作需要深入研究。调频信号属于非平稳信号，采用非平稳信号的时频分析方法更合适，本章采用的谱放大因子仍是从平稳信号的角度定义的。调频方式也是多种多样的，本章采用的是最简单的线性调频方式。另外，工程领域有大量的调频信号，如变转速下的滚动轴承故障特征信号就是典型的调频信号。如何将本章的理论研究应用到工程中，也是进一步需要研究的内容。

参 考 文 献

[1]　He J，Feng D，Xiang C，et al. Bi-iterative STAP method based on correlation matrix for airborne radar. Journal of Sichuan University：Engineering Science Edition，2010，42（4）：154-159.

[2]　Wang H. Biorthogonal frequency division multiple access cellular system with angle division reuse scheme. Wireless Personal Communications，2013，70（4）：1553-1573.

[3]　Benzi R，Sutera A，Vulpiani A. The mechanism of stochastic resonance. Journal of Physics A：Mathematical and General，1981，14（11）：453-457.

[4]　Barbay S，Giacomelli G，Marin F. Experimental evidence of binary aperiodic stochastic resonance. Physical Review Letters，2000，85（22）：4652-4655.

[5]　段江海，宋爱国，王一清.非周期随机共振抑噪应用研究.数据采集与处理，2004，19（1）：103-106.

[6]　杨定新，胡政，杨拥民. 大参数周期信号随机共振解析. 物理学报，2012，61（8）：80501.

[7]　Leng Y G，Leng Y S，Wang T Y，et al. Numerical analysis and engineering application of large parameter stochastic resonance. Journal of Sound and Vibration，2006，292（3/4/5）：788-801.

[8]　Lu S，He Q，Hu F，et al. Sequential multiscale noise tuning stochastic resonance for train bearing fault diagnosis in an embedded system. IEEE Transactions on Instrumentation and Measurement，2014，63（1）：106-116.

[9]　Qin Y，Tao Y，He Y，et al. Adaptive bistable stochastic resonance and its application in mechanical fault feature extraction. Journal of Sound and Vibration，2014，333（26）：7386-7400.

[10]　Li Z，Shi B. An adaptive stochastic resonance method for weak fault characteristic extraction in planetary gearbox. Journal of Vibroengineering，2017，19（3）：1782-1792.

[11]　Hu B，Li B. A new multiscale noise tuning stochastic resonance for enhanced fault diagnosis in wind turbine drivetrains. Measurement Science and Technology，2016，27（2）：025017.

[12]　彭皓，钟苏川，屠浙，等. 线性调频信号激励过阻尼双稳系统的随机共振现象研究. 物理学报，2013，62（8）：80501.

[13]　张海滨，何清波，孔凡让. 基于变参数随机共振和归一化变换的时变信号检测与恢复. 电子与信息学报，2015，37（9）：2124-2131.

[14]　Lin L，Wang H，Lv W，et al. A novel parameter-induced stochastic resonance phenomena in fractional Fourier domain. Mechanical Systems and Signal Processing，2016，76：771-779.

[15]　Lin L，Yu L，Wang H，et al. Parameter-adjusted stochastic resonance system for the aperiodic echo chirp signal in optimal FrFT domain. Communications in Nonlinear Science and Numerical Simulation，2017，43：171-181.

第13章 变尺度振动共振理论及应用

本章研究振动共振方法在滚动轴承故障诊断领域中的应用。利用普通变尺度方法得到变尺度系统，使得振动共振能够处理高频振动信号。在不含噪声和弱噪声背景下，采用响应幅值和改进响应幅值指标对振动共振进行评价，强噪声时，采用改进的信噪比指标进行评价。

13.1 基于经典指标的变尺度振动共振

振动共振[1-15]在 10.2.3 节已进行了初步介绍，本节在一阶过阻尼双稳态系统中研究振动共振：

$$\frac{\mathrm{d}x}{\mathrm{d}t} = ax - bx^3 + s(t) + A_\mathrm{h}\cos(2\pi f_\mathrm{h}t) \tag{13.1}$$

式中，$a>0$，$b>0$；$s(t)$是需要放大的特征信号，特征信号可以是周期性的也可以是非周期性的；$A_\mathrm{h}\cos(2\pi f_\mathrm{h}t)$是高频辅助信号，其时间尺度远小于特征信号的时间尺度。换句话说，特征信号属于慢变信号，辅助信号属于快变信号，辅助信号的作用是增强特征信号。当不考虑噪声或噪声较弱时，常采用响应幅值或响应幅值增益指标对振动共振进行量化评价。响应幅值的定义为

$$R = \sqrt{R_s^2 + R_c^2} \tag{13.2}$$

式中，R_s 和 R_c 分别表示系统输出在特征频率 f 处的正弦和余弦傅里叶分量：

$$R_s = \frac{2}{rT}\int_0^{rT} x(t)\sin(2\pi ft)\mathrm{d}t, \quad R_c = \frac{2}{rT}\int_0^{rT} x(t)\cos(2\pi ft)\mathrm{d}t \tag{13.3}$$

式中，$x(t)$是输出信号；T 是微弱低频激励信号的周期；r 是取值可以无限大的正整数。事实上，R 就是系统输出中特征信号频率处的幅值。响应幅值增益的定义为

$$Q = R / A \tag{13.4}$$

式中，R 仍采用式（13.2）中的定义；A 为低频输入信号的幅值；Q 为低频信号通过系统后被放大的倍数。若特征信号为非周期信号，可采用互相关系数、谱放大因子等指标进行振动共振的研究[16-20]。本章采用响应幅值指标，介绍振动共振在轴承故障中的应用。

13.1.1　数值模拟

以滚动轴承外圈故障模拟信号为例，其表达式见式（3.1）。和经典随机共振理论相同，振动共振也必须满足小参数条件[21]。具体来说，即系统参数要小（通常为 1 量级），特征信号的频率要低（通常为 0.1 量级）。在式（3.1）中，若轴承信号的故障频率不满足低频要求，则需要进行尺度变换，此处采用普通变尺度方法[22]。

在式（13.1）所示的系统中，引入变量代换：

$$x(t) = z(\tau), \quad \tau = mt \tag{13.5}$$

式中，m 为尺度系数。将式（3.1）和式（13.5）代入式（13.1），得到如下普通变尺度方程：

$$\frac{\mathrm{d}z(\tau)}{\mathrm{d}\tau} = \frac{a}{m}z(\tau) - \frac{b}{m}z^3(\tau)$$
$$+ \frac{A}{m}\sin\left(2\pi\frac{f_n}{m}\tau\right)\exp\left(-\frac{B}{m^2}(\tau - \text{floor}(\tau f_o / m)/(f_o / m))^2\right) + \frac{A_{\mathrm{h}}}{m}\cos\left(2\pi\frac{f_{\mathrm{h}}}{m}\tau\right) \tag{13.6}$$

进一步，令

$$a_1 = \frac{a}{m}, \quad b_1 = \frac{b}{m}, \quad B_1 = \frac{B}{m^2}, \quad f_1 = \frac{f_n}{m}, \quad f_{o1} = \frac{f_o}{m}, \quad f_{\mathrm{h}1} = \frac{f_{\mathrm{h}}}{m} \tag{13.7}$$

为了使系统具有与式（13.1）等效的动力学特性，需要将信号恢复到原始信号的强度。将式（13.7）代入式（13.6），得到标准普通变尺度方程：

$$\frac{\mathrm{d}x}{\mathrm{d}t} = a_1 x - b_1 x^3 + A\sin(2\pi f_1 t)\exp(-B(t - \text{floor}(tf_{o1})/f_{o1})^2) + A_{\mathrm{h}}\cos(2\pi f_{\mathrm{h}1}t) \tag{13.8}$$

通过尺度变换，大参数转换成小参数，激励信号频率降低到原激励频率的 $1/m$。因此，当 m 取合适的值时，经过变尺度后即可满足经典振动共振的低频要求。

表 13.1 为系统在轴承仿真信号激励下进行振动共振的相关参数。在这些参数中，A、f_n、f_o 以及 f_{h} 均为预先设置的确定值，A、f_n 和 f_o 的意义和式（3.1）中相同；f_{h} 是辅助信号 $A_{\mathrm{h}}\cos(2\pi f_{\mathrm{h}}t)$ 的频率，且需要满足条件 $f_{\mathrm{h}} \gg f_o$。事实上，f_{h} 的值并不是唯一确定的，凡是满足上述条件的其他频率理论上同样适用。a_1 和 b_1 是数值较小的系统参数，m 是尺度系数。首先给定一个 m 值，使得变尺度后系统满足小参数条件，即 m 的取值原则是使得变尺度后的特征频率满足经典振动共振的低频要求，不是唯一确定的。然后，调节 a_1 和 b_1，绘制出图 13.1所示的系统响应幅值与辅助信号幅值之间的倒 "U" 形关系曲线。根据该曲线可以得到最佳的辅助信号幅值以及最佳的系统参数。注意在参数调节的过程

中，a_1 和 b_1 的数量级关系必须使得系统能够产生共振[23]。

表 13.1　轴承仿真信号激励下的参数

A	f_n	f_o	f_h	a_1	b_1	m
0.01mm	1000Hz	80Hz	2500Hz	0.029	0.0002	250000

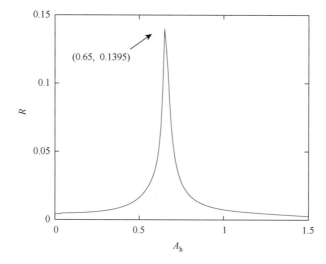

图 13.1　系统响应幅值与辅助信号幅值的关系曲线

从图 13.1 中可以看出，随着 A_h 的增大，系统在特征频率处的响应幅值 R 先增大后减小。当 $A_h = 0.65$ 时，响应幅值达到最大值 $R = 0.1395$，此时表明系统发生了振动共振。

图 13.2 为输入轴承仿真信号的时域图和频谱图。信号在特征频率 $f_o = 80$Hz 处的幅值与其他频率处的幅值相比并不明显。因此，如果不采用特殊方法对特征频率处的幅值进行放大，将很难分辨出特征频率的位置，也就意味着无法达到对轴承进行故障诊断的目的。

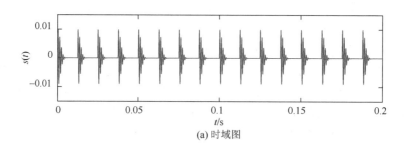

(a) 时域图

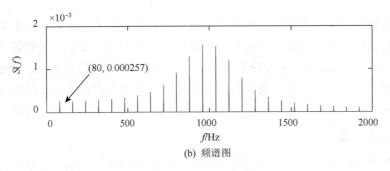

(b) 频谱图

图 13.2　轴承仿真信号

根据图 13.1 的结果，选取 A_h 的最优值，即 $A_h = 0.65$，构造出具有最佳振幅的辅助信号，然后利用该最佳辅助信号，对目标信号进行振动共振处理，其输出时域图和频谱图如图 13.3 所示。为了消除瞬态响应的影响，在对信号进行处理时删除了一些初始点，确保得到系统的稳态响应。在图 13.3(b) 中，特征频率 $f_h = 80$Hz 处的响应幅值与图 13.2 中原始信号在特征频率处的幅值相比，被明显放大。并且，在众多频率成分中很容易将该频率识别出来。因此，可以得出结论，振动共振在放大和识别轴承仿真信号的特征频率方面具有很好的效果。

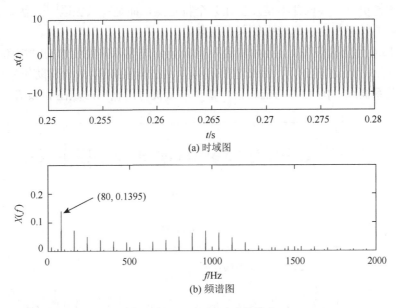

(a) 时域图

(b) 频谱图

图 13.3　$A_h = 0.65$ 时系统输出

13.1.2　实验验证

为了进一步研究本章方法在滚动轴承故障诊断当中的应用，采用本实验室的现有实验设备，采集了不同故障类型的滚动轴承实验信号。这里以两组实验信号为例，轴承故障类型包括内圈故障和外圈故障，对于外圈故障，实验轴承型号为N306E，对于内圈故障，实验轴承型号为 NU306E，转速均设置为 900r/min，轴承参数如表 7.1 所示。对于平稳运行的轴承，在轴承型号和转速已知的情况下，其故障频率可以通过相关公式计算出来，详细公式见式（3.3）~式（3.6）。

1. 外圈故障

外圈故障轴承故障特征为宽度 1.2mm，深度 0.5mm 的划痕，由电火花加工而成。轴承外圈故障理论频率 f_t 用式（3.3）计算。外圈故障实验信号激励下的相关参数见表 13.2。由于负载、测量误差、电流波动、传感器误差等误差因素的影响，表 13.2 中的故障理论频率 f_t 接近但不等于故障实际频率 f_o。

表 13.2　轴承外圈故障实验信号激励下的参数

N_r	f_t	f_o	f_h	a_1	b_1	m
896.1r/min	65.6Hz	66.3Hz	2500Hz	0.15	0.00005	100000

故障理论频率确定后，取该频率附近与其接近的峰值频率作为故障实际频率。因为通常情况下，共振并不是发生在某个特定点，而是在共振区[24]，因此只要在共振区内的频率都会引起较强的共振现象。

图 13.4 为空载条件下，实际转速为 900r/min 时输入实验信号的时域图和频谱图。图 13.5 为上述转速下，系统在特征频率处的响应幅值 R 与辅助信号幅值 A_h 之间的关系曲线。图 13.6 为辅助信号幅值取最优时的输出时域图和频谱图。

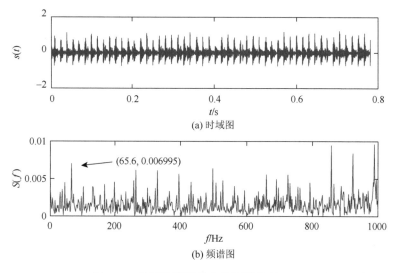

(a) 时域图

(b) 频谱图

图 13.4　外圈故障轴承实验原始信号

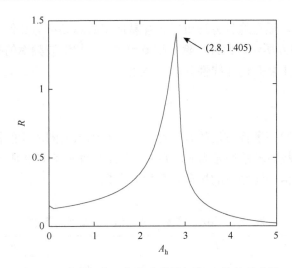

图 13.5　响应幅值 R 与辅助信号幅值 A_h 的关系曲线

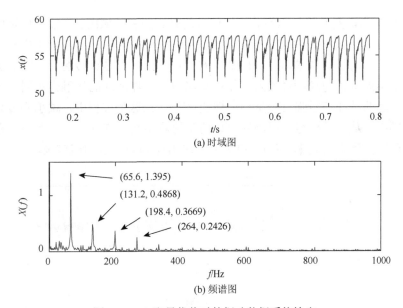

(a) 时域图

(b) 频谱图

图 13.6　A_h 取最优值时的振动共振系统输出

图 13.4 中,原始信号在特征频率处的幅值较弱,同时还有一些干扰频率分量,使得很难将特征频率从众多频率成分中区分出来。将实验信号和辅助信号输入双稳态系统来诱导振动共振,如图 13.5 所示。根据图 13.5,可以得到辅助信号振幅 A_h 的最优值。当 A_h 取最优值时,系统可以发生最强的振动共振现象。

取图 13.5 中得到的辅助信号最优振幅,构造辅助信号对实验信号进行振动共振处理。通过调节系统参数,得到较强共振效果,从而显著提高了系统输出在特征频率处的幅值。通过这种方法可以更容易地将故障频率与其他干扰频率分量区分开来，如图 13.6 所示。此外，除了故障频率外，超谐波频率的振幅在频谱中也可能被放大，这主要是由非线性频率所导致的[25]。

2. 内圈故障

为了进一步验证所提方法的有效性，这里对轴承内圈故障的振动信号进行分析。实验用内圈故障轴承型号为 NU306E，设计参数如表 13.2 所示。表 13.3 为内圈故障轴承实验信号激励下的振动共振相关参数。

表 13.3　轴承内圈故障实验信号激励下的参数

N_r	f_t	f_i	f_h	a_1	b_1	m
831.1r/min	100.8Hz	100.2Hz	2500Hz	0.03	0.0002	100000

图 13.7 为内圈故障轴承实验原始信号的时域图和频域图。在输入原始信号的频谱图中，特征频率处的振幅较为微弱。从时域图中可以看出，轴承内圈故障振动信号是较为明显的调幅信号。由于内圈和缺陷位置都是旋转的，内圈滚道上的缺陷会在不同位置与滚动体接触，使得缺陷与滚动体之间的接触力不同。因此，由缺陷引起的脉冲信号强度会呈周期性变化[26]。在这个过程中，轴承旋转频率作为调制频率，从原始信号的时域图可以清楚地观察到该周期成分。此外，在频谱图中也可以找到旋转频率。在图 13.7 中，14.4Hz 即为轴承的旋转频率。

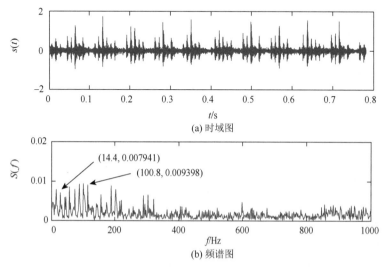

图 13.7　内圈故障轴承实验信号

由图 13.8 可以看出，随着辅助信号振幅的逐渐增加，响应幅值先增大后减小，当辅助信号振幅取到某个合适的值时，响应幅值达到最大，呈现出明显的共振现象。图 13.9 为发生最优振动共振时的系统输出时域图和频谱图。与图 13.7 相比，图 13.9 中特征频率处的响应幅值被显著放大，使得故障特征易于识别。

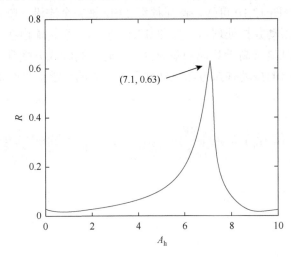

图 13.8　响应幅值 R 与辅助信号振幅 A_h 的关系曲线

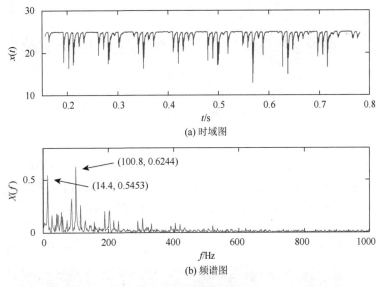

(a) 时域图

(b) 频谱图

图 13.9　系统最优输出

13.1.3　考虑噪声时的变尺度振动共振

考虑到在工程实际当中,从现场采集而来的轴承振动信号不可避免地会夹杂噪声。这里，为了更加真实地模拟工程中的轴承故障振动信号，在上述轴承仿真信号中加入高斯白噪声 $\xi(t)$，其统计特性为 $\langle\xi(t)\rangle = 0$，$\langle\xi(t)\xi(s)\rangle = 2D\delta(t-s)$，其中 D 是噪声强度[27]。由于噪声的影响，对含噪信号先进行高通滤波处理，然后对滤波后的轴承故障仿真信号进行振动共振分析，其对应的结果如图 13.10 和图 13.11 所示。由图 13.10 可知，特征频率 80Hz 被完全淹没在噪声当中，无法直接识别。在经过振动共振处理后，如图 13.11 所示，系统输出在特征频率处的幅值被明显放大，且显著高于其他频率成分，同时，高频成分受到明显的抑制。由此可见，本章提出的振动共振方法在处理含有噪声的轴承信号时仍然是有效的。

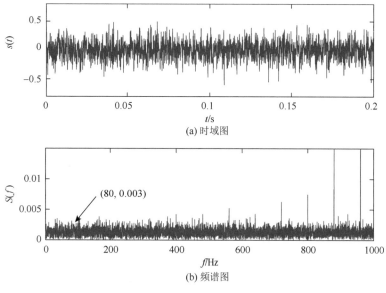

(a) 时域图

(b) 频谱图

图 13.10　含噪仿真信号

$D = 0.13$

　　为了进一步验证所提方法在噪声背景下的适用性，这里对凯斯西储大学轴承数据中心的实验数据进行了处理[28]，并在信号中加入了高斯白噪声。选择内圈故障实验信号，转速为 1772r/min，故障理论频率为 159.93Hz。

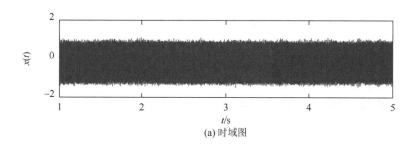

(a) 时域图

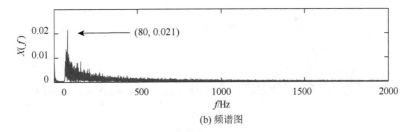

(b) 频谱图

图 13.11　系统输出

　　由于向信号中添加了噪声，需要对含噪声信号进行解调和滤波预处理。首先，本章对含噪声信号进行解调，然后对解调后的信号进行高通滤波处理。图 13.12 中，故障频率淹没在众多频率成分中，无法识别。图 13.13 是振动共振处理后的最优系统输出。从图 13.13 中可以看出，故障频率处的响应幅值被极大地放大，而且，可以很容易从众多频率成分中识别出来。

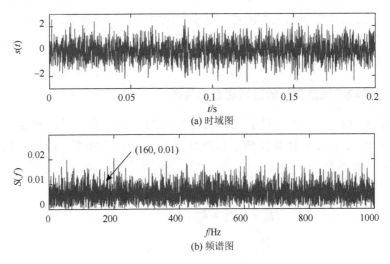

(a) 时域图

(b) 频谱图

图 13.12　含噪实验信号

$D = 0.3$

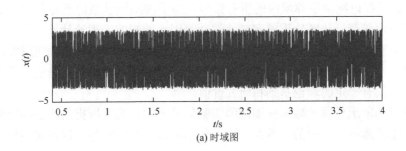

(a) 时域图

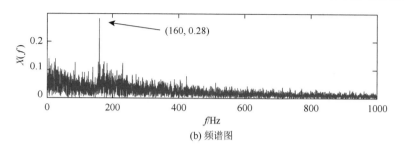

(b) 频谱图

图 13.13　振动共振系统输出

13.2　基于改进指标的变尺度振动共振

13.1 节提到的振动共振方法，其使用的响应幅值指标需要预知轴承准确的故障频率，然后才能对已知的故障频率进行增强，这在实际应用中不大可能实现。因为工程当中，轴承的故障频率往往是未知的，如果仍旧使用前面提到的响应幅值指标，就会给诊断带来很大困难。基于轴承故障的理论频率，本节提出一种改进的响应幅值指标。改进后的指标，不需要提前知道轴承实际的故障特征频率，同样可以提取到轴承微弱的故障特征。

13.2.1　改进响应幅值指标的自适应振动共振

由第 3 章内容可知，对于运行状态平稳的滚动轴承，故障理论频率可由式（3.3）～式（3.5）计算得到。根据计算得到的理论频率，改进后的响应幅值指标可以表示为

$$
\begin{aligned}
R_I &= \sum R_i \\
R_i &= \sqrt{R_{si}^2 + R_{ci}^2} \\
R_{si} &= \frac{2}{rT} \int_0^{rT} x(t)\sin(2\pi f_l t)\mathrm{d}t \\
R_{ci} &= \frac{2}{rT} \int_0^{rT} x(t)\cos(2\pi f_l t)\mathrm{d}t
\end{aligned}
\tag{13.9}
$$

式中，f_l 是理论频率小邻域内的所有频率。由于滚动轴承故障理论频率计算过程中没有考虑载荷、传感器误差和转速波动等因素的影响，理论计算结果与故障实际频率略有偏差，但是对于平稳信号来说，偏差范围比较小。根据机械振动学理论，共振发生在共振区内，因此，以轴承故障理论频率为中心构造的改进响应幅值指标，具有一定的理论基础和研究价值。

以滚动轴承外圈故障和内圈故障实验信号为例，验证所提的改进响应幅值指标在轴承故障诊断当中的有效性。这里使用的改进响应幅值，以各实验信号的理

论频率为中心，左、右各取 2Hz 作为计算区间，步长设置为 0.1Hz。振动共振系统同样采用式（13.1）所表示的一阶过阻尼双稳态系统。由于实验信号的特征频率较大，同样不满足经典振动共振对于小频率的要求，因此，仍然采用普通变尺度方法进行处理，并结合量子粒子群优化（QPSO）算法[29]对相关参数进行自适应寻优，从而可以快速高效地找到系统发生最佳振动共振时的相关参数。

在使用量子粒子群优化算法对相关参数进行优化的过程中，将改进响应幅值 A_m 作为适应度函数，通过固定振动共振系统中的一个系统参数 b_1，优化另一个系统参数 a_1 和辅助信号振幅 A_h。上述参数符号的意义与式（13.7）相同，a_1 和 b_1 为变尺度后的小参数。具体流程如图 13.14 所示。

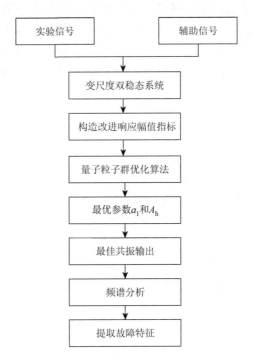

图 13.14　基于改进响应幅值的自适应振动共振流程图

1. 外圈故障

采用外圈故障轴承实验信号进行自适应振动共振的相关参数如表 13.4 所示，轴承实际转速为 896.1r/min，f_o 为轴承故障实际频率，该频率预先并不知道，通过利用改进响应幅值指标作为适应度函数优化得到最佳系统参数后，再经过最优输出后提取得到。f_t 是经过计算得到的外圈故障理论频率，f_h 是辅助信号频率，且需满足 $f_h \gg f_o$，由于实验条件是定工况，故障实际频率和故障理论频率相差不大，

因而只需满足 $f_h \gg f_t$ 即可，A_h 为辅助信号振幅。

表 13.4　轴承外圈故障信号激励下的相关参数

m	f_o	f_t	f_h	A_h	a_1	b_1
10000	65.6Hz	66.3Hz	2500Hz	1.17×10^{-5}	0.06	1

图 13.15 为外圈故障条件下，量子粒子群优化算法的迭代寻优曲线。算法中，种群规模设置为 50，迭代次数为 50 次。图 13.16 为轴承外圈故障实验原始信号的时域图和频谱图，图中标出的频率为轴承故障实际特征频率，该频率预先未知，根据最优输出可最终确定，这里给出标记是为下面利用所提方法确定的故障特征频率提供参照。由图 13.16 可知，在原始信号中，轴承外圈故障实际频率的幅值较为微弱且并不明显，周围存在大量干扰频率成分，如果仅凭原始信号的时域图和频谱图，无法最终判定轴承是否发生故障，因此，需要对原信号进行处理。

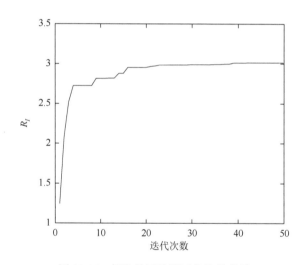

图 13.15　提取外圈故障时的迭代曲线

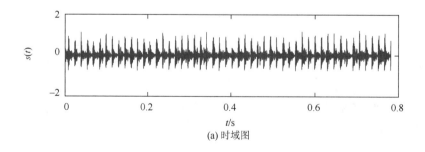

(a) 时域图

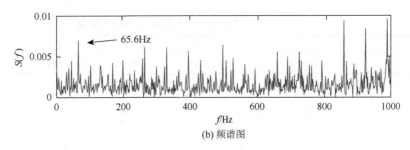

(b) 频谱图

图 13.16　轴承外圈故障信号

图 13.17 为经过自适应振动共振处理后的系统输出时域图与频谱图。从图中可以看出，在未知故障特征频率的前提下，通过基于改进响应幅值指标的自适应振动共振，同样可以提取到轴承的故障频率，且对故障频率处的幅值具有很好的放大效果，同时抑制了其他高频成分，使得故障特征更加明显。通过对指标进行改进，解决了传统响应幅值必须预知特征频率这一局限，使得所提方法更具工程应用价值。由于采用了群智能优化算法对振动共振的相关参数进行自适应寻优，显著提高了诊断效率，为后续故障诊断的自动化与智能化提供了参考。

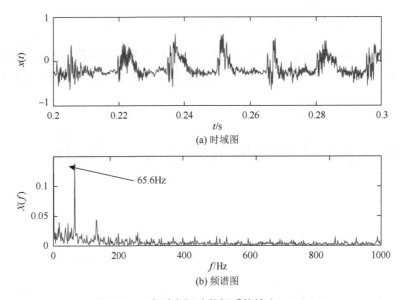

(a) 时域图

(b) 频谱图

图 13.17　自适应振动共振系统输出（一）

2. 内圈故障

采用内圈故障轴承实验信号进行自适应振动共振的相关参数如表 13.5 所示，轴承实际转速为 831.1r/min。图 13.18 为内圈故障下量子粒子群优化算法的迭代寻优曲线。算法中，种群规模设置为 50，迭代次数为 30 次。

表 13.5　轴承内圈故障信号激励下的相关参数

m	f_i	f_t	f_h	A_h	a_1	b_1
10000	100.8Hz	100.2Hz	2500Hz	5.99×10^{-5}	0.084	1

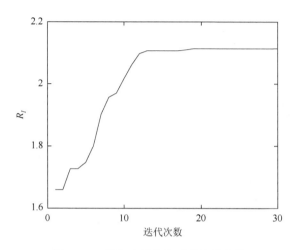

图 13.18　提取内圈故障时的迭代曲线

　　图 13.19 为轴承内圈故障实验原始信号的时域图与频谱图。在未经任何处理的情况下，图中频率成分较为复杂，若完全未知轴承是否发生故障，仅凭原始信

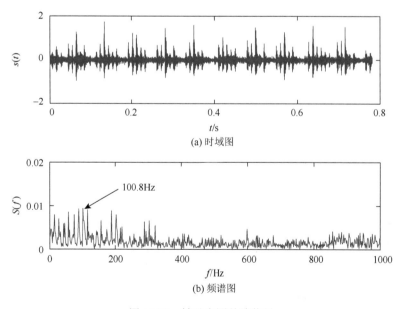

图 13.19　轴承内圈故障信号

号的时域图与频谱图尚不足以判定轴承的故障情况，并且原始信号各频率的幅值相对较弱，也会对诊断造成不利。因此需要对原始数据进行进一步分析。

图 13.20 为基于改进响应幅值指标的自适应振动共振系统输出时域图和频谱图。从图中可以看出，14.4Hz 为轴承旋转频率，是较为明显的周期分量，难以避免，且轴承转速已知，因此对诊断没有影响。经过自适应振动共振，信号在 100.8Hz 处的幅值得到了明显增强，并且其他高频成分受到了抑制，因此，可以将 100.8Hz 视为轴承的故障频率。由此可知，改进后的响应幅值指标结合自适应振动共振方法能够在未知故障特征频率的前提下对轴承微弱故障特征进行增强，从而达到故障诊断的目的，并且效果显著。

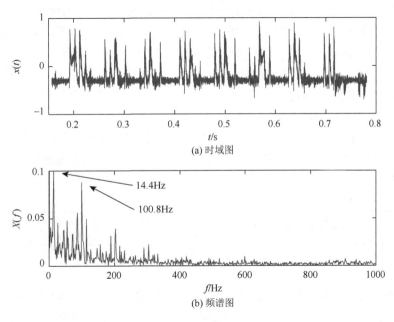

(a) 时域图

(b) 频谱图

图 13.20　自适应振动共振系统输出（二）

13.2.2　改进信噪比指标的级联自适应振动共振

信噪比作为一种应用较为广泛的指标，能很好地适应噪声背景微弱信号的检测与提取，然而经典信噪比指标同样需要提前知道特征频率，这就显著限制了其在工程问题当中的应用范围[30]。因此需要对经典信噪比进行改进，其不必预先知道特征频率，同样能检测和提取微弱信号。对于强噪声背景下的微弱信号检测，有时单级的随机共振或振动共振无法达到预期效果。为此，提出级联振动共振方法，将上一级系统的输出作为下一级系统的输入，有利于能量不断向低频方向转移，从而使得处于低频段的微弱特征信息被逐级增强。

改进的信噪比公式如下：

$$
\begin{cases}
\mathrm{SNR_I} = 10\lg \dfrac{P_\mathrm{S}(f_t)}{P_\mathrm{N}(f_t)} \\[3mm]
P_\mathrm{S}(f_t) = \displaystyle\sum_{i=k_t-l}^{k_t+l} |X(i)|^2, \quad l \neq 0 \\[3mm]
P_\mathrm{N}(f_t) = \displaystyle\sum_{j}^{M} |X(j)|^2 - P_\mathrm{S}(f_t), \quad 1 \leqslant j < k_t; \ k_t < M
\end{cases}
\tag{13.10}
$$

式中，f_t 为理论特征频率；k_t 为输出频谱中 f_t 在离散序列中对应的序号；$P_\mathrm{S}(f_t)$ 为以 f_t 为中心，$f_t-l\Delta f_t$ 和 $f_t+l\Delta f_t$ 之间的信号能量，Δf_t 为离散谱中的频率间隔；$X(i)$ 表示系统输出频谱中频率序列 i 处的响应幅值；$P_\mathrm{N}(f_t)$ 为除去 f_t 以外的噪声能量。由式（13.10）可以看出，改进的信噪比的计算不需要预知实际特征频率，只需先计算出理论频率，然后在理论频率附近取一小段频率计算出能量之和作为信噪比的分子，即信号能量。通过这一改进，可以在未知实际特征频率的前提下，实现对微弱特征信号的检测和提取。

所谓级联振动共振就是将若干个单级振动共振进行串联相接，即将上一级的输出作为下一级的输入[31]。本节同样采用经典一阶过阻尼双稳态系统，其结构如图 13.21 所示。

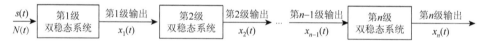

图 13.21　级联双稳态振动共振结构图

一般情况下，级联数量达到 2～3 级即能达到预想的目标，就没有必要进行更多层级的振动共振。级联次数并不是越多越好，一方面会增加运算时间，另一方面，随着级联次数的增加，信号能量逐渐向低频处转移，使得低频特征频率附近能量较为集中，特征频率附近的其他频率成分会对目标特征频率造成干扰，从而对微弱信号检测带来不利影响。本章采用的级联振动共振方法级联次数均为两次，得到了较好的效果。

为了探究基于改进的信噪比指标的级联自适应振动共振在滚动轴承故障诊断当中的有效性，本节对轴承故障实验信号进行分析。实验室采集到的信号噪声很弱，几乎没有噪声，与工程实际相差较大，为了使研究更贴近实际应用，本章对采集到的信号当中人为添加了噪声。由于轴承故障实验信号不满足经典振动共振的低特征频率要求，因此需要对实验采集到的原信号和添加的噪声信号一起进行尺度变换，本节同样采用普通变尺度方法。

首先对含噪声信号进行解调预处理，然后对解调后的信号以及附加高频辅助信号一起进行高通滤波处理，在对滤波后的信号进行普通变尺度后，以改进的信噪比指标为适应度函数，固定系统参数 b_1，利用量子粒子群优化算法对一阶过阻尼双稳态系统的另一系统参数 a_1 和附加高频辅助信号的振幅进行优化寻优。这里的 a_1 和 b_1 为变尺度后的小参数，与式（13.1）中的系统参数 a 和 b 有倍数关系，即 $a=ma_1$，$b=mb_1$，其中 m 为尺度系数。具体流程如图 13.22 所示。

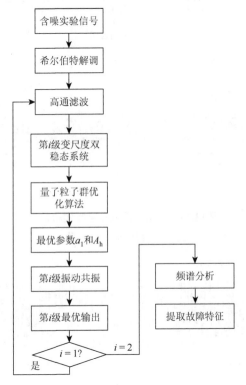

图 13.22　基于改进的信噪比指标的级联自适应振动共振流程图

以滚动轴承内圈故障实验信号为例，计算得到故障理论频率为 100.1Hz。根据式（13.10）所示的改进的信噪比公式，取 $l=25$，即选取理论频率左右各 5Hz 进行改进信噪比计算，则计算频率范围为 95.1～105.1Hz。

内圈故障实验含噪声信号的时域图与频谱图如图 13.23 所示。由图可知，轴承内圈微弱的故障特征被完全淹没在噪声背景当中，无法确定故障频率。在经过第一级自适应振动共振处理之后，虽然一部分频率成分得到了增强，但增强的频率成分较多且幅值非常接近，给故障特征频率的提取造成一定的困难。同时，由于共振的原因，经过高通滤波处理后的低频成分重新出现，并得到了较大增强，因此仍然无法确定故障频率所在，难以做出诊断，如图 13.24 所示。

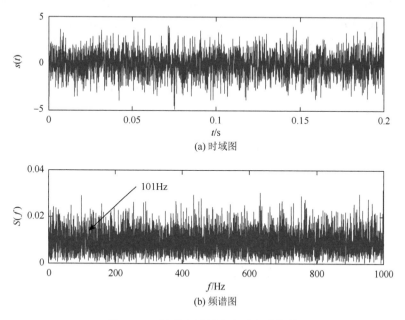

(a) 时域图

(b) 频谱图

图 13.23　轴承内圈故障含噪实验信号

$D = 0.9$

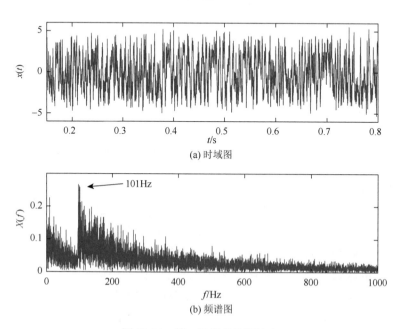

(a) 时域图

(b) 频谱图

图 13.24　第一级振动共振输出

将第一级自适应振动共振的输出重新作为第二级自适应振动共振的输入，再经过高通滤波处理，得到第二级振动共振的输出时域图和频谱图，如图 13.25 所示。在经过两次自适应振动共振后，滚动轴承故障理论频率附近出现一个被明显增强的频率成分，且该频率处于改进的信噪比的计算频率范围之内。因此，可认为该频率是轴承故障的实际频率。通过该方法，可以实现在强噪声背景和未知轴承实际故障特征频率的前提下，对滚动轴承微弱故障特征信息的提取，进而达到故障诊断的目的。

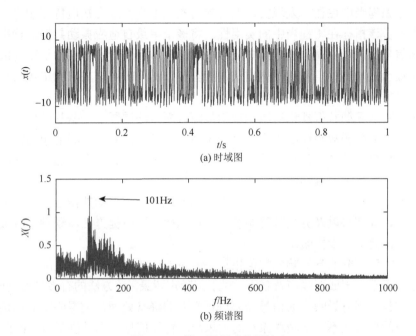

(a) 时域图

(b) 频谱图

图 13.25 第二级振动共振输出

13.3 本 章 小 结

本章以振动共振理论为基础，对滚动轴承的故障诊断方法进行了研究。基于普通变尺度方法，以响应幅值为指标，绘制在特征频率处响应幅值与辅助信号幅值之间的关系曲线，得到辅助信号的最佳振幅以及此时的系统参数，由此可以产生最强的振动共振输出。通过轴承故障仿真和实验信号对所提方法进行了验证，结果表明通过振动共振处理，系统输出频谱中特征频率处的幅值被明显放大，同时，其他频率分量受到了抑制，使得故障特征被提取出来。

以响应幅值指标为基础，提出基于改进响应幅值指标的自适应振动共振方法，并将其应用于滚动轴承故障诊断。改进后的指标和传统响应幅值指标相比，不需要预先知道信号的准确特征频率，从而显著提高了该指标的实用性。通过引入群智能优化算法，对振动共振系统中的相关参数进行自适应寻优，显著提高了参数选择的效率。通过轴承故障实验信号对所提方法进行验证，结果表明，该方法在不含噪声或微弱噪声背景条件下具有很好的诊断效果。

在单级振动共振以及信噪比指标的基础上，提出基于改进的信噪比指标的级联自适应振动共振方法提取滚动轴承微弱故障特征。信噪比指标在噪声背景下比响应幅值指标具有更强的适应性，然而传统信噪比指标需要提前知道准确的特征频率，在工程当中往往不太现实，改进的信噪比不需要预先知道特征频率，从而显著提高了该指标在工程当中的实用性。将多个单级自适应振动共振进行串联，能够将信号的能量从高频段逐级向低频段转移，从而进一步增强轴承微弱故障特征。用轴承故障实验信号对所提方法进行验证，结果表明该方法比单级自适应振动共振对噪声的适应性更强且效果更好。

本章基于振动共振理论对滚动轴承故障诊断方法进行了一些基础性研究，在滚动轴承早期微弱故障诊断当中具有一定参考价值，同时可为其他微弱特征频率提取等问题提供参考。但目前的工作仍然不够完善，还有许多更加深层次的研究需要进一步去探索，具体如下。

（1）本章只用了经典一阶过阻尼双稳态系统进行了振动共振分析，其他系统如单稳态、周期势以及分数阶等系统是否可以应用于所提方法，哪种系统效果最佳等问题需要进一步探索。

（2）本章研究的基于响应幅值指标或改进响应幅值指标的自适应振动共振方法只适用于无噪声或弱噪声背景下，对于强噪声背景，该方法的有效性将会降低。因此，对包含强背景噪声的信号需要进行必要的降噪处理，使得降噪后的信号既降低噪声的作用又不至于减弱原有的轴承故障特征信息，也是值得研究的课题。

（3）本章所使用的轴承振动信号均是在实验室条件下得到的，和工程实际中采集的信号有很大区别。因此，后续研究需要从工程现场采集数据对所提方法进行进一步验证和完善。

（4）本章只考虑定工况的情形，分析的信号为平稳信号，而实际工程中很多情形下采集而来的是非平稳信号，即轴承的转速或载荷是在时刻变化的。因此，需要对轴承故障诊断方法进行进一步研究，使得其能够在复杂工况下同样适用。

参 考 文 献

[1]　Landa P S，McClintock P V E. Vibrational resonance. Journal of Physics A: Mathematical and General，2000，33（45）：433-438.

[2]　Blekhman I I，Landa P S. Conjugate resonances and bifurcations in nonlinear systems under biharmonical excitation. International Journal of Non-Linear Mechanics，2004，39（3）：421-426.

[3]   Chizhevsky V N，Smeu E，Giacomelli G . Experimental evidence of "vibrational resonance" in an optical system. Physical Review Letters，2003，91（22）：220602.

[4]   Chizhevsky V N，Giacomelli G . Experimental and theoretical study of vibrational resonance in a bistable system with asymmetry. Physical Review E，2006，73（2）：022103.

[5]   Zaikin A A，Lopez L，Baltanás J P，et al. Vibrational resonance in a noise-induced structure. Physical Review E，2002，66（1）：011106.

[6]   Baltanás J P，Lopez L，Blechman I I，et al. Experimental evidence，numerics，and theory of vibrational resonance in bistable systems. Physical Review E，2003，67（6）：066119.

[7]   Deng B，Wang J，Wei X，et al. Vibrational resonance in neuron populations. Chaos：An Interdisciplinary Journal of Nonlinear Science，2010，20（1）：013113.

[8]   Ullner E，Zaikin A，Garcıa-Ojalvo J，et al. Vibrational resonance and vibrational propagation in excitable systems. Physics Letters A，2003，312（5/6）：348-354.

[9]   Chizhevsky V N，Giacomelli G . Vibrational resonance and the detection of aperiodic binary signals. Physical Review E，2008，77（5）：051126.

[10]   Casado-Pascual J，Baltanás J P. Effects of additive noise on vibrational resonance in a bistable system. Physical Review E，2004，69（4）：046108.

[11]   Yang J H，Liu X B. Controlling vibrational resonance in a multistable system by time delay. Chaos，2010，20（3）：033124.

[12]   Yang J H，Zhu H. Vibrational resonance in Duffing systems with fractional-order damping. Chaos，2012，22（1）：013112.

[13]   杨建华. 分数阶系统的分岔与共振. 北京：科学出版社，2017.

[14]   Yao C，Zhan M. Signal transmission by vibrational resonance in one-way coupled bistable systems. Physical Review E，2010，81（6）：061129.

[15]   Sarkar P，Paul S，Ray D S. Controlling subharmonic generation by vibrational and stochastic resonance in a bistable system. Journal of Statistical Mechanics：Theory and Experiment，2019，2019（6）：063211.

[16]   Jia P，Yang J，Wu C，et al. Amplification of the LFM signal by using piecewise vibrational methods. Journal of Vibration and Control，2019，25（1）：141-150.

[17]   Jia P，Yang J，Zhang X，et al. On the LFM signal improvement by piecewise vibrational resonance using a new spectral amplification factor. IET Signal Processing，2018，13（1）：65-69.

[18]   Jia P X，Wu C J，Yang J H，et al. Improving the weak aperiodic signal by three kinds of vibrational resonance. Nonlinear Dynamics，2018，91（4）：2699-2713.

[19]   Wu C，Lv S，Long J，et al. Self-similarity and adaptive aperiodic stochastic resonance in a fractional-order system. Nonlinear Dynamics，2018，91（3）：1697-1711.

[20]   杨建华，马强，吴呈锦，等. 分数阶双稳系统中的非周期振动共振. 物理学报，2017，67（5）：54501.

[21]   Lu S，He Q，Zhang H，et al. Enhanced rotating machine fault diagnosis based on time-delayed feedback stochastic resonance. Journal of Vibration and Acoustics，2015，137（5）：051008.

[22]   Huang D，Yang J，Zhang J，et al. An improved adaptive stochastic resonance method for improving the efficiency of bearing faults diagnosis. Proceedings of the Institution of Mechanical Engineers，Part C：Journal of Mechanical Engineering Science，2017，232（13）：2352-2368.

[23]   Gao J，Yang J，Huang D，et al. Experimental application of vibrational resonance on bearing fault diagnosis. Journal of the Brazilian Society of Mechanical Sciences and Engineering，2019，doi：10.1007/s40430-018-1502-0.

---

[24]　张义民，李鹤. 机械振动学基础. 北京：高等教育出版社，2010.

[25]　Yang J H，Sanjuán M A F，Liu H G. Vibrational subharmonic and superharmonic resonances. Communications in Nonlinear Science and Numerical Simulation，2016，30（1/2/3）：362-372.

[26]　阳建宏，黎敏，丁福焰，等. 滚动轴承诊断现场实用技术. 北京：机械工业出版社，2015.

[27]　胡茑庆. 随机共振微弱特征信号检测理论与方法. 北京：国防工业出版社，2012.

[28]　http://csegroups.case.edu/bearingdatacenter/pages/download-data-file.

[29]　孙俊，方伟，吴小俊，等. 量子行为粒子群优化：原理及其应用. 北京：清华大学出版社，2011.

[30]　Zhang J，Yang J，Liu H，et al. Improved SNR to detect the unknown characteristic frequency by SR. IET Science，Measurement & Technology，2018，12（6）：795-801.

[31]　Li B，Li J M，He Z J. Fault feature enhancement of gearbox in combined machining center by using adaptive cascade stochastic resonance. Science China Technological Sciences，2011，54（12）：3203-3210.

第14章　变尺度系统共振理论及应用

当外激励频率接近固有频率时，微弱激励信号可能引起系统强烈的共振。因此，可以直接利用这种共振现象来放大输入信号的振幅。在工程背景下，滚动轴承早期故障特征往往非常微弱，甚至完全被其他干扰成分淹没，造成故障特征信息难以识别。本章分别基于常微分非线性系统共振和分数阶非线性系统共振进行特征信息提取，并用轴承故障信号进行验证。

14.1　非线性系统共振理论及应用

本节基于非线性系统共振原理提出一种滚动轴承故障特征信息提取方法，结合数值仿真和实验验证阐述了该方法的可行性。这些结果说明了该方法在增强弱信号方面具有一定的参考价值，为微弱特征信息的提取提供了新思路。

14.1.1　数值仿真

1. 非线性系统的选择

本节所研究的常微分系统模型为[1-3]

$$\frac{\mathrm{d}^2 x}{\mathrm{d}t^2} = -\gamma \frac{\mathrm{d}x}{\mathrm{d}t} + ax - bx^3 + A\sin(2\pi f t) \tag{14.1}$$

式中，$a>0$，$b>0$ 是双稳态系统参数；γ 是阻尼系数；$A\sin(2\pi f t)$ 表示输入信号，其中 A 和 f 分别为信号的幅值和频率。

为使外部激励频率和系统参数实现最佳匹配，采用普通尺度变换[4]：

$$x(t) = z(\tau), \quad \tau = mt \tag{14.2}$$

式中，m 为尺度系数。将式（14.2）代入式（14.1），得到

$$\frac{\mathrm{d}^2 z(\tau)}{\mathrm{d}\tau^2} = -\frac{\gamma}{m}\frac{\mathrm{d}z(\tau)}{\mathrm{d}\tau} + \frac{a}{m^2}z(\tau) - \frac{b}{m^2}z^3(\tau) + \frac{A}{m^2}\sin\left(\frac{2\pi f \tau}{m}\right) \tag{14.3}$$

进一步，令

$$\frac{\gamma}{m} = \gamma_1, \quad \frac{a}{m^2} = a_1, \quad \frac{b}{m^2} = b_1, \quad \frac{A}{m^2} = A_1, \quad \frac{f}{m} = f_1 \tag{14.4}$$

将式（14.4）代入式（14.3），并将信号恢复到原始信号的强度，得到变尺度方程：

$$\frac{\mathrm{d}^2 x}{\mathrm{d}t^2} = -\gamma_1 \frac{\mathrm{d}x}{\mathrm{d}t} + a_1 x - b_1 x^3 + A_1 \sin(2\pi f_1 t) \tag{14.5}$$

式中，a_1 和 b_1 为低频激励下的系统参数，通过选择合适的 m 值，可以实现任意频率激励下系统的共振。

为了度量系统输出，本节采用响应幅值 R 作为评价指标来描述系统共振[5,6]，如式（13.2）所示。设置 $b_1 = 0.001$，尺度系数 $m = 200$，a_1 为控制变量。同时，设置 $\gamma = 0, 0.2$ 和 2.4 分别研究无阻尼、欠阻尼和过阻尼 Duffing 系统的共振现象。

图 14.1 绘制了响应振幅与系统参数 a_1 的关系。在图中明显出现了共振现象，且每条曲线都有一个最大振幅。此外，无阻尼情况下的最大振幅大于其他阻尼情况下的结果。对应于图 14.1 中引起最强共振的最佳系统参数，给出图 14.2。图 14.2（f）～（h）说明外部激励的频率可以在无阻尼、欠阻尼甚至过阻尼的情况下进行提取，但是提取效果不同。结果表明，无阻尼情况下的系统共振比其他两种情况下具有更好的放大效果。同时，在图 14.2（h）中出现超谐波成分。通过分析图 14.2（b）～（d），表明在无阻尼 Duffing 系统中，响应更快地进入稳态。此外，在无阻尼情况下，稳态响应的振幅值较大。因此，本节选择二阶无阻尼 Duffing 系统对轴承故障信号进行处理。

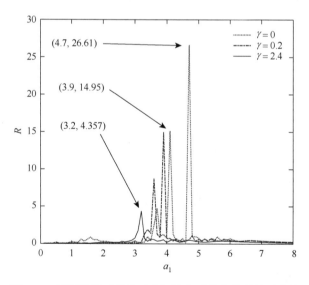

图 14.1　不同阻尼下系统响应幅值与系统参数的关系曲线

2. 外激励的确定

当外激励中不包含特征频率时，由于相干共振的存在，特征频率的峰值仍然出现[7-10]，因此有必要对系统共振和相干共振进行区分，从而进一步确定外激励

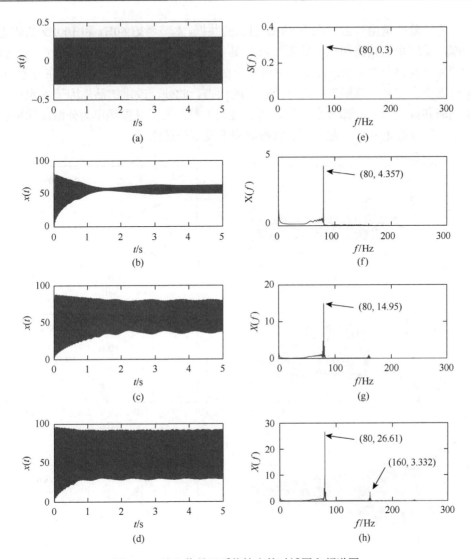

图 14.2 输入信号及系统输出的时域图和频谱图

（a）和（e）为原始信号的时域图和相应的频谱图；（b）～（d）和（f）～（h）分别对应于 $\gamma = 2.4$，0.2 和 0 的
时域图和频谱图；仿真参数为 $a = 0.3$，$f = 80$Hz，$m = 200$

是否存在。通过品质因子 β 进行区分[11, 12]，改进的品质因子公式如下：

$$\beta = X(f') / X_s \qquad (14.6)$$

式中，$X(f')$ 为所研究频率在幅值谱中的振幅；X_s 为幅值谱中大于 $X(f') / \sqrt{e}$ 的所有振幅之和。当发生相干共振时，大量干扰频率的存在导致 X_s 较大，从而使得 β 值接近于 0。当出现系统共振时，β 值变大可能接近于 1。

为了验证是由外激励频率80Hz引起的共振,本节考虑60Hz和100Hz的假想频率,发现系统共振和相干共振可以在图 14.3(d)~(f)中直接区分。当外激励频率真的存在时,频谱图上会出现一个明显的单谱峰。相反,若不存在外激励,频谱图中会在最高峰附近出现一个较宽的频带。此外,改进的品质因子β也可用于判断共振是否由外部激励引起。当β接近1时,表明共振频率为外激励频率。相反,当β接近0时,意味着在共振频率下没有外部激励。

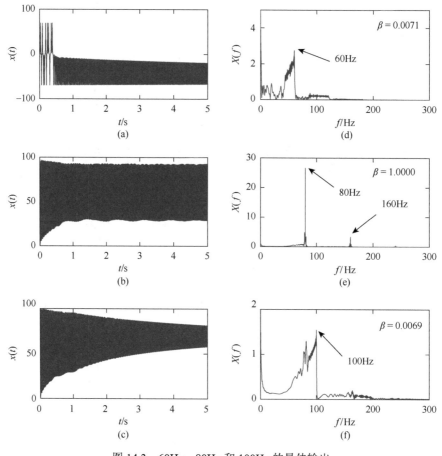

图 14.3   60Hz、80Hz和100Hz的最佳输出

(a)~(c)为时域图;(d)~(f)为频谱图

3. 仿真信号的故障特征提取

以滚动轴承外圈故障模拟信号为例来验证该方法的可行性,其模拟信号的表达式见式(3.1)。其中一些参数设置为$A = 0.3$,$f_n = 2000$Hz,$f_o = 80$Hz,$i = 100$。此外固定$b_1 = 0.001$,寻找a_1值来得到最佳的系统输出。

图 14.4（a）和（e）分别为轴承外圈故障模拟信号的时域图和频谱图。从图中可以看出故障频率 80Hz 处的振幅很微弱，难以识别。经过系统共振后故障频率处的振幅在图 14.4（g）中显著增加，因此可以容易地识别故障频率。为了判断外部激励引起的共振，仍然考虑 70Hz 和 90Hz 的假想频率。在图 14.4（f）和（h）中，频谱图中存在宽频带。同时，β 的值约为 0。这意味着考虑的频率不是外部激励频率。相反，在图 14.4（g）中，β 的值为 1。结果表明，共振频率为外激励频率 80Hz。

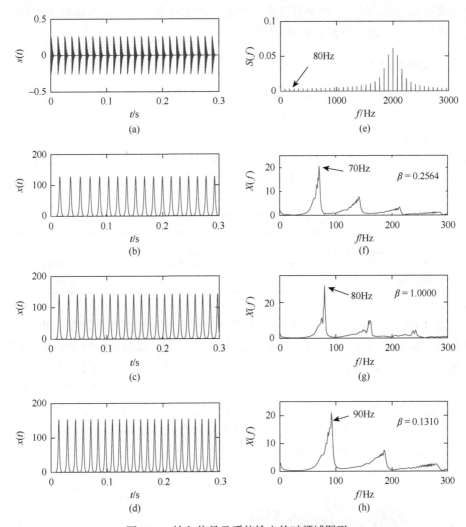

图 14.4　输入信号及系统输出的时频域图形

（a）为模拟信号的时域图；（b）～（d）为在 70Hz、80Hz 和 90Hz 处的最佳系统输出时域图；（e）为模拟信号频谱图；（f）～（h）为在 70Hz、80Hz 和 90Hz 处的最佳系统输出频谱图，其中对应的系统参数分别为 $a_1 = 82$，102 和 118

通过对图 14.4 进行分析，结果表明存在明显的系统共振现象。进一步验证了该方法对模拟轴承故障信号检测的有效性。此外，β 值可用于确定系统共振是否由外部激励频率引起。

14.1.2　实验验证

为了进一步研究所提方法在滚动轴承故障诊断当中的应用，采用本实验室的实验设备，采集不同故障类型的滚动轴承实验信号来验证该方法的可行性。为了让结果更加可靠，同时采用来自凯斯西储大学的实验信号分析作为该方法的验证，实验数据来源于轴承数据中心网站[13]。

1. 实验验证 1

以本实验室采集的两组实验信号为例，轴承故障类型包括内圈故障和外圈故障，对于外圈故障，实验轴承型号为 N306E，对于内圈故障，实验轴承型号为 NU306E。转速设置为 895r/min。对于平稳运行的轴承，在轴承型号和转速已知的情况下，其故障频率可以通过相关公式计算出来，详见式（3.3）～式（3.6）。

滚动轴承理论故障特征频率如表 14.1 所示。

表 14.1　滚动轴承理论故障特征频率

类型	f_o	f_i	f_b
N306E	66.264Hz	97.824Hz	74.698Hz
NU306E	71.145Hz	108.35Hz	69.452Hz

图 14.5（a）和（e）为轴承外圈故障实验信号的时域图和频谱图，并且从图中很难判断故障频率。通过分别在轴承外圈、内圈和滚动体故障理论频率处进行系统共振后，特征频率得到了很好的放大。在图 14.5（f）中，频谱图存在明显的单一谱线，说明该频率为外激励频率，即故障特征频率，此时轴承外圈出现故障。同样通过 β 值也可以说明同样的结果。在图 14.5（g）和（h）中最高峰值附近出现较宽的频带，并且 β 值接近于 0，说明此时提取出的频率峰值不是故障特征频率，即内圈和滚动体处于健康状态。

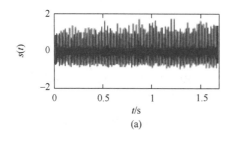

(a)

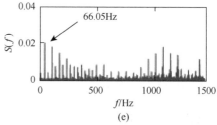

(e)

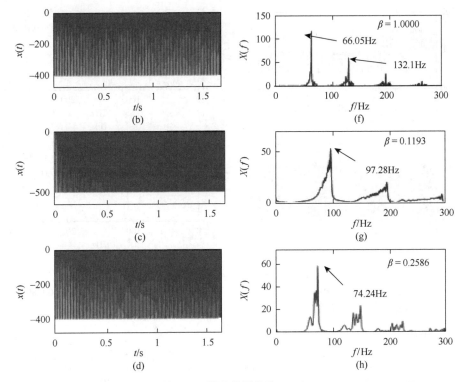

图 14.5　轴承外圈故障（一）

（a）为实验信号时域图；（e）为实验信号频谱图；（b）～（d）为对应于外圈、内圈和滚动体故障理论频率处计算的最佳系统输出时域图；（f）～（h）为对应于外圈、内圈和滚动体故障理论频率处计算的最佳系统输出频谱图，其中对应的系统参数分别为 $a_1 = 86.76$，120.36，83.19，$b_1 = 0.001$，$m = 100$

　　图 14.6（a）和（e）为轴承内圈故障实验信号的时域图和频谱图，并且从图中很难判断故障频率。通过分别在轴承外圈、内圈和滚动体故障理论频率处进行系统共振后，特征频率得到了很好的放大。在图 14.6（g）中，频谱图存在明显的单一谱线，说明该频率为外激励频率，即故障特征频率，此时轴承内圈出现故障。同样通过 β 值也可以说明同样的结果。在图 14.6（f）和（h）中最高峰值附近出现较宽的频带，并且 β 值也接近于 0，说明此时提取出的频率峰值不是故障特征频率，即外圈和滚动体处于健康状态。

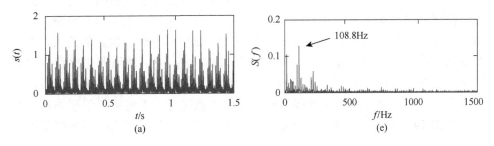

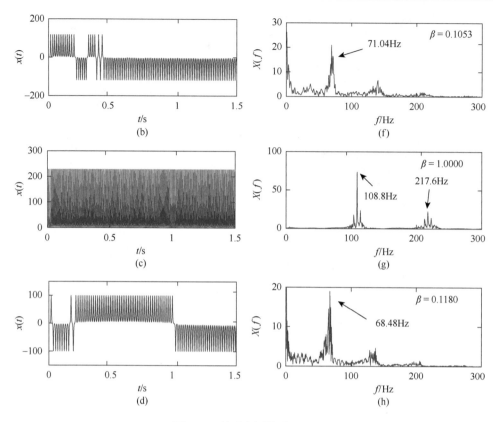

图 14.6　轴承内圈故障（一）

（a）为实验信号时域图；（e）为实验信号频谱图；（b）～（d）为对应于外圈、内圈和滚动体故障理论频率处计算的最佳系统输出时域图；（f）～（h）为对应于外圈、内圈和滚动体故障理论频率处计算的最佳系统输出频谱图，其中对应的系统参数分别为 $a_1 = 6.98$，26.04，4.95，$b_1 = 0.001$，$m = 250$

2. 实验验证 2

这里以凯斯西储大学在轴承数据中心网站上公布的两组实验信号为例，轴承故障类型包括内圈故障和外圈故障，其轴承外圈、内圈和滚动体故障理论特征频率分别为 107.36Hz、162.19Hz 和 141.17Hz。

图 14.7（a）和（e）为轴承外圈故障实验信号的时域图和频谱图，并且从图中发现故障频率非常微弱，完全淹没在信号中。通过分别在轴承外圈、内圈和滚动体故障理论频率处进行系统共振后，特征频率得到了很好的放大，并且在最高峰值附近出现了宽频带。然而在图 14.7（f）中，频谱图仍然存在明显的单一谱线，远远高于其他频率的振幅，说明该频率为外激励频率，即故障特征频率，此时轴承外圈出现故障。同样通过 β 值接近于 1 也可以说明同样的结果。在图 14.7（g）和（h）中 β 值接近于 0，说明此时提取出的频率峰值不是

故障特征频率，即内圈和滚动体处于健康状态。

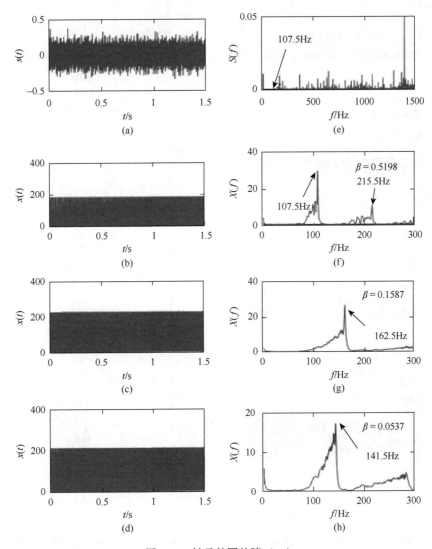

图 14.7　轴承外圈故障（二）

（a）为实验信号时域图；（e）为实验信号频谱图；（b）～（d）为对应于外圈、内圈和滚动体故障理论频率处计算的最佳系统输出时域图；（f）～（h）为对应于外圈、内圈和滚动体故障理论频率处计算的最佳系统输出频谱图，其中对应的系统参数分别 $a_1 = 17.13$，27.70，23.08，$b_1 = 0.001$，$m = 280$

通过分析图 14.6 和图 14.8，可以得到同样的结果，轴承内圈处于故障状态，而轴承外圈和滚动体无故障。

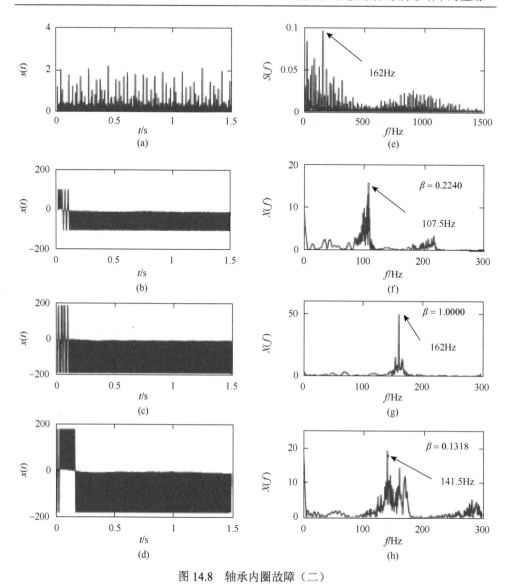

图 14.8　轴承内圈故障（二）

（a）为实验信号时域图；（e）为实验信号频谱图；（b）～（d）为对应于外圈、内圈和滚动体故障理论频率处计算的最佳系统输出时域图；（f）～（h）为对应于外圈、内圈和滚动体故障理论频率处计算的最佳系统输出频谱图，其中对应的系统参数分别为 $a_1 = 5.03$，17.57，15.95，$b_1 = 0.001$，$m = 370$

14.2　分数阶系统共振理论及应用

近年来，随着分数微积分理论[14]的深入发展，分数阶系统在自动控制[15, 16]、信号处理[17, 18]等许多领域有广泛的应用。分数阶系统相比于整数阶系统具有更优越的动力学性质。例如，基于分数阶非线性系统的随机共振能够得到更加优化的系统输出[19, 20]。尽管随机共振可以增强弱的原始信号，但噪声的加入也增加了系统的复杂性。本节只考虑输入信号，而不考虑噪声，研究基于分数阶系统共振强微弱输入信号的问题。

14.2.1　数值仿真

1. 数值解和近似解析解

对于分数阶系统发生的随机共振[20]，其系统方程描述如下：

$$\frac{d^{\alpha} x}{dt^{\alpha}} = f(x) + s(t) + N(t), \quad \alpha \in (0, 2) \tag{14.7}$$

式中，α 是分数阶导数的阶数；$f(x)$ 是非线性函数；$s(t)$ 是弱输入信号；$N(t)$ 是高斯白噪声。$N(t)$ 具有以下统计性质：

$$\langle N(t) \rangle = 0, \quad \langle N(t), N(0) \rangle = 2D\delta(t) \tag{14.8}$$

式中，D 为噪声强度。对于双稳态系统，非线性函数的描述如下：

$$f(x) = ax - bx^3 \tag{14.9}$$

式中，a 和 b 都是正系统参数。为了研究只受弱输入信号激励的分数阶系统的性能，需要去掉式（14.7）中的噪声项。因此，分数阶双稳态系统简化为

$$\frac{d^{\alpha} x}{dt^{\alpha}} = f(x) + s(t), \quad \alpha \in (0, 2) \tag{14.10}$$

为便于数值离散化，这里采用 Grünwald-Letnikov 形式的分数阶导数定义[21, 22]，如式（11.3）所示。式（14.10）在零初始条件下的离散形式为

$$x(kh) = -\sum_{j=1}^{k-1} w_j^{\alpha} x(kh - jh) + h^{\alpha} (f(x(kh - h)) + s(kh - h)) \tag{14.11}$$

式中，h 是时间步长。为了衡量系统输出，本节采用响应幅值 R 作为评价指标，如式（13.2）所示。

为了研究分数阶非线性系统的响应，先以简谐信号为例，且只考虑低频的情况，分数阶系统方程为

$$\frac{d^{\alpha} x(t)}{dt^{\alpha}} = ax(t) - bx(t)^3 + A\cos(\omega t) \tag{14.12}$$

式中，A 和 ω 是输入信号的振幅和角频率（$\omega \ll 1$）；参数 α、a 和 b 是可调的，a 和 b 的数量级为 1，α 的范围是（0, 2）。由于分数阶数 α 是分数阶系统的一个关键因素[19]，因而本节将分数阶数作为变量。

图 14.9 给出了系统响应幅值 R 与分数阶数 α 的关系图。随着 α 的增加，R 值逐渐增大，然后减小。结果表明，α 值对微弱信号的放大效果有一定的影响。此外，当 α 等于某个值时，R 值达到最大值。与图 14.9 中的峰值相对应，图 14.10 描述了输入和输出信号的时域图以及输出的频谱图。输出从 100 时间单位开始，以消除瞬态响应。可以发现，分数阶非线性系统可以明显地放大激励频率处的振幅。这意味着在这种情况下发生了共振。换言之，如果只考虑非线性系统中的输入信号，共振仍然可能发生。然而，由于不考虑噪声，它的本质不再是随机共振，本章将这种现象称为分数阶系统共振。

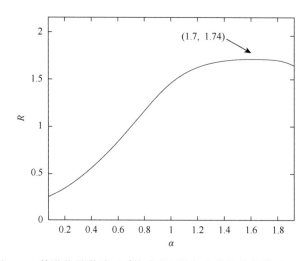

图 14.9　简谐信号激励下系统响应幅值与分数阶数的关系（一）

$a = 0.1$，$b = 0.1$，$A_1 = 0.2$，$\omega = 0.1005$

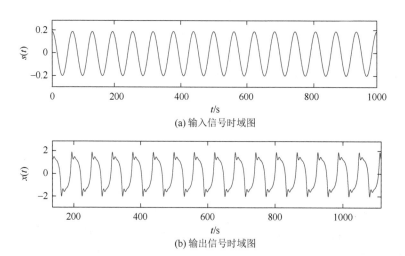

(a) 输入信号时域图

(b) 输出信号时域图

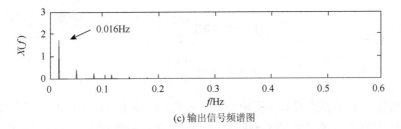

(c) 输出信号频谱图

图 14.10　输入信号及系统输出的时域图和频域图

$\alpha = 1.7$，$a = 0.1$，$b = 0.1$，$A = 0.2$

　　为了进一步证明上述现象的正确性，需要对式（14.12）进行近似分析。在前面的分析中，发现分数阶系统的响应主要发生在激励频率处。因此，假定近似解析解的形式为

$$x(t) = A' \cos(\omega t - \theta) \tag{14.13}$$

式中，A' 为响应振幅；ω 为激励频率；θ 为相位。进一步得到

$$A' \omega^\alpha \cos\left(\omega t - \theta + \frac{\alpha \pi}{2}\right) = aA' \cos(\omega t - \theta) - \frac{3bA'^3}{4} \cos(\omega t - \theta) \tag{14.14}$$
$$+ A \cos(\omega t - \theta + \theta)$$

为简化求解过程，忽略 $\cos(3\omega t - \theta)$ 项，再根据三角公式，展开式（14.14）的两边后比较等式两侧 $\sin(\omega t - \theta)$ 和 $\cos(\omega t - \theta)$ 的系数，建立方程组：

$$\begin{cases} A'\left(\omega^\alpha \cos\left(\frac{\alpha \pi}{2}\right) - a + \frac{3bA'^2}{4}\right) = A \cos\theta \\ A'\omega^\alpha \sin\left(\frac{\alpha \pi}{2}\right) = A \sin\theta \end{cases} \tag{14.15}$$

得到 A' 的解为

$$A' = \sqrt{\dfrac{8(m_0 + n_0)^{\frac{1}{3}} + \dfrac{18b^2(u^2 - 3v^2)}{(m_0 + n_0)^{\frac{1}{3}}} - 24bu}{27b^2}} \tag{14.16}$$

式中

$$m_0 = \frac{27}{8}b^3 u^3 + \frac{243}{8}b^3 uv^2 + \frac{2187}{64}b^4 A^2$$

$$n_0 = \left(m_0^2 - \frac{729}{64}b^6(u^2 - 3v^2)^3\right)^{\frac{1}{2}}$$

$$u = \omega^\alpha \cos\left(\frac{\alpha\pi}{2}\right) - a$$

$$v = \omega^\alpha \sin\left(\frac{\alpha\pi}{2}\right)$$

注意，这是一个理想的近似解析解的推导过程，因为不考虑次谐波和超谐波频率。当次谐波和高次谐波频率的影响较大时，该近似解析解可能会失效。采用多尺度法[23]、平均法[24]和摄动法[25]等可以得到更精确的解析解，此处旨在验证分数阶系统共振现象的正确性，仅用近似解析解进行验证。

根据数值解和近似解析解，对应于图 14.9 中的参数，图 14.11 分别绘出 R-α 关系曲线。从图中可以看出，近似解析解与数值解几乎吻合。因此，该近似解析解在一定程度上是可用的。当输入信号频率接近系统固有频率时，会出现共振现象。随着被处理信号频率的提高，不改变系统，信号的放大效果必然会减弱。因此，当输入信号为高频形式时，要采用变尺度方法来实现系统与激励信号之间的匹配，进而达到高频信号的共振。

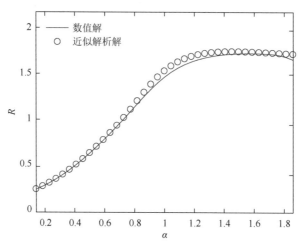

图 14.11   系统响应幅值 R 与分数阶数 α 关系

$a = 0.1$，$b = 0.1$，$A_1 = 0.2$，$\omega = 0.1005$

2. 变尺度分数阶系统共振

当激励频率增加到一定水平时，如果仍然选择原系统参数的尺度（即小参数尺度），系统很难达到最佳放大状态。由于上述事实，必须采用普通变尺度方法[26]，以便找到合适的系统匹配参数，从而实现分数阶系统共振。因此，首先引入尺度变换：

$$x(t) = z(\tau), \quad \tau = mt \tag{14.17}$$

式中，m 是尺度系数。将式（14.17）代入式（14.12），可以得出

$$\frac{\mathrm{d}^{\alpha} z(\tau)}{\mathrm{d}\tau^{\alpha}} = \frac{a}{m^{\alpha}} z(\tau) - \frac{b}{m^{\alpha}} z(\tau)^3 + \frac{A}{m^{\alpha}} \cos\left(\frac{\omega}{m}\tau\right) \tag{14.18}$$

令

$$a_1 = \frac{a}{m^{\alpha}}, \quad b_1 = \frac{b}{m^{\alpha}} \tag{14.19}$$

则

$$\frac{\mathrm{d}^{\alpha} z(\tau)}{\mathrm{d}\tau^{\alpha}} = a_1 z(\tau) - b_1 z(\tau)^3 + \frac{A}{m^{\alpha}} \cos\left(\frac{\omega}{m}\tau\right) \tag{14.20}$$

通过比较式（14.20）可以发现输入信号周期增大到 mT，而转换后输入信号的振幅降低到 A/m^{α}。注意，使用变尺度方法的目的是寻找合适的参数来完成分数阶系统的共振行为。为了保证变换后的系统（即式（14.20））与低频信号激励的系统（即式（14.12））具有等效的动力学行为，必须使输入信号恢复到原来的强度，式（14.20）变为

$$\frac{\mathrm{d}^{\alpha} z(\tau)}{\mathrm{d}\tau^{\alpha}} = a_1 z(\tau) - b_1 z(\tau)^3 + A\cos\left(\frac{\omega}{m}\tau\right) \tag{14.21}$$

式中，系统参数 a_1、b_1 较小；激励频率 ω/m 较低。尺度变换不会改变系统的动态特性，如果分数阶系统共振发生在式（14.21）中，它也将发生在以下系统中：

$$\frac{\mathrm{d}^{\alpha} x(t)}{\mathrm{d}t^{\alpha}} = m^{\alpha} a_1 x(t) - m^{\alpha} b_1 x(t)^3 + m^{\alpha} A\cos(\omega t) \tag{14.22}$$

式中，激励频率 ω 较高。另外，系统参数变为 $m^{\alpha} a_1$ 和 $m^{\alpha} b_1$，值较大。因此，通过变尺度方法得到了参数之间的匹配条件，即高频信号可以匹配大系统参数，利用式（14.22）即可研究高频简谐信号诱导的分数阶系统的动力学特性。

　　图 14.12 给出了高频简谐信号激励后的系统响应幅值 R 与分数阶数 α 的关系图。从图 14.12 中可以发现系统响应幅值的趋势与图 14.9 相似，曲线中也有一个最大值。根据峰值，图 14.13 描述了输入及输出信号时域图，以及输出的频谱图。从图 14.13 中可以容易看出，响应与输入信号的相似性，振幅也相应被放大，发生了分数阶系统共振，信号得到了很大程度的增强。结果表明，采用普通变尺度方法可以成功地实现分数阶系统共振。对比图 14.9 和图 14.12，发现变尺度方法改变了系统可以增强的信号频率范围。

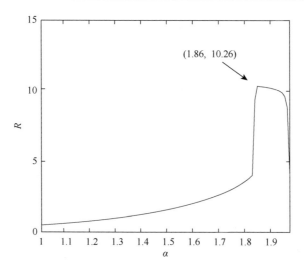

图 14.12　简谐信号激励下系统响应幅值与分数阶数的关系（二）

$m = 6250$，$a_1 = 0.0002$，$b_1 = 0.0002$，$A = 0.05$，$\omega = 628$

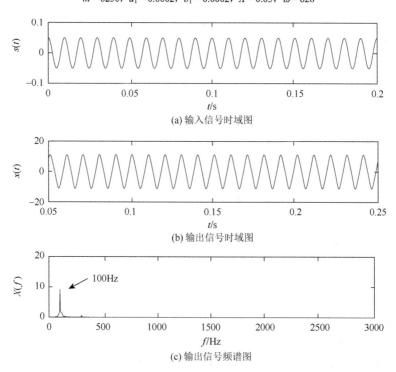

(a) 输入信号时域图

(b) 输出信号时域图

(c) 输出信号频谱图

图 14.13　输入信号及系统输出的时域和频域波形图

$\alpha = 1.86$，$m = 6250$，$a_1 = 0.0002$，$b_1 = 0.0002$

为了研究分数阶系统处理模拟故障信号的性能，使用由一系列单边衰减脉冲组成的模拟轴承故障信号[27]作为输入，表达式见式（3.1）。在后续模拟中，需要对高频故障成分进行研究。根据前述分析，进行变尺度处理后，分数阶系统方程应写成

$$\frac{\mathrm{d}^{\alpha}x(t)}{\mathrm{d}t^{\alpha}} = m^{\alpha}a_1x(t) - m^{\alpha}b_1x(t)^3 + m^{\alpha}A\sin(2\pi f_n t)\exp(-B(t - i(t)/f_o)^2)$$

（14.23）

图 14.14 给出了系统响应幅值 R 与分数阶数 α 之间的关系，其中包含几个对应于不同尺度系数的曲线。结果表明，尺度系数对分数阶系统的共振性能影响不大。接着，根据 $m = 10000$，分别在图中描绘出最佳共振点处的输入和输出时域图和频谱图，如图 14.15 和图 14.16 所示。显然，故障频率处的振幅被一定程度地放大。该现象再次验证了变尺度方法的有效性。另外，除故障频率分量外，输入信号中包含的其他分量都被很好地去除，特别是远高于故障频率分量的分量。

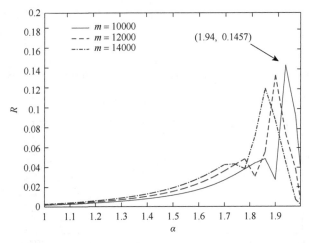

图 14.14　不同尺度系数下轴承故障模拟信号的系统响应幅值 R 与分数阶数 α 之间的关系

$a_1 = 0.002$，$b_1 = 0.4$，$A = 0.01$，$f_n = 2000\text{Hz}$，$B = 120000$，$f_o = 100\text{Hz}$

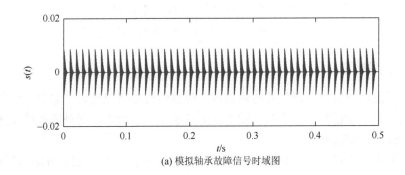

(a) 模拟轴承故障信号时域图

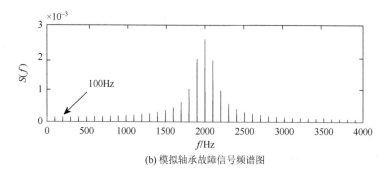

(b) 模拟轴承故障信号频谱图

图 14.15　输入信号的时域图和频谱图

$A = 0.01$, $f_n = 2000\text{Hz}$, $B = 120000$, $f_o = 100\text{Hz}$

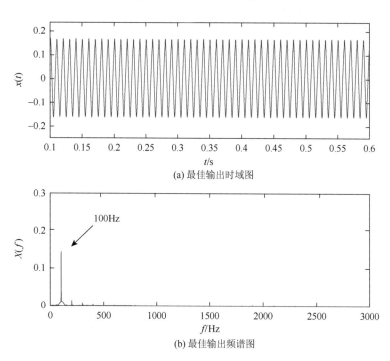

(a) 最佳输出时域图

(b) 最佳输出频谱图

图 14.16　系统输出的时域图和频谱图

$\alpha = 1.94$, $m = 10000$, $a_1 = 0.002$, $b_1 = 0.4$

14.2.2　实验验证

　　根据上述结果，简谐信号与轴承故障仿真信号都可以通过分数阶系统共振得到增强。为了验证分数阶系统在轴承故障诊断中的有效性，对外圈故障轴承实验信号进行进一步研究。

　　仍采用图 3.13 所示的轴承故障模拟实验台，采样频率为 12800Hz，故障轴承型号为 N306E，其外圈有电火花加工的划痕，试验轴承的详细结构见表 7.1。表 14.2 列出了轴承的其他相关实验参数，应用故障轴承分别进行了 3 组不同的工作条件下的实验。

表 14.2　试验轴承其他相关参数

工况	额定转速	实际转速	径向力	制动扭矩	故障实际频率
1	900r/min	896.1r/min	0N	0N·m	66.15Hz
2	1500r/min	1421r/min	0N	30N·m	105.4Hz
3	900r/min	895r/min	30N	0N·m	66.15Hz

图 14.17 给出了实验信号的处理流程。首先，为了得到 R，计算出故障理论频率。根据表 14.2 相关数据，计算出三种工况下的故障理论频率分别为 66.34Hz、105.2Hz 和 66.26Hz。然后，设置相关参数，即尺度系数和系统参数。为了获得最佳分数阶数 α，绘制出 R-α 曲线，如图 14.18 所示。接着，将前面得到的最佳分数阶数代入系统，得到处理前后的时域图和频谱图，如图 14.19～图 14.21 所示。最后，根据故障理论频率与故障实际频率的一致性，判断轴承故障类型。

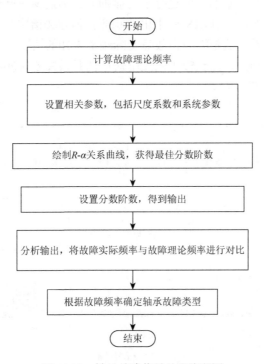

图 14.17　轴承故障信号处理流程图

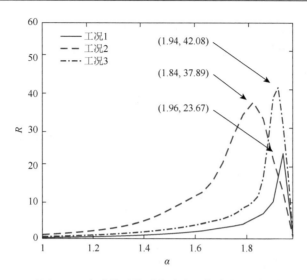

图 14.18 不同工况下实验信号的系统响应幅值 R 与分数阶数 α 的关系

为了消除瞬态响应的影响，所有输出都从 2.6s 开始计算。从图 14.19～图 14.21 可以看出，分数阶系统共振现象能够再次出现。同时，对故障实际频率的幅度进行放大，对其他频率分量的幅度进行了明显抑制。通过傅里叶变换可以很容易地识别故障频率。然而，图 14.18 中求出的响应幅值与频谱中故障实际频率下的振幅之间存在少许差异。这是因为在故障实际频率未知的情况下，图 14.18 是由故障理论频率计算得到的，而频谱中的振幅对应的是故障实际频率下的，因而有些数值大小上会出现差异。

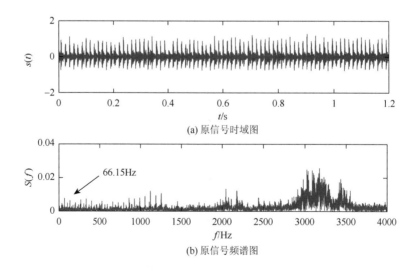

(a) 原信号时域图

(b) 原信号频谱图

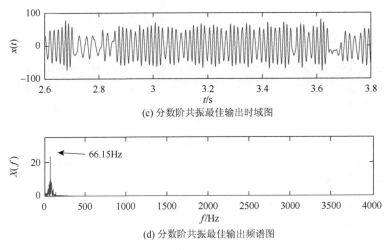

(c) 分数阶共振最佳输出时域图

(d) 分数阶共振最佳输出频谱图

图 14.19 实验轴承故障信号（工况 1）

$\alpha = 1.96$，$m = 10000$，$a_1 = 0.0000002$，$b_1 = 0.000001$

　　下面是一些参数选择范围和参数调节的解释说明。需要调节的参数有 4 个，分别为系统参数 a_1 和 b_1、尺度系数 m 和分数阶数 α。在整个参数调节过程中，首先需要确定尺度系数。对于尺度系数，通常 m 应远大于激励频率或故障频率。由于故障理论频率已知，可以选择合适的尺度系数。然后，需要选择的是分数阶数。因为 α 的范围很小，所以很容易确定分数阶数。此外，从之前实验可以发现，如果分数阶系统发生共振，α 往往趋于 2。最后是选择系统参数，对于系统参数 a_1 和 b_1，a_1 应近似等于 b_1。另外，分数阶系统共振很大程度上取决于量级的选择，因此只需要确定每个参数的数量级。根据上述参数调节，分数阶系统共振基本可以发生。

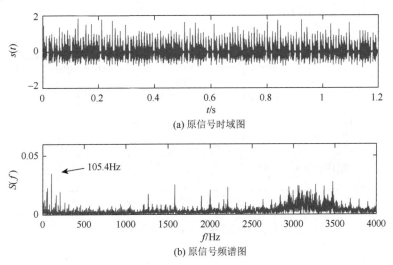

(a) 原信号时域图

(b) 原信号频谱图

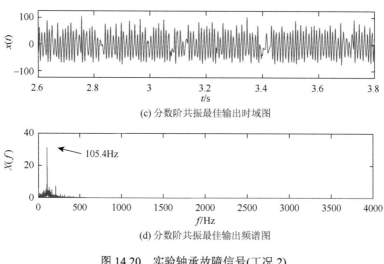

(c) 分数阶共振最佳输出时域图

(d) 分数阶共振最佳输出频谱图

图 14.20　实验轴承故障信号(工况 2)

$\alpha = 1.84$，$m = 20000$，$a_1 = 0.000002$，$b_1 = 0.000001$

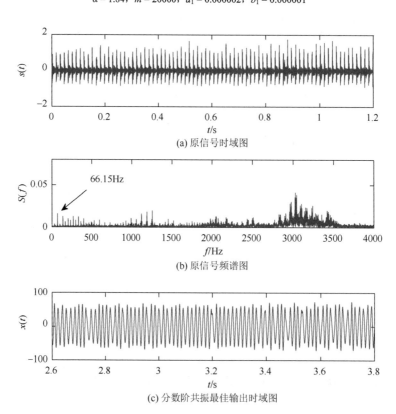

(a) 原信号时域图

(b) 原信号频谱图

(c) 分数阶共振最佳输出时域图

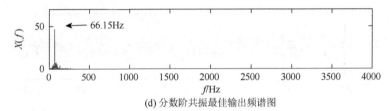

(d) 分数阶共振最佳输出频谱图

图 14.21　实验轴承故障信号（工况 3）

$\alpha = 1.94$，$m = 10000$，$a_1 = 0.0000001$，$b_1 = 0.000001$

为了进一步研究分数阶系统共振处理含噪实验信号的表现，对已有实验信号加入噪声强度为 0.4 的高斯白噪声，见图 14.22（a）。故障实际频率仅从频谱上很难识别，即故障频率分量被噪声淹没，见图 14.22（b）。接着，经过分数阶系统共振处理，得到图 14.22（c）。通过比较图 14.22（a）和图 14.22（c），可以发现噪声基本被消除，故障频率分量容易被辨识。这些现象表明，分数阶系统共振对含噪信号的滤波处理也有较好的效果。

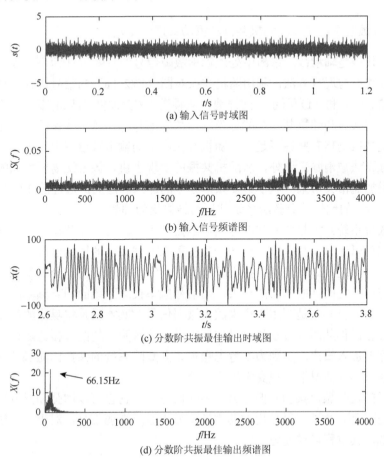

(a) 输入信号时域图

(b) 输入信号频谱图

(c) 分数阶共振最佳输出时域图

(d) 分数阶共振最佳输出频谱图

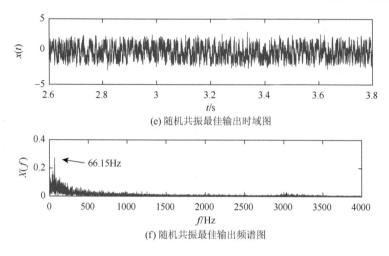

(e) 随机共振最佳输出时域图

(f) 随机共振最佳输出频谱图

图 14.22   含噪轴承故障信号

$\alpha = 1.86$，$m = 10000$，$a_1 = 0.0000001$，$b_1 = 0.000001$

14.2.3   分数阶系统共振与随机共振和振动共振的比较

随机共振是轴承故障诊断中处理轴承故障信号的有效工具[28, 29]。为了比较分数阶系统共振与现有方法，利用随机共振对图 14.22（a）的信号进行处理，结果如图 14.22（e）和（f）所示。同样地，从频谱上故障频率可以清晰地识别。尽管分数阶系统共振和随机共振都能处理轴承故障信号，但随机共振的方法相较于分数阶系统共振仍略有些许不足。在随机共振产生的输出频谱图上可以发现，一些高频成分无法被消除。此外，从随机共振的实现上讲，该方法需要增加噪声，而噪声的增加通常会带来一些不必要频率分量的加入。因此，通过图 14.22（d）和图 14.22（f）的比较，分数阶系统共振的结果更为理想。

分数阶系统共振与随机共振有相似之处和不同之处，在共振现象方面，这两种方法都可以通过调整系统参数和分数阶数来增强微弱的原始信号。然而，它们也有一些不同之处。首先从共振机理方面看，它们是不同的。分数阶系统的共振是系统与信号之间共同作用的结果。当信号频率接近系统的固有频率时，共振就会产生。而随机共振是利用噪声来放大微弱信号，其本质是将噪声的能量向微弱信号的转移。再从两种方法的可操作性来讲，分数阶系统的共振比随机共振更简单，不需要加入噪声。正因为不考虑噪声，分数阶系统的共振比随机共振更适合于在噪声较小的情况下处理真实故障信号。

除了随机共振，振动共振是另一种共振方法，它也可以增强和提取微弱轴承故障特征[30, 31]，主要通过使用辅助周期信号来激励微弱信号。对于一个过阻尼双稳态系统，其方程可描述为

$$\frac{\mathrm{d}x}{\mathrm{d}t} = ax - bx^3 + s(t) + F(t) \tag{14.24}$$

式中，x 是输出；a 和 b 是系统参数；$s(t)$ 通常是输入信号；与随机共振不同，辅助信号 $F(t)$ 是一个相比于输入信号有较高频率的周期信号。与随机共振类似，它们都通过调节辅助信号的强度来增强微弱信号，从而获得最佳输出，这种现象被称为振动共振。为了进行比较分析，使用分数阶系统共振、随机共振和振动共振处理三种工况下的故障信号，处理结果如图 14.23～图 14.25 所示。很明显，三种方法都能识别出轴承外圈故障特征，说明了这些方法在轴承故障诊断中的有效性。然而，对于仅由随机共振或振动共振处理的频谱，还有一些其他明显的频率分量无法去除。但通过分数阶系统共振处理后的输出频谱，故障频率成分明显且无其他干扰频率，较为容易判别故障。因此，在故障判别方面，该方法优于随机共振和振动共振。在共振机理上，随机共振和振动共振都利用辅助激励来增强微弱信号。分数阶系统共振不需要辅助信号的帮助，而只依赖于系统本身，该方法可控性强，易于应用。

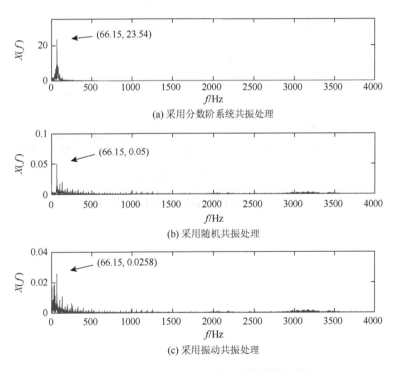

图 14.23　工况 1 下实验轴承故障信号的频谱图

分数阶系统共振方法对周期信号分量敏感。数值模拟和实验表明，该方法可以增强周期激励分量。分数阶系统共振对早期轴承故障特征的诊断尤其有效。与时频分析技术相比，在去噪过程中，轴承早期故障特征容易或多或少地减弱。然而，如果采用分数阶系统共振，可以很容易地增强故障相关特性，得到有效的故障诊断结果。分数阶算子在轴承故障诊断中也得到了广泛的应用。一方面，分数阶系统可以很好地反映实际系统，因为分数阶算子具有较长的记忆性质。另一方面，分数阶系统在信号处理方面具有良好的性能。

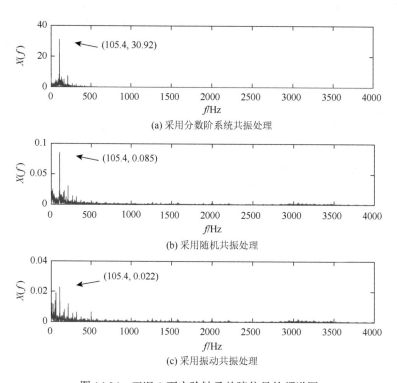

(a) 采用分数阶系统共振处理

(b) 采用随机共振处理

(c) 采用振动共振处理

图 14.24　工况 2 下实验轴承故障信号的频谱图

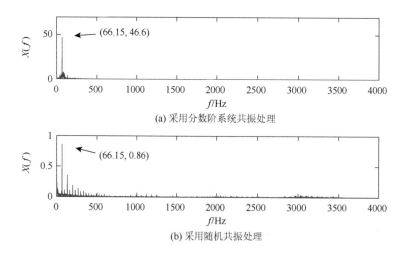

(a) 采用分数阶系统共振处理

(b) 采用随机共振处理

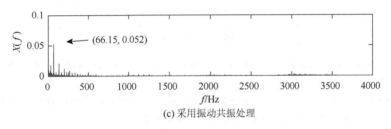

(c) 采用振动共振处理

图 14.25　工况 3 下实验轴承故障信号的频谱图

　　虽然该方法在信号处理方面具有一定的优势，但在实际的轴承故障诊断场合中还存在一些需要解决的问题。该方法涉及多个参数，这些参数需要快速优化，使该方法能够满足实时诊断故障的实际要求。此外，该方法不适合应用于强噪声背景下的故障检测。

14.3　本 章 小 结

　　本章首先分析了从不同实验台采集到的轴承故障实验信号，验证了非线性系统共振方法在故障诊断中的有效性。通过对轴承外圈、内圈和滚动体故障理论频率分别进行系统共振处理，发现无故障时，品质因子接近 0。同时，频谱图中最高峰附近有一个较宽的频带。当故障极弱且完全淹没在信号中时，品质因子增大。频谱图虽然具有较宽的频带，但仍有一个明显的单一谱峰。如果频谱图中故障频率的振幅逐渐增大，品质因子等于 1，故障频率处出现明显的单一谱峰。总之，非线性系统共振方法可以用来提取故障频率，达到诊断的目的。此外，通过品质因子的计算和频谱图的观察，可以准确地识别外激励。这意味着可以准确判断轴承故障的类型，从而提高诊断的准确率。

　　接着，研究了非线性分数阶系统仅由弱原始信号引起的性能。结果表明，该系统不仅能处理微弱的低频信号，而且能处理高频信号。当激励为低频信号，系统参数较小时，容易实现分数阶系统共振。当激励为高频信号且系统参数较大时，根据变尺度方法，在不同尺度系数下也会发生分数阶系统共振。因此，在系统响应幅度的支持下，可以寻求最佳的系统阶数来增强微弱信号。

　　此外，分数阶系统对轴承故障模拟信号和实验信号的处理也具有良好的表现。根据故障理论频率，对曲线进行刻画，得到最佳的系统阶数。通过分数阶系统共振，不仅可以显著放大故障频率处的振幅，而且可以明显抑制其他频率分量。与随机共振和振动共振相比，分数阶系统共振对轴承故障信号的处理具有一定的优势。然而，分数阶系统的计算存在的不足就是计算量大，计算时间长。一方面，从算法上进行改进，以缩短计算时间。另一方面，用硬件电路代替软件的计算，也能够显著缩短计算时间。

参 考 文 献

[1]　　Ray R，Sengupta S. Stochastic resonance in underdamped，bistable systems. Physics Letters A，2006，353（5）：364-371.

[2]　　Kang Y M，Xu J X，Xie Y. Observing stochastic resonance in an underdamped bistable Duffing oscillator by the method of moments. Physical Review E，2003，68（3）：036123.

[3]　　Lei Y，Qiao Z，Xu X，et al. An underdamped stochastic resonance method with stable-state matching for incipient fault diagnosis of rolling element bearings. Mechanical Systems and Signal Processing，2017，94：148-164.

[4]　　Huang D，Yang J，Zhang J，et al. An improved adaptive stochastic resonance method for improving the efficiency of bearing faults diagnosis. Proceedings of the Institution of Mechanical Engineers，Part C：Journal of Mechanical Engineering Science，2017，232（13）：2352-2368.

[5]　　杨建华. 分数阶系统的分岔与共振. 北京：科学出版社，2017.

[6]　　Landa P S，McClintock P V E. Vibrational resonance. Journal of Physics A：Mathematical and general，2000，33（45）：433.

[7]　　Zhang X J，Wang G X. Stochastic resonance and signal recovery in two-dimensional arrays of coupled oscillators. Physica A，2005，345（3/4）：411-420.

[8]　　Yang J H，Sanjuán M A F，Liu H G，et al. Noise-induced resonance at the subharmonic frequency in bistable systems. Nonlinear Dynamics，2017，87（3）：1721-1730.

[9]　　Lindner B，Schimansky-Geier L. Coherence and stochastic resonance in a two-state system. Physical Review E，2000，61（6）：6103.

[10]　董小娟，晏爱君. 双稳态系统中随机共振和相干共振的相关性. 物理学报，2013，62（7）：070501.

[11]　Gang H，Ditzinger T，Ning C Z，et al. Stochastic resonance without external periodic force. Physical Review Letters，1993，71（6）：807.

[12]　Zhang X J，Qian H，Qian M. Stochastic theory of nonequilibrium steady states and its applications. Part I. Physics Reports，2012，510（1/2）：1-86.

[13]　http://csegroups.case.edu/bearingdatacenter/pages/download-data-file .

[14]　Kilbas A A A，Srivastava H M，Trujillo J J. Theory and Applications of Fractional Differential Equations. Amsterdam：Elsevier Science Limited，2006.

[15]　Biswas A，Das S，Abraham A，et al. Design of fractional-order PIλDμ controllers with an improved differential evolution. Engineering Applications of Artificial Intelligence，2009，22（2）：343-350.

[16]　Alagoz B B，Kaygusuz A. Dynamic energy pricing by closed-loop fractional-order PI control system and energy balancing in smart grid energy markets. Transactions of the Institute of Measurement and Control，2016，38（5）：565-578.

[17]　Sheng H，Chen Y Q，Qiu T S. Fractional Processes and Fractional-order Signal Processing：Techniques and Applications. Berlin：Springer Science & Business Media，2011.

[18]　Yau H T，Wu S Y，Chen C L，et al. Fractional-order chaotic self-synchronization-based tracking faults diagnosis of ball bearing systems. IEEE Transactions on Industrial Electronics，2016，63（6）：3824-3833.

[19]　He G T，Luo M K. Weak signal frequency detection based on a fractional-order bistable system. Chinese Physics Letters，2012，29（6）：060204.

[20]　Wu C，Lv S，Long J，et al. Self-similarity and adaptive aperiodic stochastic resonance in a fractional-order system.

Nonlinear Dynamics，2018，91（3）：1697-1711.

[21]　Petráš I. Fractional-order Nonlinear Systems：Modeling，Analysis and Simulation. Heidelberg：Springer Science & Business Media，2011.

[22]　Monje C A，Chen Y Q，Vinagre B M，et al. Fractional-order Systems and Controls：Fundamentals and Applications. New York：Springer Science & Business Media，2010.

[23]　Pavliotis G，Stuart A. Multiscale Methods：Averaging and Homogenization. New York：Springer Science & Business Media，2008.

[24]　Mitropolsky I A. Averaging method in non-linear mechanics. International Journal of Non-Linear Mechanics，1967，2（1）：69-96.

[25]　He J H. Homotopy perturbation technique. Computer Methods in Applied Mechanics and Engineering，1999，178（3/4）：257-262.

[26]　Zhang J，Huang D，Yang J，et al. Realizing the empirical mode decomposition by the adaptive stochastic resonance in a new periodical model and its application in bearing fault diagnosis. Journal of Mechanical Science and Technology，2017，31(10)：4599-4610.

[27]　Ho D，Randall R B. Optimisation of bearing diagnostic techniques using simulated and actual bearing fault signals. Mechanical Systems and Signal Processing，2000，14（5）：763-788.

[28]　Lu S，He Q，Wang J. A review of stochastic resonance in rotating machine fault detection. Mechanical Systems and Signal Processing，2019，116：230-260.

[29]　Qiao Z，Lei Y，Li N. Applications of stochastic resonance to machinery fault detection：A review and tutorial. Mechanical Systems and Signal Processing，2019，122：502-536.

[30]　Liu Y，Dai Z，Lu S，et al. Enhanced bearing fault detection using step-varying vibrational resonance based on Duffing oscillator nonlinear system. Shock and Vibration，2017：5716296.

[31]　Xiao L，Zhang X，Lu S，et al. A novel weak-fault detection technique for rolling element bearing based on vibrational resonance. Journal of Sound and Vibration，2019，438：490-505.

索　引